智能系统与技术丛书

极简入门

曹洪伟 ◎ 著

机械工业出版社

CHINA MACHINE PRESS

图书在版编目（CIP）数据

MCP 极简入门 / 曹洪伟著. -- 北京：机械工业出版
社，2025. 6. -- （智能系统与技术丛书）. -- ISBN 978-
7-111-78538-5

Ⅰ. TP18

中国国家版本馆 CIP 数据核字第 2025S43E01 号

机械工业出版社（北京市百万庄大街 22 号　邮政编码 100037）
策划编辑：杨福川　　　　　　　责任编辑：杨福川　陈　洁
责任校对：王　捷　马荣华　景　飞　责任印制：常天培
北京联兴盛业印刷股份有限公司印刷
2025 年 7 月第 1 版第 1 次印刷
186mm × 240mm・16.25 印张・1 插页・341 千字
标准书号：ISBN 978-7-111-78538-5
定价：89.00 元

电话服务　　　　　　　　　　网络服务
客服电话：010-88361066　　机 工 官 网：www.cmpbook.com
　　　　　010-88379833　　机 工 官 博：weibo.com/cmp1952
　　　　　010-68326294　　金 书 网：www.golden-book.com
封底无防伪标均为盗版　　机工教育服务网：www.cmpedu.com

为何写作本书

在人工智能（AI）技术快速发展的今天，大模型（Large Language Model，LLM）已成为推动创新的核心引擎。然而，如何将大模型的能力无缝融入实际应用场景，始终是人们面临的关键挑战。工具调用、多服务协作、复杂工作流编排等需求催生了更高效的中间层系统架构——基于模型上下文协议（Model Context Protocol，MCP）的 AI 系统。

本书的诞生源于两个核心洞察：其一，大模型应用的落地需要一套标准化、可扩展的交互协议；其二，使用大模型应用的用户、开发者和技术爱好者急需一本从零开始、深入浅出的实践指南。我们希望通过系统梳理 MCP 框架与实战案例，帮助读者跨越从"模型调用"到"智能系统构建"的鸿沟，让大模型的潜力真正转化为生产力。

本书主要内容

本书的主要内容涵盖 MCP 的基本概念、工作原理、服务架构及实际应用开发实践，旨在帮助读者零基础使用并开发基于 MCP 的 AI 系统。

- 基础认知（第 1、2 章）：剖析大模型及其应用的演进脉络，揭示基于 MCP 的 AI 系统的核心价值与工作原理，通过类比与架构图解降低理解门槛。
- 本地实践（第 3、4 章）：手把手指导搭建本地 MCP 主机，从 Hello World 示例到工具链扩展，帮助读者快速建立直观认知。
- 服务开发与应用（第 5 ~ 12 章）：深入介绍 MCP 服务器开发，涵盖 LangChain、LlamaIndex 等主流框架集成，并解析阿里云、腾讯云等平台的 MCP 生态。应用场景覆盖个人效率、设计优化、数据处理、通信智能化、开发效能提升、数据库交互等多个领域，通过实战案例（如 Figma 设计自动化、3D 打印、Git 工作流优化）展现 MCP 的跨界整合能力。

读者对象

- 使用 AI 应用的用户：希望通过使用大模型应用提升自己工作效能的普通用户。
- AI 开发者：希望将大模型能力嵌入复杂系统的技术实践者。
- 全栈工程师：寻求通过自然语言交互重构传统工作流的创新者。
- 技术管理者：关注大模型应用架构与团队效能提升的决策者。
- 跨领域探索者：从科研、设计到制造业，任何渴望用 AI 重塑本职工作的先行者。
- 学生与研究人员：探索下一代人机协作范式的学术探索者。

本书内容特色

本书力求用简洁的语言解释复杂的概念和技术细节，书中不仅提供了详尽的操作步骤，还穿插了大量的示例代码，使得学习过程更加直观、易懂。

- 实战导向：所有章节均以"问题 – 方案 – 代码"模式展开，提供可复现的代码仓库与环境配置指南。
- 跨域融合：突破单一技术领域，展示 MCP 在设计、通信、开发、数据库等场景中的"连接器"价值。
- 低门槛设计：通过 Ollama、Cursor 等轻量化工具实现"5 分钟快速上手"，避免复杂的环境配置。
- 生态全景：系统梳理 MCP 服务市场、实用服务器清单，构建读者对技术生态的全局认知。
- 前瞻视角：探讨 DeepSeek R1 等大模型与 MCP 相结合的本地化部署及多云架构，为生产环境落地提供实践指南。

资源和勘误

MCP 是一个新兴且高速发展的技术生态，尽管作者竭力确保内容的准确性，但技术的高速更迭难免带来细节的差异。若发现任何问题，欢迎在作者的微信公众号（wireless_com）中留言，你的每一条建议都将被认真对待并体现在后续版本中。

致谢

感谢 MCP 开源社区的无私贡献，同时向所有参与技术验证的朋友表示由衷的感谢，大家的真实场景反馈让案例更具参考价值。最后，特别感谢家人与编辑团队的支持，正是他们的耐心与专业，让这本极简入门手册得以面世。

让我们共同踏上这场关于智能协作范式的探索之旅，从一行代码开始，见证 MCP 如何成为撬动 AI 生产力的"瑞士军刀"。

Contents 目　　录

从大模型应用到基于 MCP 的 AI 混搭

　　基于大模型的 ChatGPT 横空出世，让 AI 技术再次成为热门话题。不过，不是所有的公司都需要自己从头训练大模型，就像不是每家饭馆都要自己种菜一样。在大多数情况下，我们更应该关注如何用好现成的大模型来做实际业务。这里分两种情况：真正需要大模型才能存在的应用，比如全新的智能服务，这种情况被称为"智能原生应用"；而更多的时候，我们是把 AI 当作工具，用它给现有业务升级，这种情况就是常说的"应用型 AI"。

　　大模型就像一个超级大脑，由数不清的"神经元"连接组成。这些数字神经元通过模仿人脑结构来学习思考，所以本质上就是用电脑模拟人脑。就像小朋友学说话需要大量练习一样，大模型也需要"吃"海量数据才能变聪明。

　　针对目前最热门的语言文字处理、图片生成和音视频处理等应用场景，ChatGPT 能像真人一样对话，就是因为有大模型在背后支撑。这种技术突破让很多过去不敢想的应用成为可能，比如智能客服、自动生成报告等，正在改变我们的生活和工作方式。

　　但要让这个"数字大脑"真正帮人干活，光有强大的理解能力还不够。想象一个数学家去菜市场买菜：他可能算得清菜价，却找不到最新鲜的茼蒿，也不会和摊主讨价还价。这正是当前大模型面临的尴尬——它们擅长思考，却缺乏与现实世界对接的手和脚。从能说会道的聊天机器人，到真正能订机票、查资料、管理智能家居的 AI 助手，中间还差一座名为模型上下文协议（Model Context Protocol，MCP）的桥梁。

1.1 从大模型到大模型应用

我们可以这样理解大模型：它像工厂生产的标准零件一样，经过多次加工就能变成各种工具。这些"零件"之所以通用，是因为它们用海量书籍、网页、对话记录作为教材，自学了人类语言规律。比如我们熟悉的 ChatGPT，本质上就是一位超级的语言组装工人。

大模型的核心技术叫 Transformer，它相当于两条分工明确的流水线，一条负责理解问题（编码器），另一条负责组织回答（解码器）。现在流行的大模型更侧重于回答生成能力，所以多数采用解码器流水线。

当我们在对话框中输入文字时，这个系统其实在玩高级猜词游戏。它把句子拆解成五万多个文字碎片（比如"人工"和"智能"会被看作两个零件），然后像拼乐高一样，根据过往经验猜测最可能接续的词语。整个过程就像手机输入法的联想功能，只不过背后是经过万亿次训练形成的语言直觉。

大模型的工作原理其实很像人类学造句。我们用网上购物来打个比方：在你输入问题后，系统先把每个字词转换成"条形码"（技术上叫嵌入），就像超市扫描枪识别商品那样。这些数字条形码进入由上万个小计算单元组成的流水线，经过层层筛选加工——有的环节像分拣快递般关注重点信息（注意力计算），有的环节像蒸包子似的层层加工（前馈计算）。最后，系统会给所有可能的接续词语打分（例如 logit），就像老师给作文候选词批分数一样。通过特殊公式（比如 Softmax）把这些分数转成概率，最终选中最可能接龙的词语。

不过要特别注意，这种"直觉"有时会出错。比如它可能信誓旦旦地说"月亮是奶酪做的"，其实只是在模仿人类的说话模式，并不理解事实。就像鹦鹉学舌，它能流畅对话，但不代表真正明白自己在说什么。

大模型像一个特别会玩成语接龙的学霸，最拿手的就是遣词造句。你给它一段话，它就能根据从海量书籍文章中学来的套路接着往下编出合拍的句子。但这种能力也有天花板——它肚子里的知识永远停留在上学时读过的书本，既查不了最新的天气预报，又不知道你家昨天刚换了 WiFi 密码。

直接让大模型干活会遇到两个头疼的问题：第一是"消息不灵通"，它无法像查快递那样直接查看数据库中的用户信息，也不知道今天超市鸡蛋打几折；第二是"手无寸铁"，虽然它能说会道，但既不会操作订票系统，又无法帮你调节空调温度。就像让教授去菜场买菜，道理都懂但实际干不来活。

好在工程师找到了两个法宝：检索增强生成（Retrieval Argument Generation，RAG）就像给大模型配了一个随身资料库，需要实时信息时就去翻最新资料；智能体（Agent）则像给它找了一群机器人助手，需要实操时就让这些助手去调取数据库或操作各种工具。这两个法宝配合使用，终于让关在书房里的学者走进了现实世界。

1.2 从搜索到运行工具

RAG 本质上是将搜索与大模型提示相结合的机制。它借助大模型来回应各类查询，同时把搜索算法所获取的信息作为大模型的上下文信息。无论是查询的内容还是检索到的上下文，都会被融入发送至大模型的提示词当中。一个简单的 RAG 系统架构如图 1-1 所示。

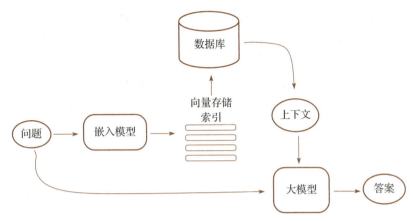

图 1-1 简单的 RAG 系统架构

结合图 1-1，我们可以这样理解 RAG 技术：它就像给大模型找了个机灵的资料管理员。想像一个图书管理员在接到读者问题时，会把它转化为关键词（通过嵌入模型），先根据图书目录（向量存储索引）跑遍整个图书馆（数据库）查找相关书籍，再把关键段落（上下文）贴在问题本上，最后才让大模型根据这些资料写答案。

RAG 的三个主要技术如下：

- 切菜备料：把公司文件、产品手册等资料切成小块（像把整颗白菜切成菜叶，技术上称为分块）。
- 贴条形码：用特殊编码器给每片"菜叶"打上数字标签（类似超市给商品贴价格码，技术上称为嵌入）。
- 智能货架：把这些带标签的菜叶整齐地码放在虚拟货架上（技术上称为向量索引）。

当用户提问时，系统会把问题也转换成条形码，拿着这个码在货架上快速扫描，抓出最相关的 3 ~ 5 片"菜叶"（技术上称为 top-k 检索），把菜叶和问题一起喂给大模型："用这些材料回答问题"。

举一个现实中的例子，比如客服机器人被问"你们新出的手机防水吗?"，RAG 系统会立刻从最新产品文档中调出防水等级说明，找出上个月工程师写的测试报告，把这些资料喂给大模型生成回答。不过这套系统也有令人头疼的事，就是找资料太慢，就像在杂货店找调料，货架越乱找得越久。还可能找错资料，可能把冰箱维修手册当成手机说明书，或者资料过期了，使用了三年前的测试报告。就算资料正确，大模型也可能曲解专业术语，不能回复正确的答案。

正是这些挑战，让工程师不断优化检索系统——就像给图书管理员配了智能眼镜一样，既能快速定位书架位置，又能自动识别资料的有效期和可信度。

大模型是个满腹经纶的学者，能写会算，但它有个致命弱点，就是永远被困在书房里。你对它说"帮我订一张明天去上海的机票"，它能写出 10 种订票攻略，却连鼠标都不会点。这正是当前 AI 的尴尬：明明满脑子知识，却像个手脚被捆住的人。这时候就需要请出智能体（Agent）技术了。智能体不简单，它左手牵着大模型当智囊，右手握着各种工具当手脚。比如：

- 听到你说"明早出差要带伞吗？"，它立刻联网查询两地天气预报。
- 收到"给客户发报价单"的指令，它会自动调取最新产品价目表。
- 遇到复杂需求，它能像项目经理那样协调多个智能体分工协作。

最妙的是，智能体能根据需求变身。开发者在后台给它装不同"技能卡"：有的负责写代码，有的负责检查错误，有的负责向人类确认细节。就像搭积木一样，组合不同功能就能打造出订票专员、数据分析师、智能客服等不同岗位的智能体团队（Multi-Agent 技术），如图 1-2 所示。

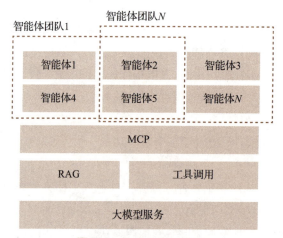

图 1-2　多智能体示意图

举个例子，当你让 AI 帮忙策划团建活动时，智能体会先派调研员查询公司预算和员工偏好，再让创意师生成 3 个方案，最后安排审核员检查每个方案的可行性。整个过程中像有一个看不见的团队在协作，而核心智慧都来自那个在书房里的学者。

当遇到复杂任务时，大模型就像一个经验丰富的建筑师，懂得把装修房子这样的大工程拆成水电、木工、油漆等小工序。不过真正让活干得漂亮的秘诀在于它学会了组建"智能体团队"。

1.3　如何更好地支持搜索和使用工具——MCP

现在的大模型就像被关在书房里的学者，虽然满腹经纶，但是接触不到外面的世界。MCP 给这个书房开了道门，让大模型能直接拿到最新数据、操作真实工具。

以前企业做网站优化，就像装修餐厅吸引客人一样，要漂亮门面（UI 设计）、快速上菜（加载速度）、方便停车（移动适配），但现在 AI 机器人成了新"食客"：它们不关心装修风格，只想要规范的外卖餐盒；它们不需要精美图片，只要菜品成分表；它们不介意包装简陋，但要求营养数据准确，而且点餐流程越标准化越好。

这就是 AI 时代的 SEO（搜索引擎优化）向 LMO（语言模型优化）的转变，好比餐厅既要保持堂食体验，又要专门准备外卖专用通道。

例如，某编程竞赛网站原来需要 AI 自己搜索网页找选手排名，现在通过 MCP 接口直接"端出"整理好的榜单：

```
{
    "年度 Top 程序员 ": [
        {"姓名 ":"张三 ", "擅长语言 ":"Python", "获奖次数 ":5},
        {"姓名 ":"李四 ", "擅长语言 ":"Java", "获奖次数 ":3}
    ]
}
```

就像给智能体机器人配送预制菜，省去了洗菜切菜的麻烦。企业从此要像培训服务员那样，专门培训如何服务 AI "顾客"——既要让人看得舒服，又要让机器读得顺畅。

现在 AI 应用最关键的是怎么给大模型"喂"数据。就像开饭店既要食材新鲜，又要配送及时，基于 MCP 的技术系统就是给大模型定制的外卖系统。

原来的 RAG 好比让大模型自己逛菜市场，要挨个摊位找食材（全网搜资料），自己挑拣清洗（解析网页内容），而且可能买到不新鲜的菜（数据过时）。MCP 服务器相当于对接专业食材供应商，配送员（API）按标准化菜盒送货，每盒标明产地日期（结构化数据），随时补送最新鲜货（实时更新），后厨（大模型）也不用停工等进货。

比如一个现实中的场景，我们想对租车服务进行比价，需要打开几个租车网站，手动对比价格和车型，还要担心隐藏的条款。现在智能体通过 MCP 能够同时联系神州、一嗨、携程的"数据窗口"，秒收各平台真实库存和折扣，结合自己"要 SUV、带儿童座椅"的需求，几秒内给出最优方案并代下单。

于是，新商机出现了，就像电梯广告位竞标，租车公司可以付费让自己的报价在 AI 推荐中置顶。这意味着企业需要专门维护"AI 友好型"数据接口，数据准确性成为核心竞争力。智能体不仅帮人干活，还在重塑商业规则。

MCP 就像给 AI 世界定制的"通用插座"。它的核心任务很简单——让各种 AI 应用能像家电插电源一样，轻松连上数据库、企业系统、智能设备这些"电源插座"，如图 1-3 所示。好比你出国旅行不用再带转换插头，无论到哪个国家，一个标准接口就能给手机、笔记本电脑、相机同时充电。

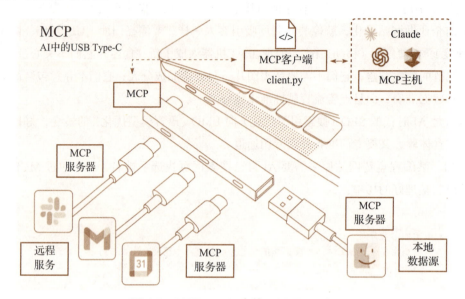

图 1-3　MCP——AI 中的 USB Type-C

这个设计解决了 AI 开发者的头疼事：过去每对接一个新系统（比如银行数据或工厂传感器），都要重新设计专用接口，就像给每个电器单独制造充电器一样。现在有了 MCP，AI 应用只需学会"通用插座"的使用方法，就能即插即用地连接：

- 查天气就像插台灯，拧上气象局的接口就能亮。
- 分析股票如同接音响，插上交易所的数据源即刻出声。
- 控制智能家居好比插电风扇，连通协议就能送来凉风。

更关键的是，这个"通用插座"自带安全保险丝和智能电表——数据传输自动加密，权限控制精确到每个操作，还能根据业务需求弹性扩展。就像现代电网既能让手机充电，又能支撑整个工厂运转。MCP 服务器让 AI 从处理简单问答升级到操控真实世界的复杂系统。

我们可以这样理解 MCP 服务器：它就像给 AI 手机安装的万能 App 商店。比如你在微信里装个小程序就能点外卖、打车，AI 通过连接不同的 MCP 服务器，就能解锁查询资料、管控设备等新技能。所有的 MCP 服务器都用同一套标准指令，AI 学会这套标准指令后，查询快递只需说"找顺丰要张三的物流信息"。以前的程序员像手工裁缝，每个接口都要量身定制。现在通过 MCP 让 80% 的重复劳动自动化，这让开发者从"流水线工人"变回"发明家"，专注于设计智能机器人的思考方式，而不是整天处理插座不匹配的琐事。

MCP 是一个开源协议，是 AI 模型、开发环境、各种外部数据源和工具之间的桥梁。它的开源特性鼓励创新，允许开发人员扩展其功能，同时通过粒度权限等特性维护安全性。开发人员可以使用 MCP 构建可重用的、模块化的连接器，使用预构建的 MCP 服务器，从而创建一个社区驱动的生态系统。

1.4　MCP 的重要性

MCP 提供了一个公共接口，允许任何与 MCP 兼容的大模型连接到你的数据和工具，简化了 AI 即插即用服务的开发。与其他可能需要为每个 AI 模型定制实现的集成方法不同，MCP 提供了一种跨不同大模型工作的标准化方法。

为了理解 MCP 的重要性，让我们将其与传统的 AI 应用集成进行比较，参见表 1-1。

表 1-1　传统的 AI 应用集成与基于 MCP 的应用集成的对比

对比项	传统的 AI 应用集成	基于 MCP 的应用集成	改善的方面
集成方法	为每个服务定制代码	单一通用协议	集成代码减少 80% ～ 90%
通信方式	请求 / 响应	实时双向通信	3 倍速的数据交换
工具发现	手动配置	动态发现，自动配置	新数据源上线速度提高 8 倍
上下文处理	有限的或不存在	内置的	上下文相关性提升 3 倍
可伸缩性	呈线性增长	即插即用	扩展到新数据源的速度提升 6 倍

这种比较突出了 MCP 的变革潜力。通过使用标准化协议替换定制集成，组织可以显著减少开发时间和维护工作。

如果没有 MCP，大模型往往只能局限于其内置的功能和训练数据。通过 MCP，大模型可以获得以下能力：

- 读取文件和数据库。
- 执行命令。
- 访问 API。
- 与本地工具交互。

……

所有这些事情都是在用户进行监督并且许可的情况下才发生的，这样一来，大模型既强大又安全。MCP 能够把人工智能和现实世界里的行动之间的差距给填补上，让大模型从处理复杂信息的工具变成能完成复杂工作流程的真正帮手。

不管是搭建面向大模型公开服务的应用程序接口（API），还是研究应用程序怎么利用支持 MCP 的人工智能功能，这个协议都意味着人类和人工智能系统协作方式的重大改变。

对于开发人员和企业来说，现在是开始探索如何将 MCP 纳入自己的技术栈的时候了。而且，MCP 很可能成为事实上的行业标准！

MCP 是如何工作的

MCP 就像是 AI 大模型与外界沟通的桥梁，它让 AI 能够更高效地获取和使用外部数据、工具和功能。为了加深理解，我们可以用通俗的类比来解释 MCP。那么，基于 MCP 的系统到底是如何工作的？

首先，我们得知道基于 MCP 的系统是由哪些部分组成的。基于 MCP 系统的架构就像是一个团队，有明确的分工和协作方式。MCP 主机就像是团队的接口人，它发起连接并管理整个交互过程；MCP 客户端则是负责与外界沟通的"使者"，它维持着与 MCP 服务器的连接；而 MCP 服务器是提供各种资源和工具的"后勤部门"，通过标准化的协议为客户端提供服务。

接下来，我们会深入解读 MCP，看看它是如何确保各方之间顺畅、安全地通信的。同时，我们会弄清楚传统的 API、传统的 AI 应用、大模型服务、大模型调用第三方工具与基于 MCP 的系统之间的区别和联系。

当然，MCP 在支持搜索和执行任务方面也有着独特的优势，本章最后将以一个天气查询的应用场景为例，介绍 MCP 所带来的高效和便利。

2.1 MCP 的通俗类比

想象你家的电视、空调、扫地机器人各有一个遥控器，你每次使用的时候，可能都得翻箱倒柜才能找到对应的那个。通过 MCP，就像是给全屋电器配了一个万能遥控器——不管什么品牌、什么型号，一个按键就能操控。

现在把这个场景搬到 AI 世界，ChatGPT 查询天气，DeepSeek 调取公司销售数据，文心一言操作智能打印机。以前的做法就像给每个大模型发了一个专用遥控器，开发者为天气预报数据定制接口需要 1 周时间，为京东后台的销售数据编写适配代码需要 2 周时间，引入打印机的驱动程序并编写操作代码可能需要 3 周时间。而基于 MCP 的方案如同给所有的电器装上智能插座，气象局在"数据插座"上开个接口，所有的智能体插上就能查询天气，连上智能打印机的 MCP 服务就能够即插即用。

MCP 的发展就像手机充电接口的进化史。在诺基亚时代，每个品牌的手机的充电接口都不一样，现在则是 Type-C 一统江湖。过去每个大模型对接系统都需要定制，如今 MCP 让数据流动像手机充电一样简单。从此，开发者不用再当"接口焊工"，而可以专注于教大模型更聪明地使用这些现成工具，就像家长不用教孩子造电视机，只需教会他们使用遥控器一样。

再举一个现实生活中的例子。当你的 AI 助手想完成一顿智能大餐时，你说"来份今日套餐"（例如"查询北京明天天气"），服务员（MCP 的主机 / 客户端系统）立即记录需求："3 号桌要气象套餐，微辣"（将自然语言转换为标准指令），然后跑向不同的窗口。在冷菜间（气象局数据库）取温度数据，在热炒区（空气质量 API）要 PM2.5 数值，在甜品站（天气预报模型）拿降水概率。厨师长（MCP 服务器）检查每道食材：

- 确认数据新鲜度（实时性验证）。
- 检测是否有异物（数据格式校验）。
- 核对点单权限（比如普通用户只能获取 3 天内的预报）。

然后，服务员将拼好的天气套餐端上桌：

北京明日天气：
25℃～ 32℃ | 东南风 3 级
降水概率 40% | 空气质量良

我们无须冲进厨房盯着火候，基于 MCP 的系统让 AI 助手只需"动动嘴"，就能吃上由专业团队准备的定制化数据大餐。这套服务既避免了 AI 助手自己下厨（直接对接系统）可能引发的火灾（系统崩溃），又能保证菜品的质量（数据安全、可靠）。

2.2　基于 MCP 的系统是如何组成的：架构解读

基于 MCP 的系统提供了一种有状态、能保持上下文的框架，它能帮助人们在与 AI 聊天机器人交流时，让对话变得更流畅、更有深度。这个框架有个特别之处，就是它能"记住"对话的上下文。该框架用的是有限状态机来管理对话的状态，让对话的每一步都清清楚楚楚、明明白白。基于 MCP 的系统框架与 API 不一样，API 的每次请求都被当作一个新的操作处理，而该框架是把对话当成一个连续的故事来进行的。

基于 MCP 的系统中有个持久又灵活的上下文层，该上下文层能记住之前说过的话，学到新知识，然后随着对话的深入，自己就能想出下一步该怎么做。这样一来，AI 就能更懂我们，对话也就更自然、更像人和人之间的交流。而且，MCP 提供了统一的接口描述方式，实现了以智能体为中心的设计，更方便基于大模型的应用集成。

依据 modelcontextprotocol.io 所述，基于 MCP 的系统由以下三大核心支柱构建。

（1）记忆便签（有状态）

每次对话生成一张即时贴：

> □ 7 月 5 日：用户需要周三买礼物
> □ 7 月 7 日：用户询问礼物建议

这些便签按时间贴在虚拟白板上，形成连续对话脉络。

（2）万能适配器（互操作性）

就像智能插座统一所有充电接口：查询天气，插气象局接口；订机票，插航空公司系统接口，每个接口自带说明书（标准协议）。

（3）自主决策（以智能体为中心）

设定好目标后，基于 MCP 的 AI 助手就像一个靠谱的管家。周三早晨自动执行：检索过往对话并确认需求，在 3 个电商平台进行比价，生成《最佳礼物选购方案》并弹出提示"发现京东有现货，现在下单？"。

以订机票为例，传统的 AI 助手是这样的：

> 用户：帮我订后天北京到上海的机票。
> AI：好的，请提供身份证号和出行时间。

而基于 MCP 的 AI 助手则是这样的：

> AI：检测到您上月常坐早班机，已筛选：
> □ CA1508 首都 T3—虹桥 7：30
> □ 经济舱 ¥680（比上周降 15%）
> □ 根据历史记录，已预填您的常旅客号

基于 MCP 的系统让 AI 从一问一答的复读机，进化为会主动联系上下文、协调多方资源的智能秘书。就像给机器人安装了记忆芯片和工作手册，让它真正理解"现在该做什么，接下来要准备什么"。

　　基于 MCP 的系统采用的是客户端 / 服务器（C/S）这种常见的架构模式，主要由 3 个关键部分组成：MCP 主机、MCP 客户端（一般直接集成在 MCP 主机中）以及 MCP 服务器，如图 2-1 所示。

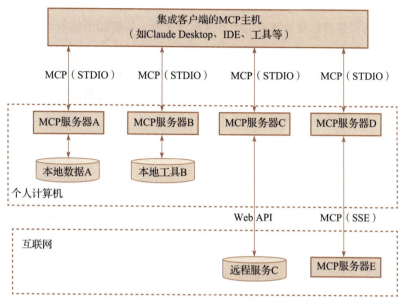

图 2-1　基于 MCP 的客户端 / 服务器架构

　　MCP 主机好比一个装着 AI 聊天机器人的应用系统，像我们常用的那些聊天软件，它的任务就是发起各种请求，MCP 客户端可以与主机集成在一起。而 MCP 服务器的作用是向 MCP 主机提供访问所需数据和工具的"通道"。MCP 主机、MCP 客户端和 MCP 服务器三者之间是通过 MCP 来快速、高效地交流信息的。

2.2.1　MCP 主机

　　MCP 主机是一种基于 AI 的智能交互系统，主要负责连接和调用 MCP 服务器的资源。比如，我们常见的智能编程工具、聊天机器人或企业数据分析平台都采用了这种技术。

　　在用户通过聊天窗口等界面提出问题后，这个智能交互系统会先与后台服务器进行"对话"，共同筛选出适合解决当前问题的功能模块。随后，系统会将用户问题与筛选出的功能模块一起发送给后台的智能决策引擎（大模型），经这个"智能大脑"综合分析后，最终选定最适合解决问题的工具组合。

2.2.2　MCP 客户端

　　MCP 客户端相当于智能应用中的"专属接线员"，主要负责在自己所属的软件系统（如编程工具、聊天软件等）和特定服务器之间架起沟通桥梁。这个接线员有 3 个核心职责：将用户请求转换成标准格式、处理服务器返回的信息，以及确保整个通信过程的安全、可靠。

举个例子更容易理解：当你想让智能助手帮忙查看在 GitHub 上提交的代码修改时，客户端就像个经验丰富的秘书，它先找到对应的 GitHub 服务器，把需求整理成标准格式发送过去，收到回复后再整理好交给智能助手。这相当于为人工智能搭建了与外部世界沟通的安全通道。

具体来说，这个"专属接线员"需要完成以下工作：为每个服务器建立专属的通信通道、确认双方都能理解的沟通方式、确保信息准确送达、管理消息订阅和推送提醒，以及像设置防火墙一样维护不同服务器之间的安全隔离。

2.2.3　MCP 服务器

MCP 服务器按照统一规范为各类智能应用提供所需的"养料补给"。这些养料补给可能是整理好的数据资料（比如文档、表格）、可操作的功能（比如调用接口、运行程序），或者预设的智能应答模板。它能连通数据库、软件接口、本地文件甚至程序代码，相当于给 AI 配备了一个百宝箱，确保智能助手随时能找到需要的信息。

这种"智能补给包"包括 3 类 AI 上下文：

- 数据补给：为 AI 即时输送整理好的信息，比如最新文件、数据库查询结果、接口返回数据等。
- 功能补给：让 AI 能操作外部服务的"工具包"，例如自动发送邮件、更新客户管理系统、调用网络接口等。
- 提示词指南：预设的智能应答模板，就像给 AI 的"参考答案"，帮助它生成更符合需求的回应。

例如：当需要安排会议时，MCP 服务器能自动调取日历数据；当需要写报告时，MCP 服务器可以即时获取数据库最新数据。在科研场景中，研究者通过 MCP 服务器就能一站式查询到所需的论文资料和实验数据。这种智能连接能力，让 AI 助手真正实现了从"能回答"到"能办事"的跨越。

MCP 服务器的重要性，可以用"打破 AI 的信息孤岛"来形象理解。当前即便是最聪明的 AI 助手，也像戴着枷锁的百科全书——它们只能记住训练时学过的知识，或者用户临时提供的内容。每次想让 AI 连接新的数据库、在线服务或实时数据源，都需要像给不同电器配专用插座那样单独开发对接程序，既费时费力又难以扩展。

MCP 服务器的突破性在于打造了"万能智能插座"。它提供统一的连接标准和安全通道，让 AI 能够随时获取最新动态信息并完成实际任务。比如，一个 AI 助手既能查阅知识库最新资料、查看团队日程表，又能代发工作邮件，而这些功能就像插拔标准插头一样简单，不再需要为每个功能单独编写代码。

　　这种改变让 AI 真正融入了我们的数字生活：既能实时获取企业数据库中的销售数据，又能同步查看云盘里的项目文档，甚至能帮助操作日常使用的各种办公软件。正是通过这种与真实数据的无缝连接，AI 从"纸上谈兵"的问答机器变成了真正懂业务、能办事的智能伙伴。

2.3　基于 MCP 的系统是如何运行的：工作原理解读

　　基于 MCP 的系统运行机制的核心是一个动态上下文窗口，就像一个会自己整理记忆的"盒子"。这个盒子会随着每次使用自动扩容，专门存放 3 类重要信息：用户的习惯设置（比如常用语言、说话风格）、过往对话记录（之前的提问和回答）、使用环境（比如当前设备、所在位置）。但为了避免信息堆积成山，系统会自动筛选盒子里的内容：把核心信息完整保留，将次要内容压缩成"关键词卡片"（例如把 10 条聊天记录提炼成几个核心要点）。

　　举个例子，当你用手机让 AI 助手订机票时，基于 MCP 的系统既记得你上次要求靠窗座位（用户偏好），又能调取之前讨论过的行程日期（会话记录），还知道你现在用手机操作可能需要简洁回复（设备环境）。而两周前的闲聊天气这类信息，早已被智能压缩成"曾讨论过出行天气"这样一张备忘卡片。

　　这种动态记忆管理的方式既保持了对话的连贯性，又避免了系统被海量信息拖慢速度，就像给 AI 配备了一个会主动整理重点的智能秘书，确保每次服务都能快速调取真正需要的信息。

　　基于 MCP 的系统的一般工作流程如图 2-2 所示。

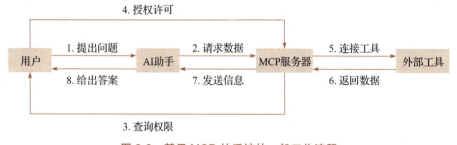

图 2-2　基于 MCP 的系统的一般工作流程

图 2-2 展示了用户与 AI 助手互动，以及 AI 助手与 MCP 及外部工具进行交互的流程。

1）用户提出问题。

2）AI 助手向 MCP 服务器请求数据。

3）MCP 服务器请求用户给予权限。

4）得到用户权限。

5）MCP 服务器连接到外部工具。

6）MCP 服务器从外部工具中获取数据。

7）MCP 服务器将信息发送回 AI 助手。

8）AI 助手给出答案。

这个流程展示了用户、AI 助手、主控处理模块以及外部工具之间的数据流动和交互过程。

简单而言，这种互动遵循以下简单的模式：

- 发现：客户端请求可用的工具。
- 自省：服务器提供工具描述和模式。
- 调用：客户端使用适当的参数调用工具。
- 执行：服务器执行请求的操作并返回结果。

基于 MCP 的系统就像一个会自主学习的"任务管家"，它能记住每个任务的进度，并灵活调整策略，比如发现用户不在线时，自动把邮件通知切换成短信提醒。更聪明的是，这个管家还会根据用户反馈自动优化服务，比如发现用户总跳过选项 A 选择 B，就会主动调整推荐优先级。

关于 MCP，很多人会问："为什么要专门设计这个协议？AI 不是能自己学会使用各种接口吗？"这个问题就像问厨师为什么需要备好切好的食材，而不是现场学切菜一样，理论上当然可以做到，但实际操作效率大不相同。

现实中，虽然大多数网络服务提供使用说明文档（类似菜谱），但让 AI 每次都要现场阅读并理解这些文档，就像让新手厨师边看菜谱边切菜，不仅耗时费力，还容易出错。MCP 服务器的作用就是提前把"刀具"和"食材"都准备好——将复杂的接口功能转化成 AI 能直接使用的"预制工具包"。

这种设计带来的最直接的好处是用户体验的飞跃：原本需要等待数秒的复杂操作，现在几乎能实时完成；原本可能出错的随机应变，变成稳定、可靠的标准流程。这就像把手动挡汽车升级为自动挡一样，虽然最终都能到达目的地，但驾驶体验和效率却有天壤之别。

2.4 服务间的共识——MCP 解读

下面从通信架构、通信方式和通信协议 3 个方面来深入理解 MCP。

2.4.1 MCP 的协议栈

MCP 的协议栈（通信架构）采用四层抽象模型，就像建造房屋时的分层施工一样，如图 2-3 所示。

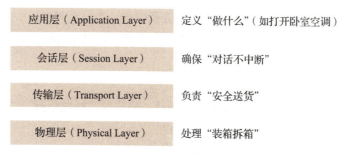

应用层（Application Layer）	定义 "做什么"（如打开卧室空调）
会话层（Session Layer）	确保 "对话不中断"
传输层（Transport Layer）	负责 "安全送货"
物理层（Physical Layer）	处理 "装箱拆箱"

图 2-3　MCP 的协议栈

物理层就像快递员打包物品，专门负责数据包的封装和拆解。比如，将 "打开卧室空调" 这个指令转换成设备能识别的数字信号。传输层相当于物流公司，确保数据包准确送达。就像快递员会检查包裹是否完整一样，避免运输途中信息丢失或损坏。会话层类似于客服中心，全程跟踪对话状态。比如发现用户连续 3 次调整空调温度，会自动保持温度设置界面开启。应用层相当于操作说明书，定义每个功能的执行标准。例如 "调节温度" 不仅包含数值变更，还需同步更新设备显示屏。

这种分层设计就像搭建积木一样，下层专注基础工作，上层处理智能决策，既继承了传统网络架构的稳定性（如 TCP/IP），又针对 AI 需求做了特别优化。

举个智能家居场景的例子，当你说 "把客厅灯光调暗" 时，系统从语音识别（物理层）、数据传输（传输层）、对话状态维护（会话层）到最终灯光控制指令生成（应用层），每个环节各司其职，确保服务既准确又高效。

2.4.2　MCP 的双向通信方式

MCP 的双向对话系统采用一种智能调度机制来处理多线并发的信息交换。这种设计的最大突破在于打破了传统 "一问一答" 的模式，让 AI 与外界的信息交流像真实对话一样自然流动。

我们可以把它想象成智能客服中心的工作模式：当多个用户同时咨询时，系统不会手忙脚乱，而是像经验丰富的值班经理，通过智能调度台（Reactor 模式）同时处理语音留言、在线咨询、邮件等多种渠道的咨询需求。更重要的是，这个系统支持实时双向沟通——就像在视频会议中的即时互动，AI 在对话过程中能持续接收新信息并调整回应策略。

例如，当用户通过 AI 助手预订国际航班时，系统不仅能即时获取最新票价（单向查询），还能在用户犹豫时主动推送备选方案（双向互动）。当用户临时添加行李托运需求时，AI 会自动关联之前的行程信息，确保每个环节的决策都基于完整的对话背景。

这种双向沟通机制带来以下 3 个核心优势：

- 多任务并行处理：像高速公路的多车道，同时处理不同来源的信息请求。

- 动态信息更新：支持对话过程中实时补充新数据，类似新闻直播中的滚动更新。
- 情景记忆延续：自动关联前后对话内容，避免重复确认基础信息。

2.4.3　MCP 的 3 种分类

基于 MCP 的通信系统就像智能邮局，采用统一格式的"标准信封"（JSON-RPC 2.0）收发信息。根据距离远近，它提供 3 种"寄送方式"。

（1）内部通话机（STDIO）

该方式适用于同一台设备内的"隔空对话"场景。就像办公室里的同事之间使用内部电话进行沟通，信息直接通过设备自身的"传声管道"（输入 / 输出接口）传递，无须外接网线。例如，用命令行工具快速调用数据分析功能。

（2）网络广播站（HTTP+SSE）

该方式适用于需要持续推送的在线服务场景。服务器就像 24 小时播报的交通电台，通过专用频道（HTTP 的连接保持）不断发送实时路况。用户就像车载收音机，保持收听就能获取最新信息。在需要反馈时，可通过专用邮筒（HTTP POST）发送请求。

（3）实时流对话窗（Stream HTTP，2025 年 3 月 26 日发布的版本中引入）

在 Stream HTTP 传输中，可以处理多个客户端连接，服务器可以选择服务器发送事件（SSE）来流式传输多个服务器消息。该方式适用于需要高频互动的场景，比如在线会议中的即时问答环节。

其中，STDIO（Standard Input/Output，标准输入 / 输出）方式通过设备自带的"信息通道"（输入 / 输出接口）直接传递数据，无须外接网络或其他复杂设置，省去了网络传输环节，速度较快。客户端和服务器如同左右手配合，不需要第三方协调，出错率极低。

而 SSE（Server Sent Event，服务器发送事件）是一种实时数据传输技术。它的工作原理是建立一条专属通道：当用户访问网页时，浏览器会与服务器建立持续连接。通过这条"信息通道"，服务器可以随时主动向客户端推送新消息，而客户端只需要保持收听状态。

这种技术特别适合需要实时更新的场景，比如股票行情推送或即时比分显示。在模型通信协议中，SSE 承担着信息传递的重要角色。服务器不仅能同时处理成千上万的用户连接，还具备身份验证和弹性扩展等实用功能。

在具体实现时，服务器会提供两个专用接口：一个是接收通道（SSE 端点），客户端连接这个接口就能实时获取服务器推送的消息；另一个是发送通道（HTTP POST 端点），客户端通过这个接口向服务器提交信息。这两个通道分工明确，共同构建起高效的双向通信系统。

STDIO 和 SSE 这两种通信协议的对比见表 2-1。

表 2-1　STDIO 和 SSE 的对比

对比项	STDIO	SSE
通信类型	本地同步通信（stdin/stdout）	基于网络的实时通信（HTTP）
客户端支持	单客户端	多客户端
可伸缩性	有限（单进程）	高，支持多个客户端进程
鉴权	无内置鉴权	支持鉴权（如 JWT、API 密钥等）
配置复杂性	简单，最小化配置	需要 HTTP 端点，网络配置
延迟	非常低	低，但受网络的影响
可靠性	高	支持自动重连和异常处理
用例	命令行工具、本地集成	Web 应用、实时通知、数据分析看板等

2.5　MCP 的安全性

MCP 的安全体系就像给数字世界打造了一座"智能金库"，通过五重防护机制确保每个环节的安全、可靠。

（1）加密保险箱（TLS 加密）

所有网络通信都像用防弹运钞车运输，数据在传输时自动加密，防止在传输途中被窃听或篡改。

（2）智能门禁（OAuth 2.0 认证）

采用"动态密码 + 指纹"双认证机制，类似于高级写字楼的访客系统。例如，当 AI 需要访问企业数据库时，必须出示实时生成的电子通行证，且仅限当次操作。

（3）权限分级（RBAC）

参照公司岗位设置访问权限，例如，实习生只能查阅基础数据，部门主管可修改业务信息，CEO 拥有全部权限。

（4）双保险密室（双证书架构）

数据传输采用"双钥匙保管箱"模式：发送方用专用密钥加密，接收方用对应密钥解密。就像跨国贸易中双方通过指定银行交换密钥，确保交易全程受控。

（5）安全游乐场（沙盒机制）

AI 操作被限制在"儿童安全围栏"内，通过独立空间运行程序（Linux 命名空间隔离），设置资源使用上限（防止资源滥用），危险操作自动拦截（如禁止删除系统文件）。

此外，当发生意外时，系统自带"智能急救手册"，既帮助实时排障，又留存完整操作记录。

- 自动生成错误诊断报告（如"打印机连接超时——代码 502"）。

- 提供修复建议（如"请检查网络连接或重试"）。
- 记录完整处理流程供审计。

以医疗 AI 系统为例，医生查询病历时需动态验证身份（智能门禁），检查报告传输时自动加密（加密保险箱），实习医生只能查看基础病历（权限分级）。无论是医生还是实习医生，在读取病历时都使用专属密钥加密请求，AI 系统使用对应的密钥解密（双保险密室），影像分析在隔离环境中运行（安全游乐场）。系统故障时马上提示故障原因，指导医生及时修复系统（智能急救手册），紧急故障时自动转备用方案。

这种安全设计让 AI 系统既保持灵活智能，又像银行金库般固若金汤，真正贯彻"智能不越界，数据不出圈"的安全理念。

2.6 基于 MCP 的系统有什么不同

市场上已经有各种各样的通信方式和集成方法，例如 REST API、传统的 AI 服务、大模型服务，以及大模型调用第三方工具。基于 MCP 的系统与这些技术有什么不同呢？

2.6.1 与 REST API 的区别

REST API 像拍照片，MCP 更像拍电影，这种差异决定了它们适用的场景不同。照片模式（REST API）适合定格瞬间的简单需求，比如查询实时天气（定格此刻的蓝天）、获取股票最新报价（记录某个时间点的数值）、调取身份证信息（获取静态档案）。电影模式（MCP）擅长记录连续的操作过程，例如规划旅行路线（从订票到酒店入住全程跟进）、处理客户投诉（记录沟通历史并动态调整方案）、编写程序代码（根据调试反馈持续优化）。

以订外卖场景来对比更为直观，REST API 只能单次查询餐厅是否营业，MCP 则能完成"推荐餐厅→选餐→支付→跟踪配送"全流程。MCP 背后的智能协作机制就像厨房团队：智能助手（大模型）相当于主厨，负责制订计划；工具执行器相当于帮厨，专门处理具体操作；协作环境相当于厨房工作台，所有的工具触手可及。

这种设计让智能服务突破了以下 3 重限制：

- 时空连续性：像连续剧一样记住上集剧情。
- 动态调整：根据反馈及时修正方案。
- 环境适配：无论是云端服务还是本地软件，都能调用。

基于 MCP 的调用与 REST API 调用在记忆能力、交互类型、复杂性和应用场景等方面有很大不同，具体对比见表 2-2。

表 2-2　基于 MCP 的调用与 REST API 调用的对比

对比项	基于 MCP 的调用	REST API 调用
记忆能力	跨会话持有上下文	无状态，无记忆
交互类型	多轮协作	单个请求 – 响应
复杂性	处理歧义及不断发展的目标	输入 / 输出结构固定
应用场景	自主 Agent、个人助理	简单任务，如天气 API

2.6.2　与大模型调用第三方工具的区别

大模型调用第三方工具相当于各家餐厅自备菜单，且每家餐厅都有自己的点餐暗号。有的要求用文字写需求，有的要求画示意图下单，还有的要求对特定暗号才能下单，导致顾客每次换餐厅都要重新学习规则，效率低且容易出错。

基于 MCP 的调用则是统一的智能点餐系统，相当于给所有餐厅配备标准化点餐机，顾客用统一语言描述需求（如"要一份微辣的牛肉面"），系统自动转换为各餐厅能理解的格式，后厨（工具执行程序）独立运作，可设在本地或云端。

基于 MCP 的这种设计使 AI 系统能够像模块化厨房设备那样灵活部署，例如，数据分析工具可以安装在本地计算机上，支付接口部署在云端服务器上，图像识别模块运行在专用设备上。各模块通过标准接口连接，像拼乐高一样自由组合。同时，MCP 建立"数字工具普通话"，实现了需求输入标准化（无论文字、语音还是图片）、执行反馈的规范化（成功或失败均有明确编码），以及错误处理统一化（如网络中断自动重试 3 次）。

更重要的是，基于 MCP 的系统如同智能手机连接蓝牙设备那样即插即用，接入即自动识别，不需要额外适配。基于 MCP 的调用与大模型调用第三方工具的对比见表 2-3。

表 2-3　基于 MCP 的调用与大模型调用第三方工具的对比

对比项	基于 MCP 的调用	大模型调用第三方工具
目的	标准化执行和响应的处理	将用户提示词转换为结构化 API 调用
控制	外部系统处理	大模型提供商
功能范围	广泛的数据与工具交互	基本 API 调用
标准化	开放标准，与模型无关	供应商特有
通信	交互式双向通行	请求 – 响应
执行	客户端侧执行	服务器侧执行
工具处理	发现、唤醒及响应管理	转义成 API 调用
灵活性	保证跨工具的互操作性	根据大模型变化
伸缩性	适合多工具缩放式集成	需要定制化处理多种工具

基于 MCP 的这种"解耦式"架构让 AI 服务既保持专业深度，又像智能手机生态般开放灵活，真正实现了"一套系统，万物互联"的智能体验。

2.6.3　与传统 AI 服务的区别

基于 MCP 的系统与传统 AI 服务有什么不同呢？这主要体现在以下 5 个方面：

（1）万能插头与专属转接头

传统 AI 服务对接新工具就像出国旅行要带一堆转换插头——每个数据库、日历软件都需要单独开发对接程序。基于 MCP 的系统则像全球通用的 Type-C 接口，一套标准适配所有设备。例如，在开发智能客服时，无须为微信、邮件、电话分别写代码。

（2）实时导航与纸质地图

传统 AI 服务如同用纸质地图找路，旅行建议基于过时的攻略。基于 MCP 的系统则像实时更新的导航系统，例如，查询机票可直接对接售票平台，会议安排会同步最新日程表。

（3）智能管家与传声筒

传统 AI 服务只能被动应答，例如提问"明天天气如何？"，则只播报预存信息。基于 MCP 的系统则像全能管家，例如提问"订明早去上海的航班"，则会自动比价并下单，全程支持"说一半补一半"的连续对话。

（4）银行金库与抽屉锁

传统 AI 服务安全隐患较多，例如 API 密钥硬编码在程序中，权限管理粗放。基于 MCP 的系统则内置了安全设计，敏感凭证存放在独立保险箱（服务器）中，每次转账级操作须人脸确认（用户授权），且危险操作自动隔离（沙盒防护）。

（5）乐高积木与定制雕塑

传统 AI 服务的开发如同雕刻石像，每对接一个新系统就要从头设计，维护成本随功能增加暴涨。MCP 生态则像积木搭建，已有邮件、文档、支付等标准模块，新增的智能合约模块只需进行拼装即可，而且社区还持续提供新功能组件。

通过 MCP，AI 从"书呆子"变成了"实干家"，既保持专业能力，又像智能手机般开放易用。如同给 AI 世界制定了"数字普通话"，让各类智能设备真正实现无障碍协作。

2.6.4　与大模型服务的区别

我们可以将大模型服务和基于 MCP 的系统想象成公司的主管与执行团队。主管（大模型服务）擅长理解客户需求、制订计划，就像能快速听懂各地方言的翻译官；执行团队（基于 MCP 的系统）则掌握打开各个专业工具库的钥匙，负责具体实施。

这种配合模式解决了 AI 的三大痛点：当遇到需要精准计算的问题（比如财务核算）时，系统会自动切换到专业软件，避免人工计算容易出错的问题；当遇到时效性问题（比如查股票行情）时，系统会实时联网抓取最新数据，就像给老式钟表装上自动对时功能一样；当遇到专业领域问题（比如医疗咨询）时，系统会转接给行业专用程序，相当于给普通员工配了专家顾问团。

特别是在涉及资金交易、信息修改等重要操作时，系统会像银行金库管理一样，通过多重验证后才启动专用程序。这既保留了 AI 理解自然语言的优势，又规避了它可能存在的随意性和信息滞后问题，最终形成 1+1>2 的智能协作体系。

2.7　示例解读：基于 MCP 的天气查询

MCP 服务器作为 AI 模型和外部服务之间的接口，定义 AI 在需要时可以使用的工具。AI 处理理解和生成自然语言，而 MCP 服务器处理特定的域功能。这里以天气查询为例，介绍一个简单的 MCP 服务。

我们可以把 MCP 服务器比作 AI 的"接线员"。当 AI 需要查询天气时，它不用自己动手操作，而是通过这个接线员调用专业服务，从而把问题转给 MCP 服务器。这个服务器就会立即调取实时天气数据，再用通俗的语言整理成回答。

想自己搭建这样的服务其实很简单，本节会用 TypeScript 来演示（熟悉 JavaScript 的读者也能轻松看懂）。开始前请先安装好 Node.js。

为项目创建一个新目录，并初始化 package.json 文件：

```
mkdir mcp-weather-server
cd mcp-weather-server
npm init -y
```

然后，安装必要的依赖项：

```
npm install @modelcontextprotocol/sdk zod tsx
```

现在，在项目目录中创建一个名为 main.ts 的文件，让我们一步步地分解 MCP 服务器的实现。

首先，需要导入必要的模块：

```
import { McpServer } from "@modelcontextprotocol/sdk/server/mcp.js";
import { StdioServerTransport } from "@modelcontextprotocol/sdk/server/stdio.js";
import { z } from "zod";
```

McpServer 类是我们实现的核心，允许我们定义和公开工具。StdioServerTransport 支持通过标准输入 / 输出进行通信，这是 MCP 主机 / 客户端与我们的服务器交互的方式。Zod 是一个 TypeScript-first 模式验证库，我们将使用它来定义工具的参数。

然后，使用名称和版本来初始化 MCP 服务器：

```
const server = new McpServer({
    name: "Weather Service",
    version: "1.0.0",
});
```

以上代码将创建一个新的服务器实例，其中含有标识我们的服务的元数据。

接着，向服务器中添加一个工具。我们将创建一个简单的 getWeather 工具，它返回指定城市的天气信息：

```
server.tool("getWeather")
.parameters(
    z.object({
        city: z.string().describe("The city to get weather for"),
    })
)
.handler(async ({ city }) => {
// 在真实的实现中，会在这里调用一个天气 API
return [
    {
        type: 'text',
        text: `Weather in ${city} is currently sunny with a temperature of 72°F.`
    }
];
});
```

以上代码定义了一个名为 getWeather 的工具，我们指定这个工具接收一个带有单个参数 city 的对象，city 是一个字符串。同时，它实现了一个在调用工具时执行的处理函数，处理程序返回一个内容对象数组，在本例中仅返回一条文本消息。在真实的场景中，处理程序可能会对天气服务进行 API 调用，并返回实际的天气数据。

最后，我们需要为服务器设置通信通道。因为希望通过标准输入 / 输出与 MCP 主机或客户端通信，所以这里选择使用 StdioServerTransport：

```
const transport = new StdioServerTransport();
await server.connect(transport);
```

以上代码将我们的服务器连接到标准输入 / 输出流，允许它接收命令和发送响应。

至此，一个单文件的 MCP 服务器就完成了。

```
import { McpServer } from "@modelcontextprotocol/sdk/server/mcp.js";
import { StdioServerTransport } from "@modelcontextprotocol/sdk/server/stdio.js";
import { z } from "zod";
const server = new McpServer({
    name: "Weather Service",
    version: "1.0.0",
});
```

```
server.tool("getWeather")
.parameters(
    z.object({
      city: z.string().describe("The city to get weather for"),
    })
)
.handler(async ({ city }) => {
// 在真实的实现中，会在这里调用一个天气 API
return [
    {
        type: 'text',
        text: `Weather in ${city} is currently sunny with a temperature of 72°F.`
    }
];
});
const transport = new StdioServerTransport();
await server.connect(transport);
```

如果需要进行实际的 API 调用，而不是返回静态数据，我们可以修改 getWeather 工具：

```
import fetch from "node-fetch";
// ...
server.tool("getWeather")
.parameters(
    z.object({
      city: z.string().describe("The city to get weather for"),
    })
)
.handler(async ({ city }) => {
const APIKey = process.env.WEATHER_API_KEY;
const url = `https://API.weatherservice.com/current?city=${encodeURIComponent
    (city)}&APIKey=${APIKey}`;
const response = await fetch(url);
const data = await response.json();
return [{
        type: 'text',
        text: `Weather in ${city} is currently ${data.condition} with a
            temperature of ${data.temperature}°F.`
    }];
});
```

我们可以通过执行 npx tsx "/path-to-your/main.ts" 命令运行这个基于 MCP 的天气查询服务，然后在任何一个兼容 MCP 的主机 / 客户端完成配置工作，这个主机 / 客户端将能够在需要时使用 getWeather 工具来完成天气查询。

那么，有哪些 MCP 主机 / 客户端可以供我们日常使用呢？请参见第 3 章。

Chapter 3 | 第 3 章

使用本地 MCP 主机

在 AI 应用逐渐普及的今天，越来越多的用户开始关注数据安全和个性化需求。就像家用电器从集中供电转向太阳能板自发电，AI 应用也正经历从"云端依赖"到"本地自主"的革新。使用本地 MCP 主机相当于在家中安装智能控制中枢——既能享受 AI 的便利，又能将核心数据留在本地设备，像守护家庭相册一样守护数字隐私。

这种本地化方案特别适合 3 类场景：重视商业机密的企业、需要定制 AI 功能的技术团队，以及关注个人隐私的普通用户。本章首先介绍如何使用 Ollama 在个人计算机上搭建 MCP 主机的工作台。如果对命令行不熟悉，Claude Desktop 提供了内置的 MCP 客户端，我们可以通过安装各种 MCP 服务器来丰富 AI 的能力。最后，我们引入了 mcp-installer 工具，可以使用自然语言轻松地安装各种 MCP 服务。

让我们从最基础的本地部署开始，探索如何让 AI 服务完全掌控在自己手中。

3.1 用 Ollama 构建本地 MCP 主机

Ollama 就像一台可以放在自家书房的"AI 魔法箱"，无须联网就能运行 Llama、Mistral 等大模型。这个开源工具箱有以下三大特色：

- 安全私密：所有对话数据都锁在本地设备中，不会上传云端。
- 即开即用：macOS、Windows、Linux 系统通用，安装简单。
- 老少皆宜：开发者可用它搭建智能应用，学生可用它拆解 AI 工作原理，并体验流畅的对话。

使用 Ollama 非常简单，首先要在本地系统中安装 Ollama（https://ollama.com/），然后从 Ollama 中筛选一个支持工具调用的大模型。怎么找呢？在 Ollama 网站上，从"模型"（Models）中的"工具"（Tools）栏下查找相关的大模型，如图 3-1 所示。

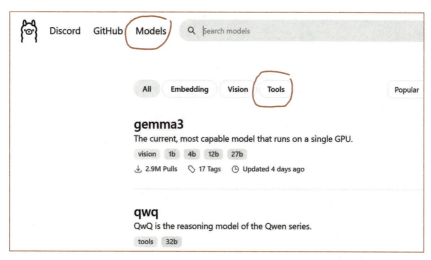

图 3-1　在 Ollama 网站上筛选模型

如何运行一个大模型呢？以 qwen 2.5 为例，在 Windows 系统中进入 cmd 并运行：

```
ollama run qwen2.5
```

在设置 MCP 服务时，JSON 文件相当于记录各服务联系方式的地址簿。这里有个关键细节需要注意——不同操作系统的"地址写法"规则不同。在 Windows 系统上需记录完整路径，如 C:\\MCP\\UVX.exe，双反斜杠相当于门牌号间的分隔符，必须注明文件全名（带 .exe 扩展名）。在 macOS/Linux 系统上则直接写程序名称即可，如 UVX，系统会自动识别安装位置，无须标注文件格式。

配置时需要注意的是，Windows 系统的路径要用双反斜杠"\\"，程序名要带 .exe 后缀，同时在保存文件时确认编码格式为 UTF-8，避免出现乱码。下面是一个 JSON 配置文件的示例。

```
{
    "globalShortcut": "Ctrl+Space",
    "mcpServers": {
        "sqlite": {
            "command": "C:\\Users\\datas\\anaconda3\\Scripts\\uvx.exe",
            "args": ["mcp-server-sqlite", "--db-path", "C:\\Users\\datas\\AI_
                Docs.db"]
        },
        "filesystem": {
```

```
            "command": "npx",
            "args": [
                "-y",
                "@modelcontextprotocol/server-filesystem",
                "C:\\Users\\datas\\OneDrive\\Desktop\\ollama-mcp"
            ]
        }
    }
}
```

上述 JSON 文件的作用是配置 MCP 服务器。在顶层结构中，globalShortcut 设置了一个全局快捷键，值为 "Ctrl+Space"。这意味着用户可以通过按下 Ctrl 键和空格键的组合来触发全局功能。mcpServers 是一个包含多个 MCP 服务器配置的对象，每个服务器以唯一的键来标识，下面分别解读各个服务器的配置。

（1）sqlite 服务器

- command：指定了运行该服务器所使用的可执行文件路径，这里是 "C:\\Users\\datas\\anaconda3\\Scripts\\uvx.exe"。这表明该服务器是通过 Anaconda 环境中的 uvx.exe 程序来启动的。

- args：是一个数组，包含传递给 uvx.exe 程序的参数。

  ■ "mcp-server-sqlite"：指定了要运行的服务器类型或名称，这里是基于 SQLite 数据库的 MCP 服务器。

  ■ "--db-path"：是一个参数选项，用于指定 SQLite 数据库文件的路径。

  ■ "C:\\Users\\datas\\AI_Docs.db"：是 SQLite 数据库文件的具体路径，该服务器将使用这个数据库文件来存储和查询数据。

（2）filesystem 服务器

- command：这里使用的是 "npx"，npx 是 Node.js 生态系统中的一个工具，用于执行 npm 包中的二进制文件，而无须全局安装这些包。

- args：数组包含了多个参数。

  ■ "-y"：通常是一个选项，用于在执行过程中自动确认一些提示或操作，避免手动干预。

  ■ "@modelcontextprotocol/server-filesystem"：是要运行的 npm 包的名称，这里是一个与文件系统相关的 MCP 服务器。

  ■ "C:\\Users\\datas\\OneDrive\\Desktop\\ollama-mcp"：该文件系统服务器的工作目录或配置目录，服务器将在这个目录下进行文件操作或存储相关数据。

这个 JSON 配置文件定义了两个不同类型的 MCP 服务器，分别是基于 SQLite 数据库的服务器、与 DuckDuckGo 搜索相关的文件系统服务器。每个服务器都指定了运行所使用的可执行文件或工具，以及相应的参数，用于配置服务器的具体行为和功能。通过这样的配置，应用程序可以根据这些信息来启动和管理不同的 MCP 服务器，以提供多样化的服务。

将上面的 JSON 保存在某个 JSON 文件中（如 local.json），并复制它的完整路径。

现在，我们将本地大模型设置为 MCP 的主机。首先，要安装一下 Go 语言的执行环境（https://go.dev/doc/install），接着在 Windows 系统上打开 cmd，再运行以下命令：

```
go install github.com/mark3labs/mcphost@latest
```

最后，使用下面的命令启动 MCP 主机，需要提供上面创建的 local.json 文件的路径（以 Windows 系统为例），如图 3-2 所示。

```
mcphost -m ollama:qwen2.5 --config "C:\Users\datas\OneDrive\Desktop\local.json"
```

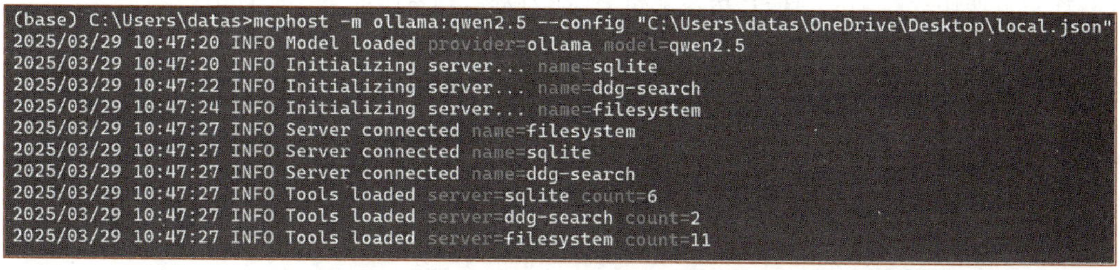

图 3-2　在 Ollama 中启动 MCP 主机

现在，我们可以通过 Ollama 使用本地大模型（Qwen2.5）在 JSON 文件中使用 MCP 服务了，参见图 3-3。

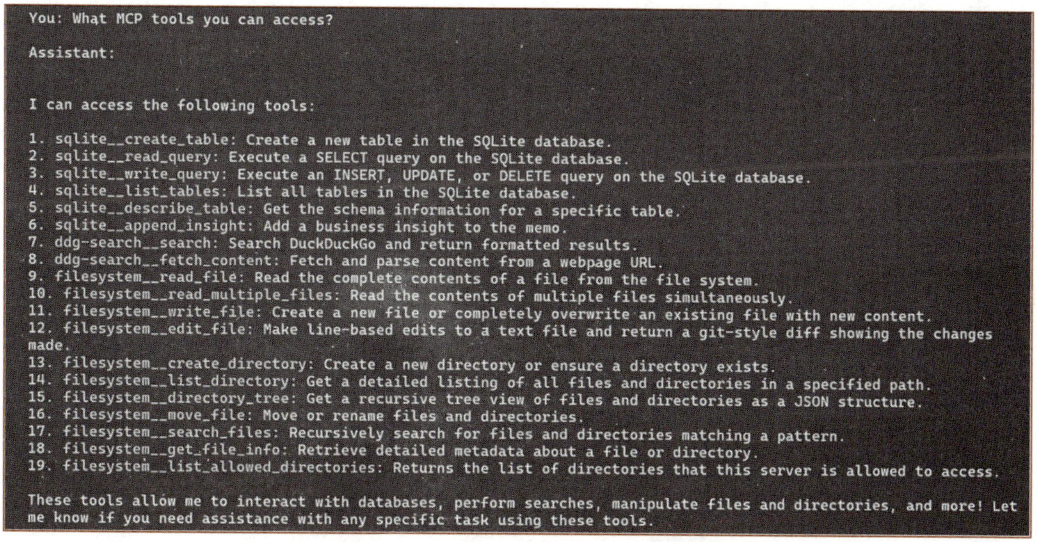

图 3-3　在 Ollama 中使用 MCP 服务

3.2 基于 Claude Desktop 构建本地 MCP 应用

Claude Desktop 是 Anthropic 公司推出的一款能在多个操作系统上运行的桌面软件，它可以在 Windows、macOS 以及 Linux 系统上使用，让用户能够以自然语言的方式与 AI 助手 Claude Desktop 进行交流。

这款软件内置了 MCP 客户端，能够连接到本地或者远程的 MCP 服务器。借助这个功能，用户可以完成一些比较复杂的任务，比如管理文件、查询数据库、操作 GitHub 等，而且只需通过与 AI 助手对话就能下达指令，十分便捷。

Claude Desktop 具有轻量、高效的特点，它是基于 Rust 语言和 Tauri 框架开发出来的。用户不需要打开浏览器，可直接使用。同时，这款软件非常注重用户的隐私安全，无论是开发者还是普通用户，都能借助它快速地将 AI 能力融入到自己的工作流程中。

在使用 Claude Desktop 前，需要做如下准备：

- 注册 Claude Desktop 账号（免费或付费均可），可访问官网完成注册：https://claude.ai/。
- 下载桌面版应用，可访问 https://claude.ai/download/ 下载 macOS 或 Windows 版本。
- 安装 uv 工具，这是一个管理软件包的高效工具（https://docs.astral.sh/uv/getting-started/installation/）。

macOS 系统的安装方法：打开终端，输入 brew install uv。

Windows 系统的安装方法：打开命令提示符，输入 winget install --id=astral-sh.uv -e。

安装好 Claude Desktop 后，我们可以用它来获取最新的网络资讯。比如可尝试在软件中输入"the fetch MCP"指令。

怎么操作 Claude Desktop 来使用众多的 MCP 服务呢？首先需要安装一个 MCP 服务器。在 GitHub 上的 Modelcontextprotocol（https://github.com/modelcontextprotocol）项目中，提供了很多现成的 MCP 服务器。比如"fetch"服务器，它的功能很简单：读取指定网页地址，并把内容自动转换成方便阅读的 Markdown 格式。

不过，要让 Claude Desktop 找到你安装的 MCP 服务器，还需要进行一个设置步骤：需要找到或者新建一个名为"Claude Desktopconfig.json"的配置文件。这个文件需要放在以下位置：

macOS 系统：/users/[你的用户名]/.config/

Windows 系统：C:\Users\[你的用户名]\AppData\Local\

该配置文件的设置步骤如下：

1）打开 Claude Desktop 软件，单击顶部菜单栏中的"Settings"选项。

2）在左侧界面找到"Developer"选项并单击。

3）在右侧界面单击"Edit Config"按钮，如图 3-4 所示。

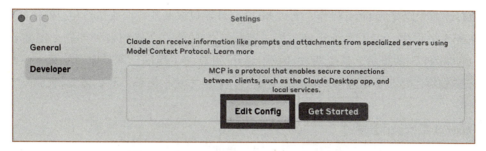

图 3-4　在 Claude Desktop 中编辑配置文件

这时会自动打开配置文件，不同操作系统的存放位置不同。在 macOS 系统中，桌面左上角单击【访达】，在顶部菜单选择"前往"→"前往文件夹"并输入：

```
~/Library/Application Support/Claude/
```

在 Windows 系统中，打开"此电脑"并在地址栏中粘贴以下内容：

```
%APPDATA%\Claude\
```

在这两个路径下都能找到一个叫"claude_desktop_config.json"的文件。如果找不到该文件，可自行创建。修改完成后保存设置，软件会自动加载新配置。

然后，在任意的编辑器中打开 claude_desktop_config.json 文件并插入以下代码段：

```
{
    "mcpServers": {
        "fetch": {
            "command": "uvx",
            "args": ["mcp-server-fetch"]
        }
    }
}
```

保存文件，并重新启动 Claude Desktop。现在 fetch 服务器就可以使用了！

以上 JSON 文件是一个简单的配置文件，用于描述 MCP 服务器的相关配置信息。JSON 文件的顶层键是 mcpServers，是一个对象，用于存储所有与 MCP 服务器相关的配置。在 mcpServers 下只定义了一个名为 fetch 的子配置，这是 mcpServers 下的一个子对象，表示一个具体的 fetch 服务器操作或功能的配置。command 在 fetch 对象中，command 的值是 uvx，表示执行 fetch 操作时需要调用的命令或工具的名称。args 是一个数组，包含传递给 command 的参数。在这个配置中，只有 mcp-server-fetch 一个参数。

当这个配置文件被 Claude Desktop 读取并调用时，会执行以下操作：

1）调用命令"uvx"。

2）将"mcp-server-fetch"作为参数传递给"uvx"。

执行该命令以完成 fetch 操作，通过 MCP 服务器拉取某些数据或执行相应的任务。

在配置过程中，由于系统环境不同，实际操作时难免会遇到各种问题。比如若出现"uvx ENOENT"的提示，这说明软件找不到 uv 工具的主程序。常见原因有两种：要么是 uv 没安装成功，要么是系统没识别到安装位置。解决方法很简单，我们需要找到 uv 工具的安装路径。

【macOS 系统操作步骤】

1）打开"终端"应用（在启动台搜索即可找到）。

2）输入命令：which uv。

3）系统会显示类似这样的路径：/usr/local/bin/uv。

4）复制这个完整路径备用。

【Windows 系统操作步骤】

1）打开"命令提示符"（按 Win 键搜索 cmd）。

2）输入命令：where uv。

3）系统会显示类似这样的路径：C:\Program Files\uv\uv.exe。

4）同样需要复制这个完整路径备用。

找到路径后，在 Claude Desktop 的配置文件中指定这个路径。如果执行命令后没有显示路径，说明 uv 工具没有安装成功，则建议重新执行安装步骤。

假设你的路径类似 /Users/abel/.local/bin/uvx，可按以下方式把它插入到配置文件中：

```
{
    "mcpServers": {
        "fetch": {
            "command": "/Users/abel/.local/bin/uvx",
            "args": ["mcp-server-fetch"]
        }
    }
}
```

然后，重启 Claude Desktop 即可。

使用 Claude Desktop 里的名为 fetch 的 MCP 服务非常简单，跟着这样做就能轻松获取网页内容。在软件对话框中输入：fetch https://modelcontextprotocol.io/quickstart/user and give me the highlights.

当 Claude Desktop 读取到"fetch"这个关键词时，就会自动启动 MCP 服务。Claude Desktop 在处理过程中会做三件事：访问你输入的网页地址，把网页内容自动转成 Markdown 格式（就像把生鲜食材整理成料理包），用简洁易懂的方式呈现核心信息。

想要通过 Claude Desktop 在你的计算机上浏览文件，需要添加文件系统的 MCP 服务，安装命令如下：

```
npx @smithery/cli install @modelcontextprotocol/server-filesystem -- client
    claude
```

然后，修改 claude_desktop_config.json 文件，修改后内容如下：

```
{
    "mcpServers": {
        "fetch": {
            "command": "uvx",
            "args": ["mcp-server-fetch"]
        },
        "filesystem": {
            "command": "npx",
            "args": [
                "-y",
                "@modelcontextprotocol/server-filesystem",
                "/Users/your-username/Desktop",
                "/Users/your-username/folder/of/your/choice"
            ]
        }
    }
}
```

至此，Claude Desktop 不仅可以抓取网页，还可以浏览本地文件，前提是本地已经安装了文件系统的 MCP 服务。

使用 Claude Desktop 最方便之处在于：它能兼容各种编程语言开发的工具，且即插即用。例如，上述的 fetch 是用 Python 语言编写的，并通过 uvx 运行，而文件系统是用 TypeScript 编写的，并通过 npx 运行。当然，我们也可以使用 Go 或 Rust 等语言开发的工具。

不管用什么语言开发，只要遵循 MCP，在 Claude Desktop 中都能即插即用。具体操作如下：

1）统一配置：在 claude_desktop_config.json 文件中用同样格式添加服务器地址（比如 "mcp_server": "127.0.0.1:8080"）。

2）自动识别：不关心背后的技术实现，只要配置正确，Claude Desktop 就能自动连接使用。

这就像给计算机外接设备，无论是 U 盘、移动硬盘还是读卡器，只要插上 USB 接口就能直接使用。开发者可以根据自己擅长的语言自由选择开发工具，普通用户则无须关心技术细节，享受统一的使用体验。

除了之前提到的抓取网页和文件管理功能，Claude Desktop 还可以通过安装更多 MCP 服务器来提升工作效率，这里推荐 4 个常用的插件。

（1）增强搜索引擎（Brave Search）
安装命令：npx @smithery/cli install brave-search --client claude
这相当于给 AI 装了个"浏览器"，能实时查询最新资讯。比如可以这样提问："最近三天的 AI 行业重要新闻有哪些?"。

（2）程序员助手（GitHub 管家）

安装命令：npx @smithery/cli install @modelcontextprotocol/server-github --client claude

开发时只需这样提问："帮我检查 src/utils 目录下的代码规范"或"给小李的代码仓库提一个合并请求"，AI 就会自动处理 GitHub 操作。

（3）思维导图模式（Sequential Thinking）

安装命令：npx @smithery/cli install sequential-thinking --client claude

当我们处理复杂问题时，该插件会帮助 AI 分步骤思考：

1）厘清问题背景（如"用户想优化网站加载速度"）。

2）分析可能因素（如服务器响应、图片压缩、缓存设置等）。

3）逐项给出解决方案。

（4）办公小秘书（Google Workspace）

安装命令：npx @smithery/cli install @tryscotch/mcp-gworkspace --client claude

如果使用了该插件，我们可以对 AI 说："查一下今天下午的会议安排"；出差时可以让 AI 帮忙提醒："把明天上海之行的日程表发我邮箱"；写邮件时可以直接口述："给张总写封项目进度汇报邮件"。

所有的 MCP 服务器安装完成后，在 Claude Desktop 中输入对应指令即可使用。如果暂时用不到某些功能，也可以通过卸载命令随时清理，保持软件轻便、高效。

基于 MCP 的系统的真正价值在于当你看到它们的实际作用时，它们就变得清晰了，例如查询"研究 MCP 的最新趋势，并在我的文件夹中创建一份总结报告。"借助像增强搜索引擎和文件系统这样的 MCP 服务器，Claude Desktop 开始迅速在互联网的茫茫信息海洋中搜索当前关于 MCP 的最新信息，不放过任何一个可能有价值的细节。经过一番细致的梳理和分析后，成功生成了一份内容全面、条理清晰的报告。更令人惊喜的是，这份报告无须手动操作，直接就被保存到了自己计算机上的指定文件夹中。整个过程就像一场高效、流畅的对话，我们提出需求，Claude Desktop 迅速响应并完成任务。

当然，基于 MCP 的系统所能提供的应用远不止于此，在后续的章节里，我们会针对其他各类 MCP 服务器进行详细的介绍。

3.3 使用自然语言发现并安装 MCP 服务器

通常情况下，安装 MCP 服务器的步骤如下：

1）找到服务器包。这个服务器包不是随便就能找到的，需要去特定的地方寻找，比如 npm（一个 JavaScript 的包管理工具平台）、PyPI（Python 的包索引库）或者 Git 代码托管平台上的仓库。这些地方就像一个个巨大的"服务器包仓库"，里面存放着各种各样的服务器包，就像超市里摆放着琳琅满目的商品一样。

2）找到了服务器包之后，就要通过命令行手动进行安装。如果你是在 npm 上找到的包，那就在命令行里输入"npm install"，然后加上相应的包名；如果是从 PyPI 上找到的，就输入"pip install"加上包名；如果是从 Git 仓库中克隆的，就输入"git clone"加上仓库的地址。这就好比你去超市买东西，选好了商品后，要按照超市的结账流程，把商品一件一件地扫码、付款，才能把商品带回家。

3）安装好服务器包之后，还得对 MCP 主机进行配置。你需要打开 MCP 客户端的 config.json 文件，这个文件就像是客户端的"设置说明书"。在这个文件里，你要指定服务器的名称、运行命令、相关参数以及文件路径等信息。比如，要配置像 Claude Desktop、Cursor 等不同的 MCP 客户端，就得根据它们各自的特点把这些信息准确无误地填写进去。

4）配置完成后，为了让这些更改生效，需要重新启动 MCP 客户端。

虽然安装单个 MCP 服务器看起来并不是特别复杂，但是，随着你使用的 MCP 服务器越来越多，安装和配置的过程将会变得越来越复杂，而且很容易出错。比如，在配置的时候，你可能会不小心把某个单词拼写错了，或者指定了错误的文件路径，又或者忘记了某些依赖关系。这些问题看起来可能不大，但都会导致你花费大量的时间去排查问题，还会让你的工作流程中断。这种手动配置的方式就像一个隐藏在背后的"小麻烦制造者"，虽然不会一下子造成很大的影响，但会持续不断地拖累你的工作效率，把你的注意力从构建智能应用程序这个核心任务上吸引开，让你无法全身心地投入到重要的事情中。

有没有更好的办法呢？ mcp-installer 是一个很有用的工具，如图 3-5 所示，它的代码仓库地址是 https://github.com/anaisbetts/mcp-installer。你可以把它理解成一个专门用来管理 MCP 服务器的 AI 小帮手。打个比方，它就像是一个元 MCP 服务器，这里的"元"可以简单理解为"超级"或者"更高一级"的意思。它的唯一目的就是帮助你安装其他的 MCP 服务器。

我们可以把 mcp-installer 当作一个标准的 MCP 服务器来运行。当你需要安装其他 MCP 服务器的时候，不需要再去操作那些复杂的配置文件了，而是直接通过自然语言来与它交流。比如，你可以告诉它："帮我安装一个 GitHub 的 MCP 服务器。"然后，mcp-installer 就会根据你给的提示执行安装操作。就好像你有一个贴心的助手，只需要用简单易懂的话告诉它你想做什么，它就会帮你把事情办好。这样一来，安装 MCP 服务器就变得轻松多了，也减少了因手动编辑配置文件而可能出现的各种问题。

mcp-installer 可以使用 npx 和 uv 安装，或者在计算机上本地克隆该 MCP 服务器。在集成到 Claude Desktop 的时候，mcp-installer 本身需要在 Claude Desktop 的配置中注册为 MCP 服务器。让我们在 claude_desktop_config.json 配置 mcp-installer：

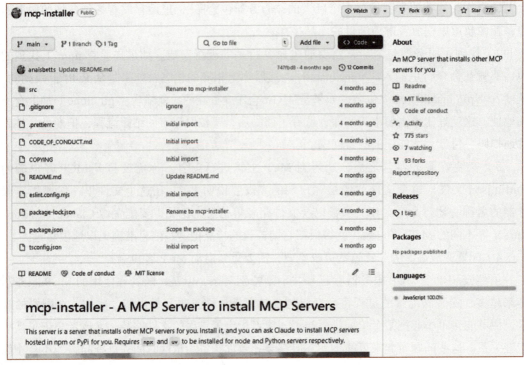

图 3-5 mcp-installer 的 GitHub 仓库

首先，mcp-installer 工具的安装很方便，有多种方法。你可以用 npx 和 uv 这两个工具来安装它，也可以选择在计算机上直接把这个 MCP 服务器对应的代码库克隆下来，即把它的所有文件都复制到你的计算机本地存储上。

接着，当把 mcp-installer 集成到 Claude Desktop 中时，为了让 Claude Desktop 能正确识别和使用 mcp-installer，需要在 Claude Desktop 中配置 claude_desktop_config.json，示例如下：

```
{
    "mcpServers": {
        "mcp-installer": {
            "command": "npx", "args": [ "@anaisbetts/mcp-installer" ]
        }
    }
}
```

重要的是，我们得将 Claude Desktop 应用程序彻底关闭，然后再重新启动，这样才能认出新添加的服务器。有时候，正常关闭重启可能还不行，还得通过任务管理器（如使用的是 Windows 系统）或者活动监视器（如使用的是 macOS 系统）来结束 Claude Desktop 的运行任务，这样才能保证是彻彻底底的重新启动。

等重新启动完成之后，就可以用上 mcp-installer 这个工具了。如何验证呢？很简单，通常在聊天输入框附近会看到一个小小的"工具"图标，就像个小锤子似的，单击该图标，就能看到列出来的所有可用工具，若其中有 mcp-installer，那就说明没问题了。

大多有用的 MCP 服务器都是以软件包的形式发布出来的，此处仍以 mcp-server-fetch 为例，这个服务器的作用是从指定的网址处获取内容。

那么如何安装它呢？在 Claude Desktop 中输入以下提示即可，效果如图 3-6 所示。

```
Hey Claude, install the MCP server named mcp-server-fetch
```

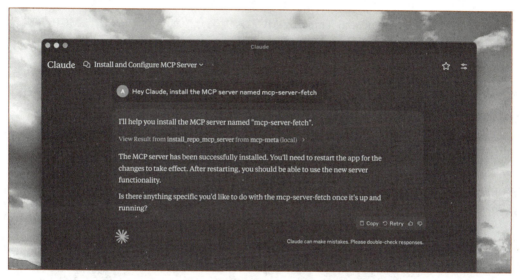

图 3-6　用自然语言安装 MCP 服务器的示例

Claude Desktop 收到这个命令后，就会自动调用 mcp-installer 工具（具体来说，是调用 installrepomcp_server 这个函数），然后在后台用 npx 或 uv 工具来下载并设置好这个软件包。

这种能够用自然语言同时安装远程包和本地项目的能力，真的特别强大。它把那些底层复杂的命令行操作，还有各种烦琐的配置细节，全都给抽象出来了。这样一来，我们就不用费心去记那些复杂难懂的命令，也不用费劲去琢磨怎么配置各种参数了。不管是谁，只要会写简单的提示语，就能顺利地完成远程包和本地项目的安装，又方便又快捷，还能大大减少出错的可能性。

3.4　在 Cursor 中使用 MCP 服务器

Cursor 是一款由 AI 驱动的代码编辑器，它让开发者能更专注于逻辑和设计，而不再纠结于语法问题。通过简单的自然语言指令，Cursor 就能生成高质量、上下文感知的代码。此外，它还具备基于自然语言的编码辅助、智能文档查找以及版本控制集成等功能。

想要体验 Cursor？访问官方网站 cursor.com 并单击"下载"按钮，网站会自动识别用户的操作系统，并提供相应的安装文件。下载完成后，运行安装程序并按照界面上的指示操作即可。安装成功后，可以通过桌面快捷方式或应用程序菜单启动 Cursor，也可以选择安装额外的命令从终端直接启动 Cursor。首次启动时，系统会引导完成一些基础设置，比如设定键盘快捷键、选择与 AI 交互的语言，以及是否开启代码库范围的索引功能。

当使用 Cursor 时，MCP 服务器作为后台的智能支持层，可以极大地提升开发体验。下面以 Smithery AI 上的 Sequential Thinking MCP 为例来介绍如何将 Cursor 与 MCP 集成起来解决问题。

1）要连接到托管在 Smithery AI 上的 MCP 服务器，需要获取一个 API 密钥。登录 Smithery AI 账户，在仪表盘中找到 APIkey 部分，然后单击生成 API 密钥。这个密钥用于 Cursor AI 的身份验证，以便与 MCP 服务器建立连接。接下来，打开 Smithery AI 上的 Sequential Thinking MCP 服务器页面，进入概览部分，单击 Cursor 选项卡，复制所提供的安装命令，如图 3-7 所示，利用此命令将服务器添加到 Cursor 中。

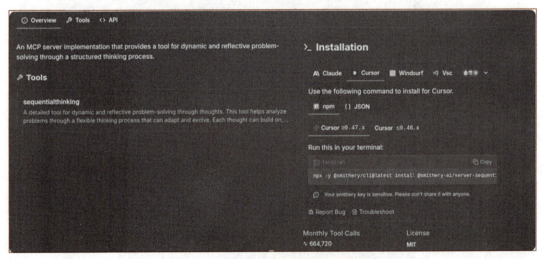

图 3-7 在 Smithery 平台上复制服务器安装命令

2）在 Cursor 中连接 Sequential Thinking MCP 服务器。打开 Cursor IDE，前往设置中的 MCP 服务器部分，如图 3-8 所示。

单击"Add new MCP server（创建新的 MCP 服务器）"，为服务器命名，例如命名为"Sequential_thinking"。随后，将之前从 Smithery AI 复制的命令粘贴在此处，并单击"Add（添加）"按钮来保存并完成服务器的连接，如图 3-9 所示。

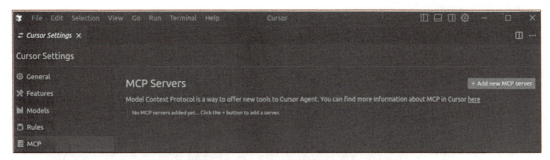

图 3-8　Cursor 中的 MCP 服务器设置示例

图 3-9　在 Cursor 中添加 MCP 服务器的安装程序

完成添加后，该服务器就会出现在已配置的 MCP 服务器列表中，随时可以使用。

为了测试 Sequential Thinking MCP 服务器是否正常工作，我们可以在 Cursor 中输入这样的指令："我想让你构建一个游戏，让我们使用 Sequential Thinking 来做，但不要给我任何代码。"当这条指令被执行时，Sequential Thinking MCP 服务器将会响应，给出一个清晰且深思熟虑的回答，证明一切配置正确无误。若想了解更多关于 Sequential Thinking MCP 的信息，请查阅第 8 章相关内容。

Chapter 4 第 4 章

从 Hello World 逐步构建 MCP 服务器

在程序员的词典里，"Hello World"从来不只是一行代码——它是理解世界的起点，也是构建复杂系统的序章。今天，我们将以这个最朴素的程序为原点，一步步搭建起一个完整的 MCP 服务器。不同于空洞的理论讲解，本章聚焦于"可感知的渐进式开发"：就像搭积木一样，每添加一块新组件，你能立刻看到系统的成长轨迹。

我们将带你经历 4 个关键阶段：

- 我们将化身"系统建筑师"，配置开发环境并打通资源访问通道。就像给新房子通水电，这里要确保每个模块都能获得基础的运行资源。
- 通过资源模板实现"模块克隆术"。如同用预制件快速扩建房屋，你将学会如何批量生成标准化的功能单元，避免重复造轮子。
- 引入提示词机制，这相当于给系统装上"对话指南"。就像教机器人理解自然语言指令，你会发现服务交互可以像聊天一样直观。
- 打造完整的工具生态，从消息传递到功能调用，教会系统如何像人类团队一样分工协作。

每个阶段都配有"即改即用"的代码片段和可视化示意图，即便是刚接触服务开发的新手，也能通过具体的代码变化，感受系统从单细胞生物到精密机甲的蜕变过程。让我们放下对复杂架构的畏惧，从打印第一句"Hello MCP"开始，见证一行行代码如何成长为基于 MCP 的智慧服务。

4.1　环境配置与资源访问

在基于 MCP 的系统中，"资源"就像图书馆里的公开资料架——它是系统向大模型开放数据的专用通道。这些资料架上的"书籍"可以是任意形式的可读内容，例如：

- 你计算机里的文档。
- 数据库里的客户信息。
- 天气预报接口的返回结果。
- 手机 App 的运行日志。
- 服务器的配置参数。

每本"书籍"（资源）都有明确的身份标识：

- 专属地址（唯一的 URI）：类似快递单号，比如 file:///example.txt 或 database://users/123 等。
- 书名标签（一个可显示的名称）：方便人类理解的名称（如"2024 销售报表"）。
- 附加说明（可选的元数据）：描述用途、标注格式类型（就像书封底的简介）。
- 实质内容：文字段落或图片 / 视频等数据。

这种设计就像给大模型配备了标准化的阅读器——它不需要知道文件存在哪里、数据库怎么连接，只需通过统一格式的"书单"，就能安全地查阅所有的授权信息。

资源允许我们以受控的、标准化的方式向大模型公开数据。为了便于理解，我们以 3 种资源服务器为例来说明资源的表达方式和使用场景，参见表 4-1。

表 4-1　3 种资源服务器的表达方式和使用场景

资源服务器	表达方式示例	使用场景
文档服务器	// 公司所开放的文档 "docs://API/reference" -> API 文档 "docs://guides/getting-started" -> 用户手册	用户："你能解释一下我们的 API 速率限制政策吗？" AI 助理："让我检查一下 API 文档……根据文档，每分钟最多只能有 100 个请求……"
日志分析服务器	"logs://system/today" -> 今天的系统日志 "logs://errors/recent" -> 最近的错误消息	用户："今天我们的系统发生了什么错误？" AI 助理："看看今天的日志，我看到三个关键错误……"
客户资料服务器	"customers://profiles/summary" -> 客户信息综述 "customers://feedback/recent" -> 最近的用户反馈	用户："最近客户反馈的总体情绪如何？" AI 助理："分析最近的反馈，客户大多是积极的，但……"

4.1.1　创建项目并设置环境

让我们像布置新家一样，搭建 Hello World 的项目环境：

1）建储物箱：在计算机中新建专属的文件夹。

```
mkdir hello-mcp    # 创建名为 hello-mcp 的 "储物箱"
cd hello-mcp       # 进入储物箱, 准备装工具
```

2）放收纳架：快速生成基础配置。

```
npm init -y        # 自动创建项目 "物品清单" (package.json)
```

3）搬核心设备：安装 MCP 官方工具包。

```
npm install @modelcontextprotocol/sdk    # 安装连接 MCP 的开发工具
```

4）备辅助工具：添加开发必备品。

```
npm install -D typescript @types/node    # 配置智能提示和代码检查 "小助手"
```

我们打开一个集成开发环境（IDE），然后在其中找到这个项目的目录并打开，再找到这个目录里的 package.json 文件，并对它进行修改。

- 删掉 main 行：找到 package.json 文件中的 "main": "index.js" 这一行，将其删掉。
- 加上 type 行：在刚才删掉 main 行的地方加上一行新的代码，内容为 "type": "module"。
- 添加 build 脚本：在 package.json 的 scripts 部分加一个新脚本，名字叫 "build"，它的值是 "tsc"，用于运行 TypeScript 编译器。

修改完之后，package.json 的内容如下：

```json
{
    "name": "hello-mcp",
    "version": "1.0.0",
    "type": "module",
    "scripts": {
        "build": "tsc","test": "echo \"Error: no test specified\" && exit 1"
    },
    "keywords": [],
    "author": "",
    "license": "ISC",
    "description": "",
    "dependencies": {
        "@modelcontextprotocol/sdk": "^1.1.0"
    },
    "devDependencies": {
        "@types/node": "^22.10.5", "typescript": "^5.7.2"
    }
}
```

接下来，我们还要创建一个新的文件，叫 tsconfig.json，用于配置 TypeScript 编译器。在这个文件中添加以下代码：

```
{
"compilerOptions": {
    "target": "ES2022",                        // 编译成 ES2022 标准的 JavaScript
    "module": "Node16",                        // 使用 Node.js 16 的模块系统
    "moduleResolution": "Node16",              // 使用 Node.js 16 的模块解析方式
    "outDir": "./build",                       // 编译后的文件放在 build 目录中
    "rootDir": "./src",                        // 源文件在 src 目录中
    "strict": true,                            // 开启严格模式
    "esModuleInterop": true,                   // 支持 ES 模块的互操作性
    "skipLibCheck": true,                      // 跳过库文件的类型检查
    "forceConsistentCasingInFileNames": true   // 文件名大小写要一致
},
"include": ["src/**/*"]                         // 包括 src 目录下的所有文件
}
```

至此，环境就设置好了，下面就可以开始写代码了。

4.1.2　编写 Hello World

我们现在创建一个 Hello World 的资源服务器，在 src (src/index.ts) 中创建一个新的索引文件，并添加以下代码：

```
import { Server } from "@modelcontextprotocol/sdk/server/index.js";
import { StdioServerTransport } from "@modelcontextprotocol/sdk/server/stdio.js";
import {
    ListResourcesRequestSchema,
    ReadResourceRequestSchema,
} from "@modelcontextprotocol/sdk/types.js";
// 用资源功能初始化服务器
const server = new Server({
        name: "hello-mcp", version: "1.0.0",
    },
    {
        capabilities: {
            resources: {}, // 开启资源功能
        },
    }
);
// 当客户端请求资源列表时，返回可用资源
server.setRequestHandler(ListResourcesRequestSchema, async () => {
    return {
        resources: [{
            uri: "hello://world",
            name: "Hello World Message",
            description: " 一个简单的问候信息 ",
            mimeType: "text/plain",
            },
        ],
```

```
    };
});
// 当客户端请求某个资源时，返回资源内容
server.setRequestHandler(ReadResourceRequestSchema, async (request) => {
if (request.params.uri === "hello://world") {
    return {
        contents: [{
            uri: "hello://world",
            text: "Hello, World！这是我开发的第一个 MCP 资源服务器。",
        },
        ],
    };
}
throw new Error(" 资源未找到 ");
});
// 用 stdio 传输启动服务器
const transport = new StdioServerTransport();
await server.connect(transport);
console.info('{"jsonrpc": "2.0", "method": "log", "params": { "message": " 服务
    器已启动 ..." }}');
```

这个简单的示例演示了 MCP 资源服务器的关键概念：

（1）服务器配置

- 创建一个带有名称和版本的服务器实例。
- 启用资源能力。
- 其他功能（如提示和工具）将在后面介绍。

（2）资源清单

- ListResourcesRequestSchema 处理程序告诉客户端存在哪些资源。
- 每个资源都有一个 URI、名称和可选的 description/mimeType。
- 客户端使用这个资源清单来发现可用的资源。

（3）资源读取

- ReadResourceRequestSchema 处理程序返回资源内容。
- 它接受一个 URI 并返回匹配的内容。
- 内容包括 URI 和实际数据。

（4）通信方式

- 使用 STDIO 传输进行本地通信。
- 这是桌面 MCP 实现的标准形式。

4.1.3 测试 Hello World 的 MCP 服务器

测试 MCP 服务器主要有两种方法：一种是使用日常操作的 Claude Desktop 或者其他

MCP 主机 / 客户端软件，另一种是在开发过程中使用专门的 MCP Inspector 检测工具。

1. 使用 Claude Desktop 进行测试

如果已经按照前文的指引准备好了基础环境并编写了 Hello World 的资源服务器代码，那么只需要完成以下 3 个关键步骤：

（1）配置文件设置

用系统自带的文本编辑器打开配置文件（具体参考第 3 章），在文件中添加服务器配置（注意路径要填写存放文件的实际路径）：

```
{
    "mcpServers": {
        "hello-mcp": {
            "command": "node",
            "args": ["/[ 您存放文件的实际路径 ]/hello-mcp/build/index.js"]
        }
    }
}
```

（2）运行准备

在命令行工具中输入：npx tsc，等待编译完成，看到命令行没有报错提示即可。

（3）启动使用

我们完全退出并重新打开 Claude Desktop 软件，在新建聊天窗口时，单击选择连接方式的按钮，如图 4-1 所示。

图 4-1　在 Claude Desktop 中选择连接方式

成功连接后，对话界面会显示对应的功能模块，然后，资源将以附件的形式在 Claude Desktop 中出现，如图 4-2 所示。

如果遇到问题，请先检查配置文件中的代码路径是否正确，以及是否完成了所有的编译步骤。

图 4-2　连接 Hello World MCP 服务器

2. 使用 MCP Inspector 进行测试

另一种更专业的测试方法是使用 MCP Inspector 工具（https://github.com/modelcontextprotocol/inspector）。这个免费工具提供了一个用户界面，能全面检测搭建的服务器是否正常工作，操作流程如下：

（1）启动检测工具

在命令行中输入（注意保持服务器已启动）以下命令：

```
npx @modelcontextprotocol/inspector node build/index.js
```

如果报错，则确认服务器代码路径是否正确。

（2）连接服务器

在工具启动后，单击左侧栏的"Environment Variables（环境变量）"，并单击"Connect（连接）"按钮，如图 4-3 所示。

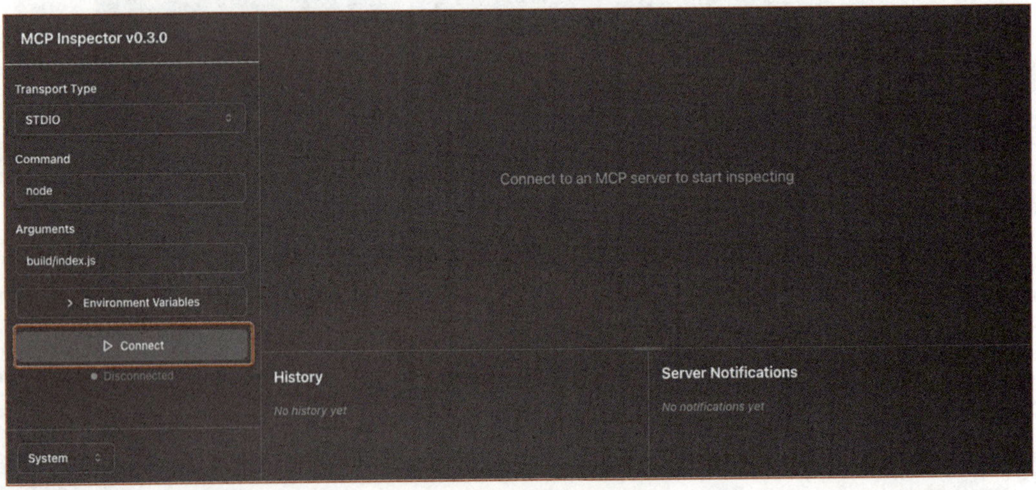

图 4-3　连接 MCP 服务器

（3）查看检测结果

在"Resources（资源）"页面单击"List Resources（资源列表）"按钮，会显示所有可用服务，如图 4-4 所示。

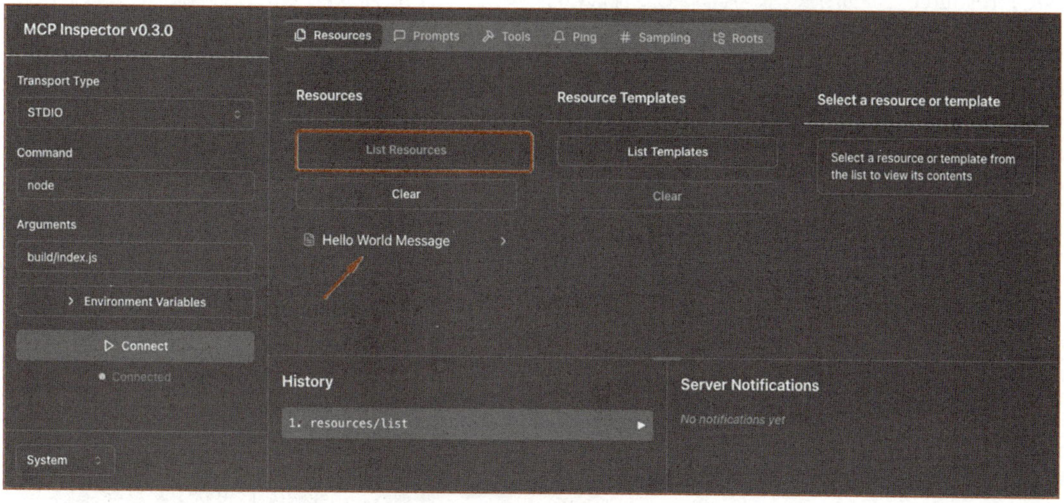

图 4-4　查看资源列表

单击 Hello World Message 的服务项，就能看到它返回的具体内容，效果如图 4-5 所示。

图 4-5　测试 MCP 服务器

检测内容包含：

- 服务是否能正常响应请求。
- 所有功能模块是否显示完整。

- 服务器返回的数据是否符合预期。
- 错误信息排查定位。

例如，当单击测试时，应该会看到预设的欢迎信息："Hello，World! This is my first MCP resource"。如果显示与此一致，就说明你的服务器配置成功了。

4.2 使用资源模板扩展资源

资源模板可使用 URI 模式定义动态资源。与具有固定 URI 的静态资源不同，资源模板可创建其 URI 和基于参数生成的资源。当需要处理动态数据、按需生成的内容或基于参数生成的资源时，资源模板非常强大，具体示例参见表 4-2。

表 4-2 资源模板的具体应用案例

应用类型	表达示例	使用场景
动态数据	"users://{userId}" -> 用户资料数据 "products://{sku}" -> 产品信息	用户："你能告诉我用户 12345 的情况吗？" AI 助手："查找用户 12345……他们在 2023 年加入，已经购买了 50 次。"
按需生成的内容	"reports://{year}/{month}" -> 月报 "analytics://{dateRange}" -> 定制化分析	用户："给我看看 2024 年 3 月的报告。" AI 助手："访问 2024 年 3 月的报告……收入比 2 月增长了 15%。"
基于参数生成的资源	"search://{query}" -> 搜索结果 "filter://{type}/{value}" -> 过滤数据	用户："查找所有超过 1000 美元的交易。" AI 助手："使用过滤器资源……发现 23 个交易符合你的标准。"

资源模板就像会变形的"智能链接"，它能根据实际情况自动生成不同的内容。与固定不变的普通链接不同，这种动态链接（URI 模式）有以下三大特点：

- 灵活填空。链接地址里可以设置占位符，比如 / 用户 /{ID}/ 信息，当有人访问时，系统会自动用真实数据替换 {ID} 部分。
- 一能抵百。不需要为每个用户单独创建链接，一个模板就能处理成千上万种情况，就像快递的单模板，填上不同地址就能发往全国各地。
- 动态内容。不仅能生成不同的链接地址，还能根据参数展示不同的内容。例如输入商品 ID，就能显示对应商品的详情页。

这种技术特别适合处理用户个人主页、电商商品详情页、实时数据展示（如天气预报）以及需要批量管理的页面。

就像整理房间要把物品分类存放一样，我们也可以把代码分门别类。这样做的好处是后续增加新功能更容易，修复 bug 时不会牵一发而动全身。下面是具体的改造步骤：

（1）新建专属工具箱

在 src 文件夹下创建 handlers.ts 文件，专门用于存放处理请求的代码。

```
// src/handlers.ts
// 引入需要的工具模块
import {
    ListResourcesRequestSchema,                // 处理资源列表的模板
    ReadResourceRequestSchema,                 // 处理读取资源的模板
    ListResourceTemplatesRequestSchema         // 处理资源模板的模板（备用）
} from "@modelcontextprotocol/sdk/types.js";
import { type Server } from "@modelcontextprotocol/sdk/server/index.js";
                                               // 服务器核心模块
// 创建统一管理所有请求处理的方法
export const setupHandlers = (server: Server): void => {
// 处理 "查看资源列表" 的请求
server.setRequestHandler(ListResourcesRequestSchema, async () => {
    return {
        resources: [{
            uri: "hello://world",              // 资源唯一标识
            name: "Hello World Message",       // 用户看到的名称
            description: "A simple greeting message",   // 功能描述
            mimeType: "text/plain"             // 内容类型（纯文本）
        }]
    };
});
// 处理 "读取具体资源" 的请求
server.setRequestHandler(ReadResourceRequestSchema, async (request) => {
// 当请求 hello://world 资源时
if (request.params.uri === "hello://world") {
    return {
        contents: [{
            uri: "hello://world",
            text: "Hello, World! 这是我的第一个 MCP 资源 "  // 返回预设文本
        }]
    };
}
// 找不到资源时，抛出错误提示
throw new Error(" 您访问的资源不存在 ");
});
};
```

（2）主文件瘦身

在主文件中，只需要添加以下两行代码：

```
import { setupHandlers } from "./handlers.ts";
setupHandlers(server);    // 启动配置好的所有处理器
```

改造之后，功能模块一目了然。新增功能只需在 handlers.ts 中添加即可，且修改某个功

能不会影响其他部分，这在多人协作时减少了代码冲突。代码分文件存放后，开发效率大幅提升。

就像整理手机桌面把同类 App 放一起，我们把主文件（src/index.ts）精简成三大部分：

```
// src/index.ts
// 1：引入必要工具包
import { Server } from "@modelcontextprotocol/sdk/server/index.js";
    // 服务器核心
import { StdioServerTransport } from "@modelcontextprotocol/sdk/server/stdio.js";
    // 命令行交互模块
import { setupHandlers } from './handlers.js';   // 刚整理好的功能处理器
// 2：配置服务器参数
const server = new Server({
    name: "hello-mcp",                            // 服务名称
    version: "1.0.0",                             // 版本号
},
{
    capabilities: {
      resources: {},                              // 启用资源管理功能
    }
}
);
// 3：启动服务流程
setupHandlers(server);                            // 接入处理功能的"大脑"
// 启动命令行交互模式（相当于接线员就位）
const transport = new StdioServerTransport();
await server.connect(transport);
// 打印运行状态提示（绿色√表示正常）
console.info('{"jsonrpc": "2.0", "method": "log", "params": { "message": "服务
    已启动 ..." }}');
```

改造之后，三大模块清晰划分：工具引入、参数配置、服务启动。功能处理器单独存放，主文件只留核心流程。配置参数添加了中文注释，方便后续修改。启动日志改用更易懂的提示语。就像把杂乱的书桌整理成办公区、资料区、设备区，改造后的代码结构让后续维护变得更加容易。下次要升级版本，只需要修改 version 字段即可。

现在是添加新资源模板的时候了，我们先得加上资源的清单，好让 AI 助手知道资源的存放位置。在 src/handlers.ts 文件的 hello://world 资源清单后面加上以下代码（这里第一个参数是 ListResourceTemplatesRequestSchema）。

```
export const setupHandlers = (server: Server): void => {
// 原有的 "hello://world" 资源清单内容
// 添加资源模板
server.setRequestHandler(ListResourceTemplatesRequestSchema, async () => ({
resourceTemplates: [
    {
```

```
        greetings: {
            uriTemplate: 'greetings://{name}',     // 资源模板的 URI 模板格式
            name: 'Personal Greeting',             // 资源模板的名字
            description: 'A personalized greeting message', // 资源模板的描述
            mimeType: 'text/plain',                // 资源模板的 MIME 类型
        },
    },
  ],
})));
// 原有的 "hello://world" 资源内容
};
```

这样改写后，代码更通俗易懂，注释也更详细。接下来，我们可以添加一个内容处理程序。其实，我们不需要再额外添加请求处理程序，只需要给这种特定格式的请求加一个新的检查步骤即可。

```
// 当客户端请求资源内容时，就返回资源内容
server.setRequestHandler(ReadResourceRequestSchema, async (request) => {
// 原有的内容处理代码
// 基于模板的资源处理代码
const greetingExp = /^greetings:\/\/(.+)$/;
    // 用来匹配 "greetings://" 开头的 URI 的正则表达式
const greetingMatch = request.params.uri.match(greetingExp);
    // 用正则表达式去匹配请求的 URI
if (greetingMatch) {                              // 如果匹配上了
const name = decodeURIComponent(greetingMatch[1]);
    // 从匹配结果里提取出 name 参数，并进行解码
return {
    contents: [
        {
        uri: request.params.uri,              // 返回的资源的 URI
        text: `Hello, ${name}! Welcome to MCP.`, // 根据 name 参数生成的动态欢迎信息
        },
    ],
};
}
// ...
});
```

为了让代码更整齐、更好管理，我们把处理程序都保存到一个单独的文件中。setupRequestHandler 将所有处理程序的设置都封装起来了，这样主文件就能保持简洁、集中。

ListResourceTemplatesRequestSchema 用于公开可用的模板。模板的名字格式遵循 RFC 6570 标准（即用 {text} 来表示参数化 URL 的格式），模板中包括名称、描述等元数据信息。

ReadResourceRequestSchema 的处理程序会检查 URL 是否与模板匹配。我们用正则表

达式的格式从 URI 里提取出 name 参数，然后根据这个参数来生成动态的内容。

下面用 MCP Inspector 来做个测试，启动该检查器的命令如下：

```
npx tsc
npx @modelcontextprotocol/inspector node build/index.js
```

接下来，我们要测试一下上次创建的静态资源，看它是否能用。先单击"资源"选项卡，然后再单击" Hello World Message"，这时，会看到" Hello，World! This is my first MCP resource."这条消息。

然后，我们再来测试模板的功能。先单击"资源模板"选项卡，找到" Personal Greeting"模板并输入名字"Andy"，就能看到下面这样的输出内容：

```
{
    "contents": [
        {
        "uri": "greetings://Andy",
        "text": "Hello, Andy! Welcome to MCP."
        }
    ]
}
```

如果使用 Claude Desktop 来做测试，就不用在 Claude Desktop 中更新文件了，但可能得重新加载一下。另外，我们需要确保已经用 npx tsc 构建好服务了。若你的 Claude Desktop 还不支持资源功能，可以试试其他支持 MCP 服务器的工具，比如 Cline，且需要专门选择一个支持 MCP 的模型，比如 Anthropic 的 Sonnet 3.5 或 3.7。

使用 Claude Desktop 测试的代码如下：

```
# 静态资源测试
User: "What's in the greeting message?"
Claude: "The greeting message says: 'Hello from MCP! This is your first resource.'"
# 模板测试
User: "Can you get a greeting for Andy?"
Claude: "I'll check the personalized greeting... It says: 'Hello, Andy! Welcome
    to MCP.'"
# 列出可用资源
User: "What resources and templates are available?"
Claude: "The server provides:
1. A static 'Greeting Message' resource
2. A 'Personal Greeting' template that can create customized greetings for any name"
```

4.3 添加提示词使用大模型

提示词是 MCP 服务器提供的结构化模板，用于与语言模型的标准化交互。与提供数据的资源或执行操作的工具不同,提示词定义了可重用的消息序列和工作流,有助于以一致的、可预测的方式指导大模型的行为。此外,提示词还可以接受参数来定制交互,同时保持标准化的结构。

如果你曾经研究过提示工程,那么对提示词应该有一定的理解。在 MCP 服务器中创建这些提示词,好比给我们发现的最有用的提示词创建一个专属空间,便于之后重用甚至共享。想象你去一家餐馆,提示词就像是一个菜单,你可以从中选择并提供给服务员。有时,你可以添加或删除某些项或以特定方式来自定义菜单项。

在前两节的内容中,我们用静态资源写出了第一个 MCP 服务器,又加了资源模板,还优化了代码的架构。现在,我们再对代码进行调整(重构),并且加上提示词这个新功能。

使用提示词有助于为大模型交互创建一致的、可重用的模式,表 4-3 提供了一些提示词示例。

表 4-3　提示词示例

功能名称	模式	问询示例
代码检查提示	"name" -> code-review Please review the following {{language}} code focusing on {{focusAreas}} for the following block of code: {{language}} {{codeBlock}}	用户: Please review the following Python code focusing on security and performance: Python ...code
数据分析提示	"name" -> analyze-sales-data Analyze {{timeframe}} sales data focusing on {{metrics}}	用户: Analyze Q1 sales data focusing on revenue and growth
内容生成的提示	"name" -> generate-email Generate a {{tone}} {{type}} email for {{context}}	用户: Generate a formal support email for a refund request to xxx

在第 4.2 节中,我们把原来放在 index.ts 文件中的处理程序代码给单独拎了出来,放到了 handlers.ts 这个文件中。但是,随着代码的增加,handlers.ts 文件可能会越变越大,不便于管理。所以,需要把处理程序的代码进行整理,分成一个个有针对性的模块,方便以后的使用和维护。

我们先看看 src/resources.ts 这个文件,其中定义了一些资源及对应的处理程序:

```
// src/resources.ts
// 定义了一些资源的信息,比如资源的地址、名字、描述和类型
export const resources = [
    {
        uri: "hello://world",              // 资源的地址
        name: "Hello World Message",       // 资源的名字
        description: "A simple greeting message",  // 资源的描述
        mimeType: "text/plain",            // 资源的类型
    },
];
```

```
// 定义了处理这些资源的函数
export const resourceHandlers = {
    "hello://world": () => ({        // 针对 "hello://world" 这个地址的处理函数
        contents: [
            {
            uri: "hello://world",                    // 返回的内容的地址
            text: "Hello, World! This is my first MCP resource.", // 返回的内容
            },
        ],
    }),
};
```

再看看 src/resource-templates.ts 这个文件，其中定义了一些资源模板及对应的匹配处理函数：

```
// src/resource-templates.ts
// 定义了一些资源模板的信息，比如模板的地址格式、名字、描述和类型
export const resourceTemplates = [
    {
    uriTemplate: "greetings://{name}",  // 模板的地址格式，{name} 是一个占位符
    name: "Personal Greeting",          // 模板的名字
    description: "A personalized greeting message",  // 模板的描述
    mimeType: "text/plain",             // 模板的类型
    },
];
// 定义了一个正则表达式，用来匹配符合 "greetings://" 开头的地址
const greetingExp = /^greetings:\/\/(.+)$/;
// 定义了一个处理匹配到的地址的函数
const greetingMatchHandler =
(uri: string, matchText: RegExpMatchArray) => () => {
const name = decodeURIComponent(matchText[1]);      // 从匹配到的地址中提取出名字
return {
    contents: [
        {
            uri,                                 // 返回的内容的地址
            text: `Hello, ${name}! Welcome to MCP.`,  // 返回的内容
        },
    ],
};
};
// 定义了一个函数，用来根据地址获取对应的处理函数
export const getResourceTemplate = (uri: string) => {
    const greetingMatch = uri.match(greetingExp);       // 尝试匹配地址
    if (greetingMatch) return greetingMatchHandler(uri, greetingMatch);
        // 如果匹配到了，就返回对应的处理函数
};
```

这样分好模块之后，代码就清晰多了，之后要是想修改或者添加新的资源或模板，也非常方便。下面来修改 handlers 处理程序，让它更通俗易懂一些：

```ts
// src/handlers.ts
// 先导入一些需要用到的类型和函数
import {
    ListResourcesRequestSchema,
    ListResourceTemplatesRequestSchema,
    ReadResourceRequestSchema,
} from "@modelcontextprotocol/sdk/types.js";
import { type Server } from "@modelcontextprotocol/sdk/server/index.js";
import { resourceHandlers, resources } from "./resources.js";
import {
    getResourceTemplate,
    resourceTemplates,
} from "./resource-templates.js";
// 定义一个函数，用来设置处理程序
export const setupHandlers = (server: Server): void => {
// 当客户端请求查看有哪些可用资源时，返回资源列表
server.setRequestHandler(
    ListResourcesRequestSchema,           // 请求的格式
    () => ({ resources }),                // 返回资源列表
);
// 处理资源模板的请求
server.setRequestHandler(ListResourceTemplatesRequestSchema, () => ({
    resourceTemplates,                    // 返回资源模板列表
}));
// 当客户端请求某个资源的内容时，返回对应的内容
server.setRequestHandler(ReadResourceRequestSchema, (request) => {
    // 从请求里拿出资源的地址
    const { uri } = request.params {};
    // 先看看有没有直接对应的处理函数
    const resourceHandler =
    resourceHandlers[uri as keyof typeof resourceHandlers];
    if (resourceHandler) return resourceHandler(); // 如果有，则直接调用处理函数
    // 如果没有直接对应的处理函数，则看看有没有匹配的资源模板处理函数
    const resourceTemplateHandler = getResourceTemplate(uri);
    if (resourceTemplateHandler) return resourceTemplateHandler();
        // 如果有，则调用模板处理函数
    // 如果都没有，则报错
    throw new Error(" 资源没找到 ");
});
};
```

这样改写之后，代码就更清晰了，一步一步地告诉你怎么处理客户端的请求。
下面来添加一个新功能，即提示功能，参考代码如下：

```ts
// src/prompts.ts
// 先定义一个提示的集合，这里只有一个"创建问候语"的提示
export const prompts = {
"create-greeting": {
```

```
    name: "create-greeting",              // 提示的名字
    description: " 生成一条定制的问候语 ",    // 提示的描述
    arguments: [                          // 提示需要的参数
        {
        name: "name",                     // 参数的名字，这里是要问候的人的名字
        description: " 要问候的人的名字 ",   // 参数的描述
        required: true,                   // 这个参数是必须的
        },
        {
        name: "style",                    // 参数的名字，这里是问候的风格
        description: " 问候的风格，比如正式的、兴奋的或者随意的。如果不指定，就默认用随意
            的风格 ",                      // 参数的描述
        }
    ],
    },
    };
// 再定义一个处理这些提示的函数集合
export const promptHandlers = {
"create-greeting": ({ name, style = "casual" }: { name: string, style?: string }) => {
// 这个函数就是处理"创建问候语"这个提示的
// 根据传入的名字和风格（如果没指定风格，则默认可随意使用）来生成一条问候语
    return {
        messages: [
        {
            role: "user",                 // 消息的角色是用户
            content: {
                type: "text",             // 消息的类型是文本
                text: `请用 ${style} 的风格给 ${name} 生成一条问候语。`,  // 消息的内容
            },
        },
    ],
};},};
```

我们把将新的提示功能添加到 handlers.ts 文件中：

```
// src/handlers.ts
// 导入一些需要用到的类型和函数
import {
    GetPromptRequestSchema,
    ListPromptsRequestSchema,
    // ... 导入其他的函数
} from "@modelcontextprotocol/sdk/types.js";
// ... 导入其他的文件
import { promptHandlers, prompts } from "./prompts.js";
// 定义一个函数，用于设置处理程序
export const setupHandlers = (server: Server): void => {
// 其他资源处理程序
// 处理提示
// 当客户端想查看所有提示的时候，则把所有的提示都列出来
```

```
server.setRequestHandler(ListPromptsRequestSchema, () => ({
prompts: Object.values(prompts), // 把提示对象变成数组
}));
// 当客户端想查看某个具体的提示的时候，则给出那个提示的处理结果
server.setRequestHandler(GetPromptRequestSchema, (request) => {
    // 从客户端的请求中取出提示的名字和参数
    const { name, arguments: args } = request.params;
    // 查看是否有对应的提示处理函数
    const promptHandler = promptHandlers[name as keyof typeof promptHandlers];
    if (promptHandler) {
    // 如果有，则调用这个处理函数，把参数传给它
    return promptHandler(args as { name: string, style?: string });
}
throw new Error(" 提示没找到 ");
});
};
```

最后，还要更新服务器的初始化部分：

```
// src/index.ts
// 导入一些需要用到的模块
import { Server } from "@modelcontextprotocol/sdk/server/index.js";
import { StdioServerTransport } from "@modelcontextprotocol/sdk/server/stdio.js";
import { setupHandlers } from "./handlers.js";
// 创建一个新的服务器实例
const server = new Server(
{
    name: "hello-mcp",    // 服务器名字
    version: "1.0.0",     // 版本号
},
{
    capabilities: {
        prompts: {}, // <-- 加上提示词的功能
        resources: {},   // 其他资源的功能
    },
},
);
// 服务器创建好了之后，设置处理程序
setupHandlers(server);
// ... 保留其他原有的代码
```

现在，我们把资源和模板都放在它们自己的模块中，提示词也单独存放，处理程序就相当于一个路由层，负责把请求分发到对应的处理函数上。

每个提示词都可以有名字、描述和参数。处理程序则根据这些提示词来生成结构化的消息，然后发送给 AI 去处理。

提示词返回的结果是一个个数组，数组里的每个元素都是一条消息。每条消息都有一个角色，要么是"用户"，要么是"助理"。消息的内容可以包括多步骤工作流的初始请求

和后续响应。但要注意，多步骤工作流的支持目前还比较有限。

下面用 Inspector 进行测试，启动 Inspector 的命令如下：

```
npx @modelcontextprotocol/inspector node build/index.js
```

测试提示词的方式比较简单，单击"Prompts"选项卡，找到"create-greeting"，然后尝试不同的输入组合。

使用 Claude Desktop 进行测试的方法与 4.1 节中的方式类似。在模式弹出框中，单击"Choose an integration"，然后从"hello-mcp"下的列表中选择"create-greeting"，如图 4-6 所示。

图 4-6　在 Claude Desktop 中选择"create-greeting"的 MCP 服务器

首先，我们只用一个人名进行测试。在 name 字段中输入"John"，然后单击"Submit"按钮，如图 4-7 所示。

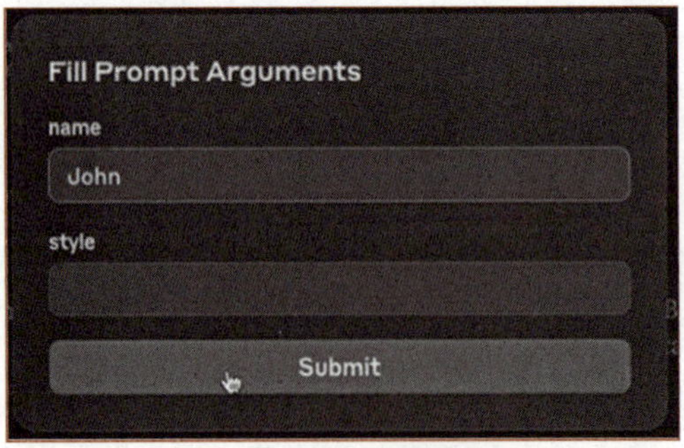

图 4-7　填写提示词示例

此时会看到一个"create-greeting"的附件，单击进行查看，如图 4-8 所示。

我们会看到这里有一个针对 Claude Desktop 的提示，上面写着"请给 John 一个随意的问候"，不输入任何其他提示符，只需单击聊天框右上角的箭头即可提交。此时，你会看到一个类似于"Hi John! How are you doing today?"的回答。

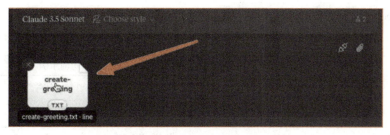

图 4-8　查看"create-greeting"服务

然后，试着用一种不同的、具体的方式问候。打开"Attach from MCP"对话框，再次选择"create-greeting"提示符。这次可以添加一个名字"Alice"和一个风格"formal"，再次单击"Submit"按钮或者按下回车键即可工作，如图 4-9 所示。

Fill Prompt Arguments

name

Alice

style

formal

Submit

图 4-9　填写更多提示词

这一次，你可能会看到返回消息如下：

```
Dear Alice,
I hope this message finds you well. I am writing to extend my warmest greetings.
Best regards,
Claude
```

4.4　创建工具和消息

在前面的内容中，我们用最基本的资源搭建了第一个 MCP 服务器。然后，我们引入了资源模板，并改进了代码的整理方式。接着，我们加入了提示词的功能，进一步完善了代码的结构。现在，我们将通过添加工具来完成这个服务器的建设。

这里所说的工具，指的是可以执行某些功能的函数，让大模型能够进行操作或获取动态信息。与只能读取并以固定方式和大模型互动的资源不同，工具赋予了大模型主动出击的能力，比如计算数值、调用 API 或者修改数据等。

简单来说，工具就是为了让大模型能与系统更好地互动而设计的。表 4-4 展示了一些具体的例子，说明了这些工具是如何工作的。

表 4-4 工具使用示例

工具名称	表达示例	问询示例
文件操作	name: "write-file" arguments: { path: "/logs/report.txt", content: "Daily summary..." }	用户：Save this report to a file. AI 工具：I'll use the write-file tool… File has been saved successfully.
API 交互	name: "fetch-weather" arguments: { location: "Beijing", units: "celsius" }	用户：What's the weather in Beijing? AI 工具：Let me check… According to the weather API, it's 18℃ and sunny.
数据处理	name: "analyze-data" arguments: { dataset: "sales_2024_q1", operation: "summary_stats" }	用户：Calculate the summary statistics for Q1 sales . AI 工具：Running analysis… Average sale was 342, median 342, …

为新工具创建一个文件，并添加一个名为"创建消息"的工具：

```
// src/tools.ts
// 可选值定义
const messageTypes = ['问候', '告别', '感谢'] as const; // 消息类型
const tones = ['正式', '随意', '俏皮'] as const; // 语气类型
// 工具定义
export const tools = {
    'create-message': {
        name: 'create-message',
        description: '用多种选项生成自定义消息',
        inputSchema: {
            type: 'object',
            properties: {
                messageType: {
                    type: 'string',
                    enum: messageTypes,
                    description: '要生成的消息类型',
                },
                recipient: {
                    type: 'string',
                    description: '接收者的姓名',
                },
                tone: {
                    type: 'string',
                    enum: tones,
                    description: '消息的语气',
                },
            },
            required: ['messageType', 'recipient'], // 必填项
        },
    },
};
```

到目前为止，我们添加的所有内容都是关于工具的描述。这样做是为了让使用这些工具的模型能够理解它们的功能以及需要提供哪些信息。通过这样的描述，模型就知道它能做什么、需要什么样的输入了。

下面来添加实际的处理程序（handler），它才是真正执行任务的部分：

```typescript
// src/tools.ts
// 定义允许的值
const messageTypes = ['greeting', 'farewell', 'thank-you'] as const;
const tones = ['formal', 'casual', 'playful'] as const;
// 工具定义
export const tools = {
// ... existing defs
};
// 定义创建消息所需的参数类型
type CreateMessageArgs = {
    messageType: typeof messageTypes[number];
    recipient: string;
    tone?: typeof tones[number];
};
// 不同消息类型的模板函数
const messageFns = {
greeting: {
    formal: (recipient: string) =>
    `Dear ${recipient}, I hope this message finds you well`,
    playful: (recipient: string) => `Hey hey ${recipient}! What's shakin'?`,
    casual: (recipient: string) => `Hi ${recipient}! How are you?`,
},
farewell: {
    formal: (recipient: string) =>
    `Best regards, ${recipient}. Until we meet again.`,
    playful: (recipient: string) =>
    `Catch you later, ${recipient}!  Stay awesome!`,
    casual: (recipient: string) => `Goodbye ${recipient}, take care!`,
},
"thank-you": {
    formal: (recipient: string) =>
    `Dear ${recipient}, I sincerely appreciate your assistance.`,
    playful: (recipient: string) =>
    `You're the absolute best, ${recipient}! Thanks a million!`,
    casual: (recipient: string) =>
    `Thanks so much, ${recipient}! Really appreciate it!`,
},
};
// 创建消息的函数
const createMessage = (args: CreateMessageArgs) => {
// 检查是否提供了消息类型和接收者
if (!args.messageType) throw new Error("Must provide a message type.");
```

```
if (!args.recipient) throw new Error("Must provide a recipient.");
const { messageType, recipient } = args;
const tone = args.tone || "casual";
// 验证消息类型是否有效
if (!messageTypes.includes(messageType)) {
    throw new Error(
    `Message type must be one of the following: ${messageTypes.join(", ")}`,
);
}
// 验证语气是否有效
if (!tones.includes(tone)) {
throw new Error(
    `If tone is provided, it must be one of the following: ${
    tones.join(", ")
    }`,
);
}
// 根据消息类型和语气生成对应的消息内容
const message = messageFns[messageType][tone](recipient);
// 返回生成的消息
return {
    content: [{
            type: "text", text: message,
        },
    ],
};
};
// 导出工具及其对应的处理程序
export const toolHandlers = {
    "create-message": createMessage,
};
```

在以上代码中，我们为"创建消息"工具添加了一个真正的处理程序。这个处理程序会根据用户提供的消息类型、接收者名字以及语气，生成一条定制的消息。

- 模板函数：我们为每种消息类型（如问候、告别、感谢）和语气（如正式、随意、俏皮）都准备了不同的模板。
- 参数验证：在生成消息之前，程序会检查用户是否提供了必要的信息（如消息类型和接收者），并确保语气和消息类型是有效的。
- 默认值：如果用户没有指定语气，默认会使用"随意"作为语气。
- 返回结果：程序会根据用户的输入生成一条消息，并以结构化的形式返回。通过这种方式，我们的工具不仅能理解用户的需求，还能根据需求生成具体的结果。

对处理程序进行更新如下：

```
// src/handlers.ts
// 导入所需的模块
```

```
import {
CallToolRequestSchema, // <-- 添加这一行
GetPromptRequestSchema,
ListPromptsRequestSchema,
ListResourcesRequestSchema,
ListResourceTemplatesRequestSchema,
ListToolsRequestSchema, // <-- 还有这一行
ReadResourceRequestSchema,} from "@modelcontextprotocol/sdk/types.js";
// 导入我们定义的资源、模板、提示词和工具相关的内容
import { resourceHandlers, resources } from "./resources.js";
import { getResourceTemplate, resourceTemplates } from "./resource-templates.js";
import { promptHandlers, prompts } from "./prompts.js";
import { toolHandlers, tools } from "./tools.js"; // <-- 导入我们的工具
// 定义一个函数，用于设置服务器的处理程序 export const setupHandlers = (server: Server):
 void => {
// ... 这里是之前已经创建的处理程序
// 处理工具相关的请求
// 当客户端请求列出所有可用工具时，返回工具列表
server.setRequestHandler(ListToolsRequestSchema, async () => ({
tools: Object.values(tools), // 返回工具对象中的所有工具
}));
// 当客户端请求调用某个工具时，执行对应的工具逻辑
server.setRequestHandler(CallToolRequestSchema, async (request) => {
// 获取请求中的工具名称和参数
const { name, arguments: params } = request.params ?? {};
// 根据工具名称找到对应的处理函数
type ToolHandlerKey = keyof typeof toolHandlers;
const handler = toolHandlers[name as ToolHandlerKey];
// 如果找不到对应的工具处理函数，抛出错误
if (!handler) throw new Error("未找到该工具");
// 调用工具处理函数，并传入参数
type HandlerParams = Parameters<typeof handler>;
return handler(...[params] as HandlerParams);
});};
```

以上代码的主要目的是更新服务器的处理程序，使其能够支持工具相关的功能。具体来说：

- 导入工具：我们从 ./tools.js 文件中导入了工具及其处理函数（toolHandlers 和 tools），以便在服务器中使用它们。
- 列出工具：当客户端请求列出所有可用工具时，服务器会返回工具列表。这通过 ListToolsRequestSchema 处理程序实现，它会将 tools 对象中的所有工具以数组的形式返回。
- 调用工具：当客户端请求调用某个工具时，服务器会根据请求中的工具名称找到对应的处理函数，并执行它。如果找不到对应的工具，会抛出一个错误提示"未找到该工具"。

- 参数传递：在调用工具时，服务器会将请求中的参数传递给工具的处理函数，确保工具能够根据输入生成正确的结果。

通过这些更新，我们的服务器不仅能够列出可用工具，还能实际调用它们并执行相应的功能。这样一来，工具的功能就真正集成到了系统中，可以被客户端灵活使用了。

最后，我们需要对服务器的初始化部分进行更新：

```typescript
// src/index.ts
// 导入所需的模块
import { Server } from "@modelcontextprotocol/sdk/server/index.js";
import { StdioServerTransport } from "@modelcontextprotocol/sdk/server/stdio.js";
import { setupHandlers } from "./handlers.js";
// 创建一个新的服务器实例
const server = new Server(
    {
        name: "hello-mcp", // 服务器的名称
        version: "1.0.0",  // 服务器的版本号
    },
    {
        capabilities: {
            resources: {}, // 资源相关的能力
            prompts: {},   // 提示词相关的能力
            tools: {},     // <-- 添加工具相关的能力
        },
    },
);
// 设置服务器的处理程序
setupHandlers(server);
// 使用 STDIO 方式启动服务器
const transport = new StdioServerTransport();
await server.connect(transport);
// 打印日志，提示服务器已启动
console.info(
'{"jsonrpc": "2.0", "method": "log", "params": { "message": "服务器正在运行 ..." }}',
);
```

以下是我们的工作进展：

- 工具模块设计。
- 每个工具都配有输入模板，明确规定了需要提供的信息。
- 核心功能由专门的处理模块负责执行。
- 所有结果都按统一格式标准（MCP）输出。
- 具有可靠性保障措施。
- 自动检查必要参数是否齐全。
- 发现异常时会给出具体问题说明。

- 处理模块使用时自动核对数据类型，避免格式错误。

现在通过 Inspector 来测试新增的工具，首先要进行构建：

```
npm run build
```

构建完成后，然后启动 MCP Inspector：

```
npx @modelcontextprotocol/inspector node build/index.js
```

单击"工具"选项卡，找到"create-message"，尝试不同的组合，例如：

```
{
    "messageType": "thank-you",
    "recipient": "Alice",
    "tone": "playful"
}
```

当使用 Claude Desktop 进行测试时，可能会遇到授权使用工具的请求，确认即可。

```
# 基本消息
User:Create a greeting message for Bob
Claude:I'll use the message tool... 'Hi Bob! How are you?'
# 风格消息
User:Send a playful thank you to Alice
Claude:Using the message tool... 'You're the absolute best, Alice! 🎉 Thanks a
    million!'
# 不同的消息类型
User: What kinds of messages can you create?
Claude:
I can help you create different types of messages using the create-message
    function. You can generate:
1. Greetings
2. Farewells
3. Thank-you messages
For each type, you can specify the recipient and optionally set the tone
    as formal, casual, or playful. Would you like me to demonstrate creating a
    specific type of message?
```

如果使用的 MCP 主机不是 Claude Desktop，或者没有使用 Sonnet 3.5，得到的结果可能略有不同。

至此，我们打造的 MCP 服务器现已全面上线运行，实现的重要功能如下：

- 成功搭建系统服务器。
- 开发出多种实用功能。
- 建立规范的代码管理体系。
- 智能捕捉和处理系统异常。

● 使用 Inspector 或 Claude Desktop 进行全面测试。

在此基础上，我们还可以开发更智能的办公助手（如会议纪要自动生成）、连接外部服务接口（如接入天气预报 API）、开发文件管理系统（支持多格式文档处理）、建立数据存储中心（类似电子档案室），并且自由定制专属的功能模块。

最后要提醒的是，这个智能平台会持续升级优化，就像手机系统会定期更新一样。建议经常登录官方网站查看最新功能说明和使用技巧，以便更好地发挥平台的潜力。

第 5 章　*Chapter 5*

开发 MCP 服务器

MCP 服务器可以与很多现有的技术框架实现集成。LangChain 作为一个先进的框架，为 MCP 提供了灵活且高效的对话与任务处理能力，使得服务器能够智能地理解和响应用户需求。与 LlamaIndex 框架的集成也是 MCP 服务器不可或缺的一部分。通过这一集成，服务器能够轻松调用各种外部工具和资源，极大地拓展其功能边界。

为了更好地复用已有服务，有很多 MCP 服务器正在涌现，基于 MCP 的生态系统初步形成。各种 MCP 服务能够高效地部署和管理，形成了一个强大的智能服务网络。

5.1　基于 LangChain 的 MCP 集成

让我们先构建一个 MCP 服务器，然后开发一个客户端，初步理解简单的集成方式。

5.1.1　集成一个简单的算术 MCP 服务器

在 macOS 或 Linux 系统的终端窗口里，先创建两个选项卡，一个选项卡用来运行服务器程序，另一个选项卡用来运行客户端程序。另外，再创建一个虚拟环境来安装和运行代码。以下命令就是用来创建一个名叫"MCP_Demo"的虚拟环境。

在终端中输入：

```
python3 -m venv MCP_Demo
```

创建好虚拟环境后，要运行下面这条命令来激活（也就是进入）这个虚拟环境：

```
source MCP_Demo/bin/activate
```

激活之后，你会看到终端的命令提示符前面多了一个 "（MCP_Demo）" 的标识。接着，按照顺序输入下面的代码（注意包名中间的横杠）：

```
pip install langchain-mcp-adapters
export OPENAI_API_KEY=< 你的 _API_ 密钥 >
```

这里要注意，把 < 你的 _API_ 密钥 > 部分替换成你自己的 OpenAI API 密钥，或者换成其他大模型对应的 API 密钥就行。

首先，在终端窗口中创建一个叫 server.py 的文本文件，输入下面这条命令就能打开编辑界面：

```
vim server.py
```

接着，在打开的文件里输入以下内容：

```python
# 文件名: math_server.py
# 从一个叫 mcp 的模块库中引入 FastMCP
from mcp.server.fastmcp import FastMCP
# 创建一个 FastMCP 实例，名字为 "Math"
mcp = FastMCP("Math")
# 定义一个加法工具函数，并加装饰器 @mcp.tool()
@mcp.tool()
def add(a: int, b: int) -> int:
""" 这个函数用于将两个数字相加 """
    return a + b
# 定义一个乘法工具函数，同样加了装饰器 @mcp.tool()
@mcp.tool()
def multiply(a: int, b: int) -> int:
""" 这个函数用于将两个数字相乘 """
    return a * b
# 如果这个脚本是直接运行的（而不是被其他脚本导入的）
if __name__ == "__main__":
    # 使用 STDIO 方式运行这个服务
    mcp.run(transport="stdio")
```

简单来说，以上代码创建了一个小型的数学服务，能进行加法和乘法运算，并且通过标准输入输出与外界交互。

编写完服务器的代码文件后，先把它保存好并关闭。接着，在终端窗口中输入下面的命令，就能启动并运行这个服务器了：

```
python3 math_server.py
```

然后，再打开一个新的终端窗口来创建一个客户端的文件。输入以下命令：

```
vim client.py
```

在打开的 client.py 文件中输入下面的代码：

```python
# python，为 STDIO 连接创建服务器参数
from mcp import ClientSession, StdioServerParameters
from mcp.client.stdio import stdio_client
from langchain_mcp_adapters.tools import load_mcp_tools
from langgraph.prebuilt import create_react_agent
from langchain_openai import ChatOpenAI
import asyncio
# 加载一个语言模型，这里使用的是 GPT-4o
model = ChatOpenAI(model="gpt-4o")
# 设置服务器的参数，指定用 python 运行，并且传入 math_server.py 文件作为参数
# 注意：这里最好把 math_server.py 的完整路径写上，确保能正确找到文件
server_params = StdioServerParameters(
    command="python",
    args=["math_server.py"],  # 或者写成 ["/ 完整 / 路径 / 到 /math_server.py"]
)
# 定义一个异步函数，用于运行客户端
async def run_agent():
# 用 stdio_client 连接到服务器，得到读和写的接口
async with stdio_client(server_params) as (read, write):
    # 用读和写的接口创建一个客户端会话
    async with ClientSession(read, write) as session:
        # 初始化连接
        await session.initialize()
        # 加载服务器提供的工具
        tools = await load_mcp_tools(session)
        # 创建并运行一个智能体
        agent = create_react_agent(model, tools)
        # 让智能体处理一个问题，并返回结果
        agent_response = await agent.ainvoke({"messages": "what's (3 + 5) x 12?"})
        return agent_response
if __name__ == "__main__":
    # 运行异步函数，得到结果并打印出来
    result = asyncio.run(run_agent())
    print(result)
```

简单来说，以上代码创建了一个客户端，用于连接到之前运行的服务器，然后用一个智能体来处理问题，比如计算（3+5）×12 的结果，并把结果打印出来。

我们输入 python3 client.py 命令来运行客户端程序。运行之后，客户端会执行一次操作，然后会输出结果，具体如下：

```
{'messages':
[HumanMessage(content="what's (3 + 5) x 12?",
additional_kwargs={}, response_metadata={},
id='aaaaaaaa-bbbb-cccc-eeee-dddddddddddd'),
AIMessage(content='',
```

```
additional_kwargs={'tool_calls': [{'id': 'call_1xyRzR7WpKzhMXG4ZFQAJtUD',
'function':
{'arguments': '{"a": 3, "b": 5}', 'name': 'add'},
'type': 'function'},
{'id': 'call_q82CX807NC3T6nHMrhoHT46E',
......
```

（当然，实际输出可能会更长，这里只展示了一部分。）

从以上输出中可以看出，用客户端直接集成 MCP 服务器真的很方便。MCP 服务器能把 AI 智能体与提供各种信息、保持记忆的服务都整合在一起，让 AI 智能体能更聪明地处理问题。

5.1.2 langchain_mcp_tools 工具的集成

MCP 有一些特定的规则和约定，与 LangChain 并不兼容，但是，langchain_mcp_tools 工具就能解决这个问题。该工具专门用于简化 MCP 与 LangChain 应用程序之间的集成过程。如图 5-1 所示，可以看到应用容器中有 LangChain 和 LangChain Tools 这两个组件。

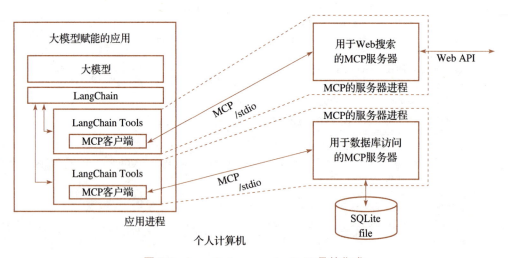

图 5-1　langchain_mcp_tools 工具的集成

通过这个工具，可以轻松配置 MCP 服务器。它能在内部生成并初始化 MCP 客户端，然后将所有需要的部分打包成可以在本地使用的 LangChain 工具。具体来说，这个包装器会把 MCP 服务器的功能转换为 LangChain 能理解的形式——在 Python 中是 List[BaseTool]，在 TypeScript 中则是 StructuredTool[]。这样一来，开发者就不必操心 MCP 服务器的管理，比如它的启动、初始化以及与之相关的通信细节，这一切都被抽象处理好了，让开发者可以更专注于功能实现而非底层细节。这样不仅提高了开发效率，也使得整个系统的构建变得更加简单、直观。

我们可以通过一个简单的异步调用，将 MCP 服务器的功能转换为 LangChain 可用的工具。在 Python 中，这个功能通过 convert_mcp_to_langchain_tools() 函数实现；而在 TypeScript 中，这个功能通过 convertMcpToLangchainTools() 函数实现。这两个函数都可以根据需要接收服务器初始化参数，从而轻松配置多个 MCP 服务器。这样一来，无论是单个或多个服务器的管理，都变得更加灵活和方便，开发者只需专注于传递正确的参数即可完成集成。

下面让我们使用这个工具来一步步实现 MCP 服务器与 LangChain 的集成。在开始之前，请确保你的开发环境已经具备以下条件：

- Python 3.11 及以上版本，或者 Node.js 16 及以上版本。
- 若要运行基于 Python 的 MCP 服务器，则需要安装 uv 工具。
- 若要运行基于 TypeScript 的 MCP 服务器，则需要安装 Npm 7 及以上版本。

接下来是安装必要的软件包：

```
# 对于 Python 用户
pip install langchain-mcp-tools
# 如果你是 uv 用户，可以使用下面的命令
# uv add langchain-mcp-tools
# 对于 TypeScript 用户
npm i @h1deya/langchain-mcp-tools
```

通过以上几个简单的步骤，就为 MCP 服务器与 LangChain 集成做好准备了。无论是 Python 还是 TypeScript 环境，都能找到相应的安装方法，让不同背景的开发者顺利进行集成工作。这样，我们就能把 MCP 的强大功能带到 LangChain 的应用中去。

下面是一个在 Python 和 TypeScript 中使用该工具的示例。我们会逐步拆解每个部分，帮助更好地理解其工作原理。

Python 示例

```
# 导入所需的工具转换函数
from langchain_mcp_tools import convert_mcp_to_langchain_tools
# 定义 MCP 服务器的配置信息
mcp_servers = {
"fetch": {
    "command": "uvx",                        # 使用 uvx 命令启动 fetch 服务
    "args": ["mcp-server-fetch"]             # 相关参数
},
"filesystem": {
    "command": "npx",                        # 使用 npx 命令启动 filesystem 服务
    "args": ["-y", "@modelcontextprotocol/server-filesystem", "."]   # 参数
}}
try:
    # 调用工具转换函数，生成 LangChain 可用的工具，并获取清理函数
    tools, cleanup = await convert_mcp_to_langchain_tools(mcp_servers)
```

```
        # 在这里使用生成的工具 (<tools use>)
finally:
        # 确保在程序结束时执行清理操作
        if cleanup is not None:
                await cleanup()
```

TypeScript 示例

```
// 导入所需的工具转换函数和类型定义
import { convertMcpToLangchainTools, McpServersConfig } from "@h1deya/
        langchain_mcp_tools";
// 定义 MCP 服务器的配置信息
const mcpServers: McpServersConfig = {
fetch: {
        command: "uvx",                    // 使用 uvx 命令启动 fetch 服务
        args: ["mcp-server-fetch"]         // 相关参数
},
filesystem: {
        command: "npx",                    // 使用 npx 命令启动 filesystem 服务
        args: ["-y", "@modelcontextprotocol/server-filesystem", "."]   // 参数
}};
let mcpCleanup;                            // 用于存储清理函数
try {
        // 调用工具转换函数，生成 LangChain 可用的工具，并获取清理函数
        const { tools, cleanup } = await convertMcpToLangchainTools(mcpServers);
        mcpCleanup = cleanup;
        // 在这里使用生成的工具 (<tools use>)
} finally {
// 确保在程序结束时执行清理操作
        await mcpCleanup.();}
```

无论是 Python 还是 TypeScript，代码的核心逻辑都是一样的：

- 定义服务器配置：通过 mcp_servers 或 mcpServers 变量，为不同的 MCP 服务（如 fetch 和 filesystem）指定启动命令和参数。
- 生成工具：调用 convert_mcp_to_langchain_tools（Python）或 convertMcpToLangchain Tools（TypeScript），将这些 MCP 服务器转换为 LangChain 可用的工具。
- 使用工具：在 <tools use> 部分，可以根据需要使用这些工具来实现具体的功能。
- 清理资源：无论程序是否正常运行，都会在最后执行清理操作，释放占用的资源。

在这个例子中，我们配置了两个 MCP 服务器，分别用于实现不同的功能。fetch 服务器可以从互联网上抓取指定的网页内容。filesystem 服务器可以读写计算机上的本地文件。这两个服务器都可以通过 Python 的 PyPI 和 Node.js 的 npmjs 轻松使用，无须手动安装，非常方便。

Python 配置

```
mcp_servers = {
    "fetch": {
        "command": "uvx",                      # 使用 uvx 命令启动服务器
        "args": ["mcp-server-fetch"]           # 参数指定了具体的服务器实现
    }
}
```

TypeScript 配置

```
const mcpServers: McpServersConfig = {
    fetch: {
        command: "uvx",                        // 使用 uvx 命令启动服务器
        args: ["mcp-server-fetch"]             // 参数指定了具体的服务器实现
    }
};
```

在这两个配置中，command 设置为 uvx，args 则指向 mcp-server-fetch。这意味着在初始化 fetch 服务器时，程序会自动启动一个子进程，运行 uvx mcp-server-fetch 命令。这个命令会从 PyPI（Python 包管理工具）加载并运行 fetch 服务器的实现，完全不需要我们手动安装任何东西。

对于 filesystem 服务器，配置稍有不同：

```
filesystem: {
    command: "npx",                                            // 使用 npx 命令启动服务器
    args: ["-y", "@modelcontextprotocol/server-filesystem", "."]   // 参数
}
```

其中，参数解释如下：

- -y：告诉 npx 无须用户交互即可直接运行。
- @modelcontextprotocol/server-filesystem：为文件系统服务器的具体实现包，npx 会自动从 npmjs 下载并运行它。
- .：表示当前目录，作为文件系统服务器操作的顶级目录（即它可以读写该目录下的文件）。

需要注意的是，指定目录时要格外小心，因为 filesystem 服务器有权删除或修改该目录下的文件。通过使用 npx，同样不需要手动安装服务器，所有依赖都会自动处理。

这样一来，无论是 fetch 服务器还是 filesystem 服务器，都可以快速启动并集成到我们的应用中，省去了复杂的安装和配置步骤。

现在，我们将使用 langchain_mcp_tools 工具来集成 MCP 服务器。下面是集成的示例代码。

Python 示例

```
# 导入必要的转换函数
from langchain_mcp_tools import convert_mcp_to_langchain_tools
# 假设 mcp_servers 已经定义好
try:
    # 调用 convert_mcp_to_langchain_tools 函数，获取 LangChain 可用的工具和清理函数
    tools, cleanup = await convert_mcp_to_langchain_tools(mcp_servers)
    # 使用生成的 tools (<tools use>)
finally:
    # 如果存在清理函数，则调用它以释放资源
    if cleanup:
        await cleanup()
```

TypeScript 示例

```
// 导入必要的类型和函数
import { convertMcpToLangchainTools, McpServersConfig, McpServerCleanupFn }
    from "@h1deya/langchain-mcp-tools";
// 假设 mcpServers 已经定义好
let mcpCleanup: McpServerCleanupFn | undefined;
try {
    // 调用 convertMcpToLangchainTools 函数，获取 LangChain 可用的工具和清理函数
    const { tools, cleanup } = await convertMcpToLangchainTools(mcpServers);
    mcpCleanup = cleanup;
    // 使用生成的 tools (<tools use>)
} finally {
    // 调用清理函数，释放资源
    await mcpCleanup?.();
}
```

通过 langchain_mcp_tools 工具，我们可以轻松地将 MCP 服务器的功能转换为 LangChain 中可以直接使用的工具。转换后的 tools 可以是 Python 中的 List[BaseTool] 或者 TypeScript 中的 StructuredTool[]，它们可以直接在 LangChain 应用中使用。cleanup 是一个异步回调函数，用于释放与服务器连接相关的资源。为了确保资源被正确释放，通常会在 finally 块中调用该函数。这样即使在使用工具的过程中出现异常，也能保证资源得到妥善处理。

简单来说，以上代码首先将 MCP 服务器的功能转换为 LangChain 应用能够理解的形式，然后在应用中使用这些工具，并且无论操作成功与否，都会在最后执行清理步骤，确保所有资源被正确释放。这种方法不仅简化了开发流程，也保证了应用的稳定性和效率。

5.1.3 与 ReAct 智能体的集成

本节使用 Anthropic 的 claude-3-7-sonnet-latest 模型和 LangGraph 提供的预构建工具（LangGraph.prebuilt）中的 ReAct 智能体来完成集成。ReAct 智能体的核心作用是帮助语言

模型选择合适的工具、执行推理链并处理工具返回的结果。

在 Python 和 TypeScript 中，初始化 ReAct 智能体都非常简单：

Python 示例

```python
# 导入必要的模块
from langchain.chat_models import init_chat_model
from langgraph.prebuilt import create_react_agent
# 初始化语言模型
llm = init_chat_model(
    model="claude-3-7-sonnet-latest",      # 使用 Claude 模型
    model_provider="anthropic"             # 模型提供方为 Anthropic
)
# 使用语言模型和工具列表创建 ReAct 智能体
agent = create_react_agent(
    llm,                                   # 语言模型
    tools                                  # 工具列表
)
```

TypeScript 示例

```typescript
// 导入必要的模块
import { ChatAnthropic } from "@langchain/anthropic";
import { createReactAgent } from "@langchain/langgraph/prebuilt";
// 初始化语言模型
const llm = new ChatAnthropic({ model: "claude-3-7-sonnet-latest" });
// 使用语言模型和工具列表创建 ReAct 智能体
const agent = createReactAgent({
    llm,                                   // 语言模型
    tools                                  // 工具列表
});
```

ReAct 智能体主要负责根据任务需求自动选择最合适的工具；运行选定的工具，完成任务所需的推理链；对工具返回的结果进行处理，并将其整合到最终输出中。

现在，我们已经完成了 MCP 服务器与 LangChain 的集成，可以开始使用这些工具了。例如，我们可以给智能体一个任务："读取 bbc.com 上的新闻标题，总结你看到的内容，并将总结保存到工作目录的 bbc-news.txt 文件中。"

当这个任务执行时，智能体会完成以下步骤：

- 从网页获取数据：访问 BBC 网站，抓取最新的新闻标题。
- 生成摘要：对抓取到的新闻标题进行总结。
- 保存结果：将生成的摘要写入工作目录下的 bbc-news.txt 文件中。

通过集成两个 MCP 服务器（一个用于从网页抓取数据，另一个用于写入文件），就能轻松实现外部输入（从网页获取信息）和外部输出（保存文件）的功能。

这种集成方式让 LangChain 的强大智能体能力与 MCP 丰富的工具生态系统无缝结合。它不仅简化了复杂的人工智能应用开发，还让程序能够访问数百种外部服务，同时保持清晰的架构设计。无论是从网页抓取数据，还是操作本地文件，MCP 的工具都能帮助 AI 应用更好地与外部世界交互，从而实现更多实用的功能。

5.2 LlamaIndex 的工具集成

LlamaIndex 开源工具（项目地址为 https://github.com/run-llama/llama_index）就像一个专业的图书馆管理员，它把散落在各处的文件资料（如邮件、文档、网页）整理成整齐的书架，让大语言模型快速找到所需信息。当需要连接动态更新的企业资料时，如何与基于 MCP 的系统联动就成了关键。此外，基于 LlamaIndex，我们还可以开发基于 MCP 的服务器和客户端。

例如，我们可以将 LlamaCloud 作为本地的 MCP 服务器，提供给 Claude Desktop 等应用程序使用。通过这种方式，可以创建一个工具，让 Claude Desktop 利用相关性检索技术获取最新的私有信息，并用这些信息来回答问题。

具体步骤如下：

1）注册一个 LlamaCloud 账户。

2）创建新索引：使用任何需要的数据源创建新的索引，比如可以选择 Google Drive 作为数据源。如果只是想测试功能，也可以直接上传文档到索引中。

3）获取 API 密钥：从 LlamaCloud 中获取 API 密钥，以便于进行后续的开发和集成工作。

完成以上准备工作后，就可以将 LlamaIndex 的强大功能与 MCP 服务器结合，为你的应用提供最新的信息查询服务了。这样一来，不仅能增强应用的功能，还能让用户获得更加准确和及时的回答。

在构建 MCP 服务器时，可以按照以下步骤进行操作：

1）克隆代码仓库：从链接 https://github.com/run-llama/llamacloud-mcp 中克隆存储库到本地。

2）创建环境变量文件：在项目目录下创建一个名为 .env 的文件，并添加以下两个环境变量：

- LLAMA_CLOUD_API_KEY：在上一步中获取的 LlamaCloud API 密钥。
- OPENAI_API_KEY：OpenAI 的 API 密钥，用于支持 RAG 查询。如果不想使用 OpenAI，也可以换成其他大语言模型的密钥。

完成以上这些准备工作后，我们就可以开始编写代码了。首先，我们需要实例化一个 MCP 服务器。代码如下：

```
mcp = FastMCP('llama-index-server')
```

接下来，我们使用 @mcp.tool() 装饰器来定义工具。下面是一个具体的例子：

```
@mcp.tool()def llama_index_documentation(query: str) -> str:
""" 根据提供的查询搜索 llama-index 文档。"""
    # 初始化 LlamaCloud 索引
    index = LlamaCloudIndex(
        name="mcp-demo-2",  # 索引名称
        project_name="Rando project",  # 项目名称
        organization_id="e793a802-cb91-4e6a-bd49-61d0ba2ac5f9",  # 组织 ID
        API_key=os.getenv("LLAMA_CLOUD_API_KEY"),  # 使用环境变量中的 API 密钥
)
    # 使用索引作为查询引擎，执行查询并附加额外提示
    response = index.as_query_engine().query(query + " 请详细回答，并包含代码示例。")
    return str(response)
```

在这个例子中，我们定义了一个名为 llama_index_documentation 的工具。它的作用如下：

- 初始化索引：创建一个名为 mcp-demo-2 的 LlamaCloud 索引，并绑定相关的项目和组织信息。
- 执行查询：将该索引作为查询引擎，针对用户输入的问题进行搜索。
- 增强回答：在查询中加入额外的提示，比如要求回答尽量详细，并附带代码示例。

通过这种方式，我们的工具不仅能帮助用户快速找到所需的信息，还能提供更丰富、更实用的回答内容。这对于需要高效检索和智能问答的应用场景非常有用。

最后，我们可以通过以下代码启动服务器：

```
if __name__ == "__main__":
    mcp.run(transport="stdio")
```

这里需要注意的是，服务器通过 STDIO 与 Claude Desktop 进行通信。

当我们在 Claude Desktop 中使用这个 MCP 服务时，需要进行一些简单的配置。配置内容如下（记得将 $YOURPATH 替换为本地存储库的实际路径）：

```
{
"mcpServers": {
    "llama_index_docs_server": {
        "command": "poetry",
        "args": [
            "--directory",
            "$YOURPATH/llamacloud-mcp",
            "run",
            "python",
            "$YOURPATH/llamacloud-mcp/mcp-server.py"
```

```
      ]
   }
}}
```

完成配置后，需要重新启动 Claude Desktop，以确保新的配置生效。

这样一来，Claude Desktop 就能顺利连接到我们刚刚搭建的 MCP 服务器，并利用它提供的功能来完成各种任务了。整个过程简单、直观，只需要按照步骤操作即可。

LlamaIndex 还提供了一个 MCP 客户端集成的功能，这意味着可以将任何 MCP 服务器转换为一组工具，供智能体使用。在上面的步骤中，我们已经搭建了一个 MCP 服务器。通常情况下，若将 LlamaCloud 与 LlamaIndex 智能体连接起来，则可直接使用 QueryEngineTool，并将它传递给智能体，而不是通过 MCP 服务器来实现。

不过，为了让 MCP 服务器能够通过 HTTP 与客户端通信，我们需要对 MCP-server.py 稍作修改。具体来说，需要用 run_sse_async 方法代替原来的 run 方法，并指定一个端口（例如 8000）。代码如下：

```python
mcp = FastMCP('llama-index-server', port=8000)
asyncio.run(mcp.run_sse_async())
```

接下来，我们需要从 MCP 服务器中获取工具。实现代码如下：

```python
# 创建 MCP 客户端并连接到本地服务器
mcp_client = BasicMCPClient("http://localhost:8000/sse")
# 定义工具规格，可以选择性地过滤需要的工具
mcp_tool_spec = McpToolSpec(
    client=mcp_client,
    # 可选：按名称过滤工具
    # allowed_tools=["tool1", "tool2"],
)
# 将工具规格转换为工具列表
tools = mcp_tool_spec.to_tool_list()
```

有了这些工具后，我们就可以创建一个智能体，并用它来回答问题了。以下是完整的示例代码：

```python
# 初始化语言模型
llm = OpenAI(model="gpt-4o-mini")
# 创建智能体，传入工具和语言模型
agent = FunctionAgent(
    tools=tools,
    llm=llm,
    system_prompt=" 你是一个熟悉如何在 LlamaIndex 中构建智能体的助手。",
)
# 定义一个异步函数来运行智能体
async def run_agent():
```

```
        response = await agent.run(" 如何在 LlamaIndex 中实例化一个智能体? ")
        print(response)
# 启动智能体
if __name__ == "__main__":
        asyncio.run(run_agent())
```

一切准备就绪! 我们可以使用这个智能体来回答与 LlamaCloud 中索引内容相关的问题了。整个过程简单明了,只需按照步骤操作即可完成配置和运行。

5.3　MCP 服务器的集散地

在 AI 开发领域,MCP 服务器就像智能时代的"预制菜"——经过专业厨师预处理的美味食材,开发者只需简单加热就能做出一桌佳肴。与其从零开始种菜、切菜、调味,不如直接使用这些现成的智能模块,这能让开发效率大大提升。

官方资源库(https://github.com/modelcontextprotocol/servers)就像智能工具超市,货架上摆满了开箱即用的基础模块。除了官方网站外,还有很多 MCP 服务器的集散地。例如,第三方平台如 Smithery.ai 是 AI 服务商城,汇聚了 1700 多个功能各异的预制件。

5.3.1　Smithery.ai

在 Smithery.ai 这座"AI 服务商城"里,我们至少可以找到四大类智能工具套装:

(1)网络百事通套装

- 实时搜索引擎:像给 AI 装了一个新闻雷达,随时抓取最新资讯。
- 智能爬虫工具:自动整理指定网站内容,就像雇了一个数字图书管理员。
- 浏览器机器人:能自动填写表单、单击按钮,实现网页操作自动化。

(2)文件小管家套装

- 文档搜索器:秒速定位计算机里的文件,比 Windows 搜索快 10 倍。
- 智能文件夹:自动整理桌面文件,像有一个隐形秘书在分类归档。
- 代码管家:帮你查找重复代码片段,就像编程时的错别字检查器。

(3)开发神器箱

- GitHub 小助手:自动同步代码仓库,实时监控更新。
- 代码沙盒:安全运行各种代码片段,像在虚拟实验室做实验一样。
- 数据库连接器:一键打通 MySQL 等数据库,数据提取比 Excel 还方便。

(4)办公智囊包

- 邮件日历管家:自动整理 Gmail,智能安排会议时间。
- 知识搜索引擎:瞬间定位你在 Obsidian 里的上万条笔记。

- AI 协作系统：让多个 AI 模型接力工作，像流水线工人一样协同作业。

比如，我们让 AI 助手完成这些任务：从财务系统调取季度销售数据（文件系统工具），生成带图表的分析报告（AI 写作＋图表工具），查找团队成员的共同空闲时间（日历工具），预定会议室并发送会议邀请（邮件工具），将报告自动存档到云盘（文档管理工具）。整个过程就像指挥交响乐团——每个 MCP 服务器都是专业乐手，开发者只需挥动指挥棒，就能奏响智能协作的交响曲。这种"积木式开发"不仅节省时间，还开启了无限可能：你可以把网络爬虫＋AI 写作＋邮件工具组合成自动周报系统，或者将代码管理＋数据库工具打造成智能运维管家。这就是现代 AI 开发的魅力：重要的不再是你会造什么零件，而是你能否发挥创意，把现成的智能积木拼出惊艳的作品。

5.3.2　mcp.so

如果把 AI 应用开发比作装修房子，mcp.so 就是全球的智能家居超市。mcp.so 是专为 MCP 生态打造的导航平台，它就像开发者的"宜家＋应用商店"结合体，里面摆满了即插即用的智能功能模块。无论你想给 AI 装一个"文件管理大脑"还是"网页抓取助手"，这里都能找到现成的解决方案。

mcp.so 的特点如下：

（1）预制功能

- 文件管理模块：相当于给 AI 配了一个智能文件夹，能自动整理十万份文档。
- 数据库管家：像会 SQL 的数据分析师，3 秒就能从海量数据中找到关键信息。
- 网页采集器：像比人眼快百倍的智能爬虫，实时抓取全网最新资讯。

（2）即取即用货架

每个商品都配有标准说明书（JSON 配置模板）和专用插头（SSE 连接地址）。比如在需要地图服务时，复制配置代码并粘贴到 Windsurf 开发工具，AI 就能立刻理解"帮我查人民广场附近的咖啡馆"这样的自然语言指令。

（3）两种送货方式任选

- 快递到家（远程 SSE 模式）：适合需要云端协作的场景，数据全程加密传输，就像网购一样可送货上门。
- 门店自提（本地 STDIO 模式）：在处理敏感数据时，确保数据不出本地电脑。曾经需要专业团队耗时两周搭建的系统，现在就像拼乐高一样简单。例如，搜索需要的功能（如"邮件自动回复"），复制配置文件（就像扫描商品条码），导入开发环境（把模块"放进购物车"）。

（4）使用自然语言进行测试

这个平台的亮点之一在于动态更新的服务墙会实时展示新上架的功能，每个模块都经过标准化封装，而且社区开发者还会不断贡献新模块。

例如，某创业团队需要开发智能客服系统，传统方式需要 1 个月。通过 mcp.so 组合了"语音转文字 + 工单管理 + 知识库查询"三个模块，两天就上线测试版。期间，还意外发现平台上的"情绪分析"模块，给客服增加了感知用户情绪的新能力。

如今，这个"智能应用超市"已成为 AI 开发的基础设施，正在重塑智能应用的开发方式。当你为某个功能发愁时，不妨先来这里逛逛——说不定想要的工具，早已被其他开发者放进共享货架。

5.3.3　阿里云的 MCP 服务

2025 年 4 月，阿里云百炼平台正式推出了全生命周期的 MCP 服务。简单来说，这项服务让普通人也能轻松打造属于自己的智能助手，而且整个过程只需要 5 分钟，完全不需要操心复杂的资源管理、开发部署或运维问题。对于那些想要快速上手 AI 技术的人来说，这无疑是个大好消息。

上线当天，百炼平台就带来了 50 多款 MCP 服务，既有阿里巴巴自家的高德地图、无影云桌面，又有第三方的 Notion 等，如图 5-2 所示。

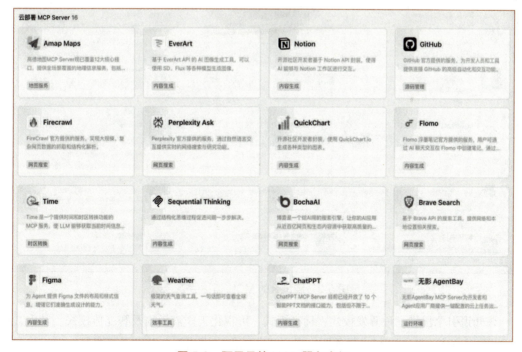

图 5-2　阿里云的 MCP 服务市场

这些服务涵盖了生活的方方面面，例如，想查找附近餐馆或者实时路况，高德地图服务直接给你答案。又如需要从网页抓取信息，浏览器相关的服务帮你搞定。Notion 能整理笔记，Fetch 能帮你提取关键信息，甚至还能一键生成文章。

阿里云把全套流程都打包好了，用户几乎不用操心技术细节。

5.3.4 腾讯云的 MCP 插件中心

同样是 2025 年 4 月，腾讯云宣布对大模型知识引擎进行升级，新增支持 MCP。开发者在该平台上构建应用时，可直接通过知识引擎调用两类插件：平台预置的精选 MCP 插件和根据业务需求接入自定义插件。

目前平台已集成多款头部服务的 MCP 插件（如图 5-3 所示），例如腾讯位置服务、腾讯云 EdgeOne Pages、Airbnb、Figma、Fetch 等，覆盖信息查询、网页部署与预览、数据解析等多种实用场景。除直接使用预置的 MCP 服务器之外，开发者还可将已部署的 MCP SSE 服务器按协议接入平台，实现灵活调用。

图 5-3　腾讯云的 MCP 插件中心

该知识引擎提供三种开发模式：标准模式、可视化工作流模式及智能体模式。其中，后两种模式支持快速集成 MCP 服务器。在可视化工作流模式下，开发者可通过拖拽组件的方式自由组合数据流转与处理流程；智能体模式则依托大模型自动规划任务链路，无须编写代码即可快速搭建 AI 应用。

以路线规划场景为例，在选择智能体模式后，单击添加"腾讯位置服务"MCP 插件即可直接调用其导航与 POI 检索能力，快速搭建出行助手应用。

腾讯云 MCP 生态不仅降低了 AI 智能体的开发门槛，还提供跨平台接入能力。无论是小程序、公众号、企业微信还是 Web 应用，均可通过统一接口快速集成智能功能。这种全场景的支持能力帮助企业加快数字化转型步伐，显著提升业务运行效率。

5.4　一些实用的 MCP 服务器

MCP 通过统一的标准化接口自动化一些重复和烦琐的任务，显著提升了开发团队的生产力。它让开发者可以专注于创新和解决实际问题，而不是被日常的繁杂事务所困扰。无论是快速集成新工具，还是无缝连接不同的服务，MCP 都提供了强大的支持。

本节将探索一些实用的 MCP 服务器实例，看看它们是如何为项目带来高效和灵活的服务的。这些服务器不仅能加速开发进程，还能确保应用的稳定性和扩展性。

5.4.1　APIdog MCP Server

APIdog MCP Server 能无缝连接 APIdog API 文档与人工智能驱动的 IDE（如 Cursor），使开发者可以直接在他们的开发环境中利用这些 API 文档数据。这种方式不仅简化了编码任务，还大幅提升了工作效率，并显著减少了手动操作。

其主要特点如下：

- 代码自动生成与修改：基于丰富的 API 文档自动生成和调整代码，减少手工编写的工作量。
- 智能搜索功能：利用 AI 技术进行文档搜索，提供更快、更智能的开发体验。
- 实时生成样板代码：直接从已文档化的 API 生成实时的 MVC 架构样板代码，加速项目启动。
- 自动添加注释：使用详细的 API 引用数据自动生成注释，帮助理解代码意图并保持代码清晰易懂。

APIdog MCP Server 是开发者、工程团队以及以 API 为核心的组织的理想选择。对于那些频繁使用 API 并且需要在编码过程中轻松集成复杂 API 文档的人来说，它尤其有用。通过增强型的人工智能自动化，极大地减少了编码任务，加快了开发速度，并优化了文档与开发团队之间的协作效率。这样不仅能提高项目的整体质量，还能让团队更加专注于创新和解决实际问题。

5.4.2 Blender MCP Server

Blender MCP Server 专为将强大的 Blender 3D 软件与人工智能系统整合而设计，旨在解锁直观且由 AI 引导的复杂 3D 内容创建和管理，为 3D 建模和动画项目带来了前所未有的速度与精确度。

其主要特点如下：

- AI 辅助建模、动画制作和场景布置：利用 AI 简化 3D 模型的构建、动画制作以及场景布置。
- 实时提示驱动的交互：支持基于提示的实时互动，使得内容生成更加高效。
- 自动调整和优化复杂模型及视觉场景：自动优化复杂的 3D 模型和视觉效果，确保最佳性能和外观。
- 嵌入式精准 AI 能力：可直接集成精确且上下文感知的 AI 功能，提升创作体验。

Blender MCP Server 非常适合 3D 艺术家、开发者、设计师和内容创作者，特别是那些希望彻底自动化并加速其 3D 内容创作流程的人。通过使用 Blender MCP Server，用户可以最大化自己的 3D 建模能力，激发创新，并通过先进的 AI 技术显著提高创作效率。无论是加速日常工作流程还是探索新的艺术表达方式，Blender MCP Server 都能提供强有力的支持，让创意无限扩展。

5.4.3 Perplexity Ask MCP Server

Perplexity Ask MCP Server 专为增强 MCP 框架内的数学理解和智能计算能力而设计，提供了高效的数据处理能力和强大的查询功能，特别适合需要精确计算的任务。

其主要特点如下：

- AI 驱动的精确数学计算与查询：利用先进的 AI 技术进行复杂的数学运算和查询。
- 高效的数据处理：针对复杂的数学任务优化的数据处理能力，确保快速且准确的结果。
- 强大的查询引擎：提供一个健壮的查询引擎，支持快速、精确地解决问题。
- 智能解释与处理：能够智能地解释和处理数学及计算输入，使得操作更加直观易用。

Perplexity Ask MCP Server 对于数据科学家、计算研究人员、数学家以及任何需要精确数学解决方案的用户来说是极具价值的工具。它通过在你的工作流程中直接集成智能 AI 增强的数学和计算能力，显著提升了计算的准确性、响应速度和效率。这样不仅可以提高工作效率，还能让你的研究或项目更加精准可靠。

5.4.4 Figma MCP Server

Figma MCP Server 提供了 AI 智能体与 Figma 设计环境之间的简化连接，实现了设计文件、布局和工作流的无缝 AI 增强交互。这不仅加速了从设计到开发的转换过程，还支持快速生成代码并促进团队之间的高效协作。

其主要特点如下：

- 无缝同步：确保 AI 模型与 Figma 资源之间的数据同步无阻。
- 自动提取与解释：利用 AI 技术自动提取并解释设计信息，使理解更加直观。
- 加速原型开发：快速将 UI/UX 设计转化为前端代码，显著缩短开发周期。
- 智能协作：通过设计人员和开发者之间的智能集成，提升合作效率，减少误解。

Figma MCP Server 非常适合设计师、开发者以及协作团队在迭代过程中迅速将设计理念转化为实际功能。它通过精确的人工智能驱动流程，简化了设计和开发团队之间的整合，减少了错误发生的可能性，并大幅提高了工作效率。这样不仅可以加快项目的整体进度，还能确保最终产品的质量，使得团队能够以更快的速度交付更高质量的工作成果。

5.4.5　Firecrawl MCP Server

Firecrawl MCP Server 利用智能 AI 驱动的自动化技术，提供了强大的网页抓取能力，能够高效、精确地自动执行大规模的数据提取与分析任务，极大地增强了 MCP 生态系统。

其主要特点如下：

- 实时自动抓取：基于 AI 技术，实现网页数据的实时自动抓取和提取。
- 精准结构化处理：对从网站上抽取的内容进行精确的结构化处理，并智能地标记信息，方便后续使用。
- 优化数据分析：集成 AI 技术来优化处理提取的数据，提供更深入的分析结果。
- 用户友好的管理功能：提供易于使用且直观的 AI 驱动界面，让用户可以轻松管理和监控抓取任务。

Firecrawl MCP Server 对于数字营销人员、研究人员、数据分析员、搜索引擎优化专家以及需要从大量网络资源中提取和分析高质量结构化数据的开发人员来说尤其有用。它不仅能有效地自动化数据收集过程，还能节省大量的时间和精力，同时通过可靠且可扩展的 AI 辅助网页抓取来减少人为错误的发生。这样不仅提高了工作效率，也确保了数据的准确性和可靠性，使得用户可以更加专注于如何利用这些数据来推动业务增长或研究进展。

5.4.6　MCP Server Chatsum

MCP Server Chatsum 是一个优化通信的创新工具，特别适用于智能汇总聊天消息，有效压缩冗长讨论，帮助用户快速理解内容并做出决策。

其主要特点如下：

- 即时且上下文敏感的摘要：提供即时的聊天记录摘要，确保信息的相关性和准确性。

- 智能提取关键点：从扩展的对话中智能挑选最重要的信息点，帮助用户抓住核心内容。
- 减少信息过载：通过精简聊天记录，显著减轻用户的阅读负担，避免被过多信息淹没。
- 直观的用户界面：提供便捷易用的操作界面，让用户能够轻松进行交互和管理。

MCP Server Chatsum 非常适合项目团队、远程工作者或分布式组织使用，在这些环境中，有效的沟通至关重要，但烦琐的聊天记录往往成为障碍。通过提供准确且及时的总结，MCP Server Chatsum 能够提升团队的工作效率，缩短会议时间，并促进更顺畅的协作。这样一来，团队成员可以更快地获取所需信息，迅速做出响应，从而提高整体生产力和工作满意度。

5.4.7 Neon MCP Server

Neon MCP Server 为 AI 模型和智能体提供了一个简化的入口，使得它们能够与 Neon 数据库服务及其管理 API 进行无缝交互。通过启用由 AI 控制的数据库操作，这个 MCP 服务器显著提高了数据的可访问性和业务生产力。

其主要特点如下：

- 直接交互：允许 AI 模型和智能体直接与 Neon 数据库及配置工具互动，不需要复杂的设置过程。
- 强大的模式管理：提供强大的数据库模式管理功能，支持高效的数据组织和维护。
- 智能建议：利用智能算法提供数据洞察，并给出改进建议，帮助优化数据使用和存储。

Neon MCP Server 对于那些专注于数据库驱动项目的团队尤其有用，特别是在需要高精度、高效率以及尽量减少手工输入的情况下。它不仅提供了维护数据库所需的灵活性，还通过 AI 驱动的方法简化了管理任务，使得数据库的管理和操作变得更加简单、直观。这样不仅能提高工作效率，还能让团队更加专注于核心业务目标的实现。

5.4.8 21st.dev Magic MCP Server

21st.dev Magic MCP Server 利用 MCP 直接集成到 Cursor 等多个平台中，专门用于提供卓越的前端代码自动化和复杂的、由 AI 驱动的管理功能。

其主要特点如下：

- 全面的前端自动化：借助强大的 AI 能力，实现从前端开发到管理任务的全面自动化。
- 上下文感知的交互：能够智能地与 HTML、CSS 和 JavaScript 任务互动，确保操作的相关性和精确性。
- 简化项目管理：在集成开发环境中提供简化的项目管理功能，使项目的组织和跟踪变得更加容易。

- 减少重复性工作和错误：通过自动化单调的前端任务，不仅节省时间，还能有效减少编码错误。

21st.dev Magic MCP Server 特别适合前端开发人员和 UI 设计师，对于希望精简工作流程并加快迭代速度的人来说尤其有用。它通过自动化日常的前端编码任务，彻底改变了工作的方式，从而实现最高的生产力。无论是快速原型设计还是大规模应用开发，21st.dev Magic MCP Server 都能帮助更高效地完成任务，同时保证了输出的质量和一致性。这样可以将更多精力集中在创意和优化用户体验上，而不是被烦琐的技术细节所困扰。

5.4.9　Browserbase MCP Server

Browserbase 与扩展或独立的 MCP 服务器紧密集成，赋予 AI 智能体强大的网页浏览器自动化操作的能力，如模拟用户交互、自动执行网站任务等。

其主要特点如下：

- 高效的 AI 驱动自动化：利用先进的 AI 技术实现浏览器操作的自动化，提高效率。
- 执行网页交互：可以自动完成表单提交、网页浏览和页面导航等操作，简化用户的在线活动。
- 智能决策支持：针对复杂的网站操作提供智能决策支持，使得处理更加流畅。

Browserbase 是进行自动化 UI/UX 测试、智能调查任务以及由 AI 管理的基于浏览器动态集成的理想选择。通过 AI 自动化，它可以将重复性的网页任务转变为无缝协作的自动化流程。无论是为了提升测试效率还是简化日常的网络操作，Browserbase 都能帮助用户节省时间和精力，同时减少人为错误。这样不仅提高了工作效率，还能让用户专注于更具创造性和战略性的工作。

5.4.10　Cloudflare MCP Server

Cloudflare MCP Server 提供了一个专门的集成方案，用于管理和部署 Cloudflare 的各种资源和服务。它利用智能协议，为 Workers、KV 存储和 API 等资源提供了安全、简单且高效的部署、配置和管理功能。

其主要特点如下：

- AI 辅助控制：通过平滑的 AI 辅助来管理 Cloudflare 资源，涵盖网络、数据库和规则等多个方面。
- 直接通信：支持与 Cloudflare API 及资源管理工具直接交互，使得操作更加直观、便捷。
- 清晰界面与快速管理：提供一个基于 AI 的简洁用户界面，让用户能够迅速地进行资源管理。

Cloudflare MCP Server 对于 DevOps 团队、Web 安全分析师和工程师来说是理想选择，特别是那些频繁与 Cloudflare 基础设施互动的专业人士。使用 AI 驱动的自动化，可以实现任务的快速、高效和安全执行，从而为团队提供更高水平的安全性、自动化能力和效率提升。

随着 MCP 技术的持续发展，它基于 AI 的服务和集成用例也在不断扩展。使用 MCP 技术的团队将能更好地应对未来开发中的任务和挑战，以更有效的方式处理日常运维工作，并加速创新过程。

基于 MCP 的常见个人应用

在信息爆炸的时代，面对奔涌而来的网页数据、工作邮件、学术文献，传统工具常常显得力不从心。MCP 的出现，让每个人都能轻松驾驭数字洪流。

想象你的计算机里住着一位隐形助手：它能自动整理浏览器里的零散信息，浏览电商网站搜索心仪的商品或服务；化身学术秘书，半小时读完十篇论文并提炼核心观点。更神奇的是，这些能力不需要编写代码就能实现。

当我们把智能模块组合起来，一个全天候待命的通用助手就此诞生。它既能在清晨自动整理行业资讯，又能在深夜帮你校对报告，就像拥有数字世界里的"瑞士军刀"。本章将拆解这些改变工作方式的秘密武器——从网页数据自动归档到智能助手的完整搭建，揭秘如何让 AI 真正成为提升个人效能的倍增器。

MCP 通过将各种工具和服务无缝集成到我们的工作流中，使得即使是非技术人员也能轻松实现自动化和智能化操作。从自动提取 Web 数据到实现个性化搜索，再到论文阅读，MCP 的应用场景几乎涵盖了生活的方方面面。

基于 MCP 的个人应用正以前所未有的方式革新着我们的生活与工作模式。无论是提高生产力还是探索新的可能性，基于 MCP 的系统都为我们打开了一扇通往未来的大门。

6.1　自动提取 Web 数据

当下的主流工具纷纷升级智能内核，知名的网页抓取工具 Puppeteer 也推出了自己的智能模块。就像给普通显微镜装上电子眼一样，通过 MCP，我们能让这些专业工具变得人人可用。

6.1.1　准备工具包

安装基础运行环境：

- 在 macOS 系统中打开终端，输入 brew install node（就像用 App Store 安装软件一样）。
- 其他系统可访问 https://nodejs.org 下载安装包。

6.1.2　安装智能爬虫模块

在终端粘贴以下指令：

```
npm install -g @modelcontextprotocol/server-puppeteer
```

这相当于给计算机安装了一个"自动浏览器助手"。

6.1.3　配置智能开关

1）打开 Claude Desktop 的配置文件。

2）找到 mcpServers 的配置段落。

3）粘贴以下配置代码：

```
{
"puppeteer": {
    "command": "npx",
    "args": ["-y", "@modelcontextprotocol/server-puppeteer"]
}}
```

（如果原本是空的 {} 则直接替换，已有内容就追加以上这段）

6.1.4　启动验证

在聊天窗口右下角找到图标并单击，如图 6-1 所示。

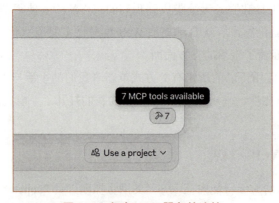

图 6-1　启动 MCP 服务的连接

看到"网页点击""鼠标悬浮"等操作菜单（如图 6-2 所示）即表示安装成功。

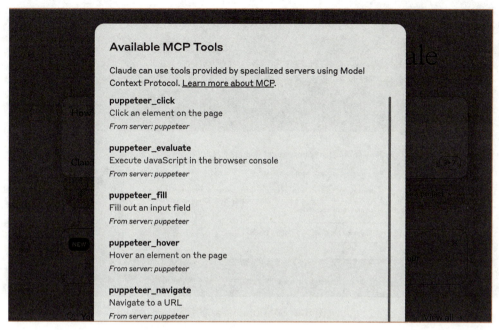

图 6-2　Puppeteer 提供的工具列表

整个过程就像组装智能家居：装好基础电源（NodeJS）→接上智能设备（Puppeteer）→配置家庭中枢（Claude Desktop 设置）→按下开关进行测试。现在你的计算机就获得了自动浏览网页、抓取数据的新能力，接下来就能让 AI 处理网页任务了。

举个简单的例子，比如从网站 SureScale.ai 中提取 MVP 开发服务的定价。你只需要输入这样的提示语："Go to surescale.ai and tell me how much their MVP Development service costs"，如图 6-3 所示。

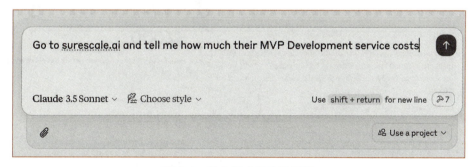

图 6-3　输入用户的查询示例

当你运行这个工具时，它会请求允许使用一些必要的函数，如图 6-4 所示。

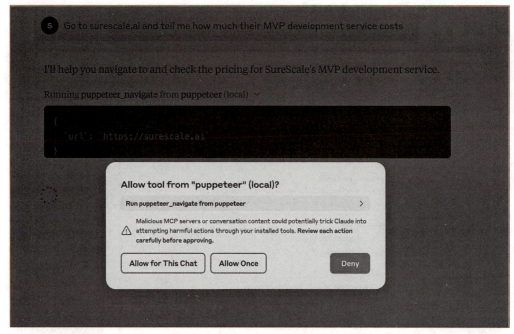

图 6-4　对 Puppeteer 的授权

这里可以看到基于 puppeteer 的 MCP 服务器会导航到 Surescale.ai，浏览网页，自动截屏，直到找到如图 6-5 所示的内容。

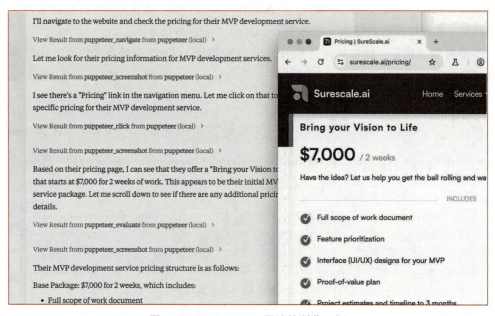

图 6-5　Surescale.ai 网站的浏览示例

最终，工具找到了初始定价信息：

```
Their MVP development service pricing structure is as follows:
Base Package: $7,000 for 2 weeks, which includes:
Full scope of work document
Feature prioritization
Interface (UI/UX) designs for your MVP
Proof-of-value plan
Project estimates and timeline to 3 months
Input from their team of experts
Technical stack definition
AI enrichment plan
Business automation suggestions
Option to upgrade or use on-demand services
```

我们可以要求它找到更多的内容，如图 6-6 所示。

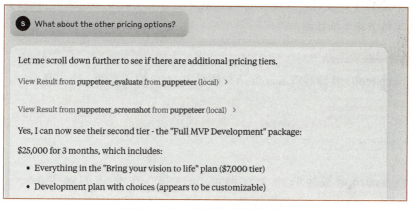

图 6-6　进一步价格查找的示例

它继续滚动，并最终提出了 25 000 美元的计划。

通过这种方式，即使是非技术人员也能轻松获取网站上的特定信息，而无须手动搜索整个网页。这不仅节省了时间，也提高了获取信息的准确性。这种自动化流程非常适合需要频繁从网站上收集数据的用户，使他们能够专注于更重要的任务。

6.2　实现个性化搜索

search_MCP_demo（https://github.com/piscaries/）展示了一个用于电子商务搜索的 MCP 服务器实现。通过这个项目，我们可以了解各个组件是如何协同工作的，并知道如何利用 MCP 来提升电商应用中的搜索体验。无论是产品检索还是优化查询结果，这个项目都为我们提供了宝贵的参考。

6.2.1 使用 FastMCP 定义和注册工具

我们基于 FastMCP 框架来构建简单的搜索服务，适用于电子商务场景。它定义了两个工具函数：

- 通用搜索工具：search，根据用户输入的查询词在指定索引中进行搜索。
- 按类别搜索工具：search_products_by_category，支持更复杂的过滤条件（如价格范围、评分、库存状态等），帮助用户精准查找商品。

这两个工具通过 FastMCP 框架注册为可用的服务，便于集成到更大的系统中。

1. 初始化 MCP 服务器

FastMCP 是一个轻量级框架，用于快速构建和管理基于 MCP 的服务。

```
mcp = FastMCP("search")
```

以上代码创建了一个名为 search 的 FastMCP 服务器实例，"search" 是该服务器的名称，表示它专注于搜索相关的功能。

2. 定义通用搜索工具

使用 @mcp.tool() 装饰器将 search 函数注册为 MCP 服务器的一个工具。

```
@mcp.tool()
def search(query: str, index: str = DEFAULT_INDEX) -> str:
# Implementation
...
```

- 功能：search 函数接收一个查询词 query 和一个可选的索引 index（默认值为 DEFAULT_INDEX），并返回搜索结果。
- 使用场景：适用于简单的全文搜索场景，比如用户输入关键词查找相关商品或信息。

3. 定义按类别搜索工具

同样使用 @mcp.tool() 装饰器将 search_products_by_category 函数注册为 MCP 服务器的工具。

```
@mcp.tool()
def search_products_by_category(
    category: str,
    min_price: float = 0,
    max_price: float = 1000,
    min_rating: float = 0,
    in_stock_only: bool = False,
    index: str = DEFAULT_INDEX,
) -> str:
# Implementation
...
```

其中，search_products_by_category 函数允许用户根据商品类别和其他条件（如价格范围、最低评分、是否仅显示有库存的商品）进行过滤搜索。

参数说明如下：

- category：商品类别，必填项。
- min_price 和 max_price：价格范围，默认为 0 到 1000。
- min_rating：最低评分，默认为 0。
- in_stock_only：是否仅显示有库存的商品，默认为 False。
- index：搜索的索引，默认为 DEFAULT_INDEX。

这段代码的核心作用是利用 FastMCP 框架快速搭建了一个支持多种搜索功能的服务。通过装饰器 @mcp.tool()，开发者可以轻松地将函数注册为工具，并对外提供服务。无论是简单的关键词搜索还是复杂的条件过滤，都可以通过这个框架高效实现。这种设计不仅灵活，还便于扩展和集成到其他系统中。

6.2.2　MCP 的客户端

我们定义了一个简单的 MCP 客户端类 MCPClient，用于与 MCP 服务器进行交互。它提供了以下两个主要功能：

- 列出工具：通过 list_tools 方法，向 MCP 服务器发送请求，获取所有可用工具的列表。
- 调用工具：通过 call_tool 方法，调用 MCP 服务器上的指定工具，并支持详细的步骤日志记录。

该客户端的设计简洁明了，适合在需要与 MCP 服务器通信的应用中使用，能够方便地管理和调用远程工具。

1. 定义 MCP 客户端类

这是一个名为 MCPClient 的类，专门用于与 MCP 服务器进行交互。文档字符串说明了它的用途：一个简单的客户端，用于与 MCP 服务器通信。

```
class MCPClient:
"""Simple client for interacting with the MCP server."""
```

2. 列出工具的方法

定义一个 list_tools 方法，用于向 MCP 服务器发送请求，列出所有可用的工具。

```
def list_tools(self):
"""List all available tools from the MCP server."""
    message = json.dumps({"id": message_id, "type": "list_tools"}) + "\n"
    # Send message and process response...
```

3. 调用工具的方法

以下代码的核心是定义了一个简单的 MCP 客户端类 MCPClient，该类封装了与 MCP 服务器交互的基本操作：list_tools 和 call_tool 方法。这两个方法都通过构造 JSON 格式的消息与 MCP 服务器通信，确保了请求的标准化和灵活性。这种设计使得客户端易于扩展和维护，同时也能满足大多数与 MCP 服务器交互的需求。

```
def call_tool(self, tool_name, args):
"""Call a tool on the MCP server with detailed step logging."""
    message = json.dumps({"id": message_id, "type": "tool_call","tool": tool_
        name, "args": args}) + "\n"
    # Send message and process response...
```

6.2.3　MCP 客户端和服务器的通信

MCP 客户端和服务器之间的通信遵循一套结构化的协议，这种协议确保了通信的可靠性，并明确了双方的预期。下面是一个典型的交互过程。

1. 建立连接

首先，MCP 服务器启动并开始监听来自客户端的连接请求。客户端通过一个简单的基于文本的通信通道连接到服务器，建立起双方的通信桥梁。

2. 工具发现

客户端发送一条 list_tools 消息，向服务器请求可用的功能列表。例如：

```
{ "id": "msg-1", "type": "list_tools" }
```

3. 工具描述响应

服务器收到请求后，会返回详细的工具描述信息，告诉客户端有哪些功能可以使用以及如何使用。例如：

```
{
"id": "msg-1",
"type": "list_tools_response",
"tools": [
    {
    "name": "search",
    "description": "根据查询条件搜索产品，支持由语言模型优化的查询计划。",
    "parameters": {
        "query": {"type": "string", "description": "搜索关键词"},
        "index": {"type": "string", "description": "要搜索的 Elasticsearch 索引"}
    },
    "return_type": {"type": "string", "description": "格式化后的搜索结果"}
    },
```

```
{
    "name": "create_ecommerce_test_index",
    "description": "创建一个包含示例产品的测试电商索引。",
    "parameters": { ... },
    "return_type": { ... }
}
//其他工具 ...
]
}
```

通过这种交互方式，客户端能够清楚地了解服务器提供了哪些工具，以及如何调用这些工具来完成具体任务。这种方式既简单又高效，为后续的操作奠定了基础。

4. 工具调用

当用户输入一个自然语言查询时，比如"找一副带降噪功能的无线耳机"，大模型会判断需要使用哪个工具，并准备好相应的参数。然后，客户端会向服务器发送一条 tool_call 消息。例如：

```
{
"id": "msg-2",
"type": "tool_call",
"tool": "search",
"args": {
    "query": "wireless headphones with noise cancellation",
    "index": "ecommerce"
}
}
```

5. 工具执行与响应

服务器接收到请求后，会执行搜索功能。它可能先通过 OpenAI 生成一个复杂的查询计划，然后在 Elasticsearch 中进行搜索。完成后，服务器将结果返回给客户端。例如：

```
{
"id": "msg-2",
"type": "tool_call_response",
"result": " 搜索结果:无线降噪耳机 \n\n 查询计划:\n{\"should_expand\": true, \"expanded_
    query\": \"wireless headphones noise cancellation anc bluetooth\", ...}\n\n
    结果: \n 产品 1: \n 名称: 高端无线耳机 \n 品牌: SoundMaster\n 价格: $199.99\n..."
}
```

6. 错误处理

如果工具调用失败，比如指定的索引不存在，服务器会返回一条错误消息，帮助客户端了解问题所在。例如：

```
{
    "id": "msg-3",
    "type": "error",
    "error": "索引 'nonexistent_index' 未找到 "
}
```

这种结构化的消息交换方式，在用户的意图（通过客户端表达）和实际的执行逻辑（由服务器处理）之间建立了清晰的分工。这种方式不仅提高了系统的可靠性，还让客户端和服务器之间的协作更加高效和直观。

6.2.4　基于 MCP 的系统能力应用

开发人员可以通过两种主要方式将 MCP 集成到他们的应用程序中。一种方法是直接在应用程序的代码中调用 MCP 工具。这种方式对工具的使用时间和方式提供了精确的控制，特别适合以下场景：

- 应用程序逻辑明确，知道需要使用哪种工具。
- 性能和可靠性非常重要，需要确保行为是确定性的。
- 需要将复杂的工作流与现有系统紧密集成。
- 用户界面是结构化的，而不是基于对话的。

直接调用 MCP 工具的代码如下：

```
# 直接调用 MCP 工具
result = client.call_tool(
    "search",
    {"query": query, "index": INDEX_NAME}
)
```

这种方式的优点是简单、高效且可控，非常适合处理明确的任务。

另一种方法是将 MCP 工具注册为 LLM 的可用函数，让 LLM 根据用户输入决定何时以及如何使用这些工具。这种方法充分利用了 LLM 的自然语言理解能力，包括：

- 解释用户的意图并选择合适的工具。
- 从对话上下文中提取参数。
- 将结果以自然语言的形式呈现给用户。
- 处理用户输入中的歧义或请求澄清。

例如，Claude Desktop 使用的 MCP 服务器可以通过以下方式注册和调用：

```
# 将 MCP 工具转换格式
claude_tools = []for tool in client.list_tools():
# 转换参数为 Claude Desktop 期望的格式
    parameters = tool.get("parameters", {})
```

```python
            input_schema = {"type": "object", "properties": {}, "required": []}
            if "properties" in parameters:
                for param_name, param_details in parameters.get("properties", {}).
                    items():
                    input_schema["properties"][param_name] = {
                        "type": param_details.get("type", "string"),
                        "description": param_details.get("description", ""),
                    }
                # 添加必填字段
                if "required" in parameters:
                    input_schema["required"] = parameters.get("required", [])
            claude_tools.append({
                "name": tool.get("name"),
                "description": tool.get("description", ""),
                "input_schema": input_schema,
            })
    # 使用工具参数调用 Claude Desktop
    response = claude_client.messages.create(
        model="claude-3-opus-20240229",
        max_tokens=1024,
        system=system_prompt,
        messages=[{"role": "user", "content": user_query}],
        tools=claude_tools,)
    # 处理响应中的工具调用
    tool_calls = []
    for content in response.content:
        if hasattr(content, "type") and content.type == "tool_use":
            # 提取工具调用信息
            tool_calls.append({
                "name": content.name,
                "parameters": content.input if hasattr(content, "input") else {},
            })
    # 执行工具调用
    if tool_calls:
        for tool_call in tool_calls:
            tool_name = tool_call["name"]
            tool_params = tool_call["parameters"]
            # 确保搜索查询包含索引参数
            if "index" not in tool_params:
                tool_params["index"] = "ecommerce"
            # 执行 MCP 工具调用
            tool_result = client.call_tool(tool_name, tool_params)
            # 让 Claude 处理工具调用结果
            final_response = claude_client.messages.create(
                model="claude-3-opus-20240229",
                max_tokens=2048,
                system=system_prompt,
                messages=[
```

```
            {"role": "user", "content": user_query},
            {"role": "user", "content": f"工具结果：{tool_result}"}
        ])
```

这种方式的优点是能够灵活处理自然语言请求，适合构建对话式应用或需要动态决策的场景。

在复杂的应用程序中，开发人员通常会同时使用这两种方法：对于关键操作，直接调用 MCP 工具以确保可预测性和高效性；而对于自然语言请求，则通过 LLM 中介来动态选择和调用工具。我们的搜索演示就实现了这两种方法，展示了它们各自的优点和适用场景。这种结合方式既能满足对性能和可靠性的高要求，又能灵活应对多样化的用户需求。

例如，当一个用户问"我需要一份礼物送给那些喜欢健身和户外活动的人，价格在 100 美元以下"，运行情况如图 6-7 所示。

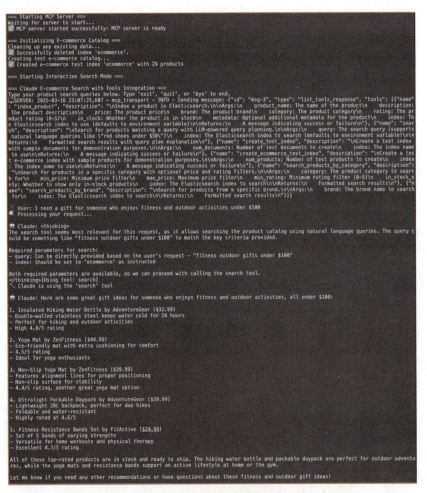

图 6-7　一个用户查询的示例

在图 6-7 中，主要的工作流程如下：

1）LLM 内部推理：Claude Desktop 分析查询，并决定最适合的搜索工具来找到相关产品。

2）Claude Desktop 准备的参数：查询 = "健身室外礼品低于 100 美元"和索引 = "电子商务"。

3）基于 MCP 通信：客户端向 MCP 服务器发送 tool _ call。

4）查询规划：服务器使用 LLM 为 Elasticsearch 生成适当的搜索策略。

5）搜索执行：Elasticsearch 使用优化的搜索参数查询产品目录。

6）结果检索：MCP 服务器将搜索结果返回给客户端。

7）处理：客户端将结果传递给 Claude。

8）结果格式化：Claude 将结果格式化为一个有用的列表，其中包含 100 美元以下的礼品。

这个工作流程演示了职责划分的实际应用，在自然语言理解和专门的搜索功能之间进行了清晰的分离。

这个电商网站的个性化搜索只是一个示例——真正的潜力在于将这种架构应用于不同的领域，当大模型和专门化工具通过 MCP 进行协作时，可以创造出新的可能性。

6.3　论文阅读

我们使用 MCP、LangChain、FastAPI 和 Streamlit 来构建一个研究助理——论文阅读系统。该系统利用两个 MCP 服务器，一个用于在 arXiv 上搜索科技论文，另一个则通过 OCR 技术解析问答内容。

论文阅读系统的系统架构主要包括三个部分：

1）MCP 服务器。

● arXiv 服务器：提供工具来搜索和获取科学论文。

● Docling 服务器：包含分析文本和提取关键信息的工具，帮助理解文档内容。

2）FastAPI 服务器作为客户端：这个服务器起到协调作用，它整合了来自不同 MCP 服务器的功能，并创建了一个研究助理智能体。这个智能体可以利用多个 MCP 工具，并对外提供一个统一的 API，方便用户交互。

3）Streamlit 用户界面：提供了一个易于使用的网页界面，让用户能够轻松提交研究查询、查看搜索结果以及分析文档内容等。

通过使用 MCP，我们可以很容易地扩展这个研究助理的功能。例如，可以添加更多的 MCP 服务器以支持不同的搜索方式，或者通过 MCP 连接到 ChromaDB 等数据库，为系统增加持久化的数据存储功能。还可以选择购买一些现成的 MCP 工具，或者根据需要自行开发，非常灵活。

这种设计不仅使得系统易于扩展，还能根据具体需求定制功能，满足各种研究工作的需要。无论是增强搜索能力还是集成新的数据源，MCP 都提供了强大的支持，让研究工作更加高效、便捷。

这里重点介绍让研究助理正常运行的核心组件：MCP 服务器（负责 arXiv 搜索和文档分析）以及 FastAPI 客户端服务器（用于协调这些服务）。为了更好地组织后端功能，我们将其分为两个专门的 MCP 服务器。

6.3.1　arXiv 的 MCP 服务器：负责从 arXiv 中获取科学文章

arXiv 服务器的主要任务是从 arXiv 数据库中查询和检索科研论文。以下是它的主要组成部分：

- 文章模型：使用 Pydantic 模型定义文章的结构，包括标题、摘要、发表日期和 PDF 链接等信息。
- 搜索功能：基于 arXiv 库，根据用户输入的关键词搜索相关论文，并按相关性排序。
- 工具公开：通过 @mcp.tool 装饰器将 get_articles 函数注册为 MCP 工具，这样客户端服务器就可以调用它来获取论文信息。

以下是一个简化版的 arXiv MCP 服务器代码：

```
# arxiv_server.py
import arxiv
from mcp.server.fastmcp import FastMCP
from pydantic import BaseMode
limport asyncio
from typing import Optional
# 初始化 MCP 服务器，监听端口 8000
mcp = FastMCP("Research Article Provider", port=8000)
# 定义文章模型
class Article(BaseModel):
    title: str
    summary: str
    published_date: str
    pdf_link: Optional[str]
    @classmethod
    def from_arxiv_result(cls, result: arxiv.Result) -> 'Article':
        # 提取 PDF 链接
        pdf_links = [str(i) for i in result.links if '/pdf/' in str(i)]
        pdf_link = pdf_links[0] if pdf_links else None
        return cls(
            title=result.title,
```

```
                summary=result.summary,
                published_date=result.published.strftime('%Y-%m-%d'),
                pdf_link=pdf_link
            )
        def __str__(self):
            # 格式化输出文章信息
            return (f'Title: {self.title}\nDate: {self.published_date}\n'
                f'PDF Url: {self.pdf_link}\n\n' +
                '\n'.join(self.summary.splitlines()[:3]) + '\n[...]')
# 搜索 arXiv 并返回文章列表
def get_articles_content(query: str, max_results: int) -> list[Article]:
    client = arxiv.Client()
    search = arxiv.Search(query=query, max_results=max_results, sort_by=arxiv.
        SortCriterion.Relevance)
    articles = map(lambda x: Article.from_arxiv_result(x), client.results(search))
    articles_with_link = filter(lambda x: x.pdf_link is not None, articles)
    return list(articles_with_link)
# 注册为 MCP 工具，供客户端调用
@mcp.tool(
    name="search_arxiv",
    description=" 根据关键词搜索 arXiv 上的论文，最多返回 `max_results` 篇。")
async def get_articles(query: str, max_results: int) -> str:
    print(f" 正在搜索 '{query}'...")
    articles = get_articles_content(query, max_results)
    print(f" 找到 {len(articles)} 篇文章。")
    return '\n\n-------\n\n'.join(map(str, articles)).strip()
if __name__ == "__main__":
    asyncio.run(mcp.run_sse_async())
```

针对上面的代码，我们来解读其工作的原理。

- 创建 MCP 服务器：使用 FastMCP 创建一个 MCP 服务器实例（类似于 FastAPI），并通过装饰器 @mcp.tool 将函数注册为工具。
- 核心逻辑：get_articles 函数是实际的搜索逻辑，它根据用户的查询词在 arXiv 上搜索相关论文，并返回格式化的结果（包括标题、摘要、发表日期和 PDF 链接）。
- 对外提供服务：注册后的工具可以通过客户端服务器访问，方便前端或其他服务调用。

通过这种方式，我们可以轻松地实现 arXiv 论文的搜索功能，并为研究助理系统提供可靠的数据支持。这种设计不仅清晰易懂，还便于扩展和维护。

6.3.2　Docling MCP 服务器

Docling MCP 服务器的主要任务是从 PDF 文档中提取内容并生成预览，具体包括以下功能：

- 文档转换：使用 DocumentConverter（来自 Docling 库）将 PDF 文件的内容转换为 Markdown 格式，便于后续处理。
- 文本预览：利用 LangChain 的 RecursiveCharacterTextSplitter 和 tiktoken 工具对文本进行分割，提取出适合快速预览的第一部分内容。

简而言之，Docling MCP 服务器提供了两个工具：一个用于提取 PDF 文档的完整内容；另一个用于生成文档的简短预览。

下面是 Docling MCP 服务器代码的一个简化版本：

```python
# docling_server.py
from mcp.server.fastmcp import FastMCP
from docling.document_converter import DocumentConverter
from langchain_text_splitters import RecursiveCharacterTextSplitter
import tiktoken
import asyncio
# 初始化 MCP 服务器，监听端口为 8001
mcp = FastMCP("Research Article Extraction Provider", port=8001)
# 将 PDF 内容转换为 Markdown 格式
def get_article_content_str(article_url: str):
    converter = DocumentConverter()
    result = converter.convert(article_url)
    return result.document.export_to_markdown()
# 提取文本的第一部分内容作为预览
def first_lines(text: str, chunk_size: int = 1536) -> str:
    encoder = tiktoken.encoding_for_model('gpt-4')
    text_splitter = RecursiveCharacterTextSplitter(
        chunk_size=chunk_size,
        chunk_overlap=0,
        length_function=lambda x: len(encoder.encode(x)),
        is_separator_regex=False,
    )
    return text_splitter.split_text(text)[0]
# 提取全文内容的工具
@mcp.tool(
    name="extract_article_content",
    description=" 使用 OCR 技术从科研论文 PDF 中提取完整文本内容。")
async def get_article_content(article_url: str) -> str:
    return get_article_content_str(article_url).strip()
# 提取预览内容的工具
@mcp.tool(
    name="get_article_preview",
    description=" 提取科研论文的前部分内容，用于快速预览。")
async def get_article_first_lines(article_url: str, chunk_size: int = 1536) -> str:
    article_content = get_article_content_str(article_url)
    return first_lines(article_content.strip(), chunk_size).strip()
if __name__ == "__main__":
    asyncio.run(mcp.run_sse_async())
```

与 arXiv 服务器类似，我们只需定义工具的逻辑，然后通过 @mcp.tool 装饰器将这些函数注册为 MCP 工具。客户端可以通过调用这些工具来获取 PDF 文档的完整内容或简短预览。

- get_article_content：负责提取整个文档的内容，并将其转换为 Markdown 格式。
- get_article_first_lines：提取文档的前部分内容，生成适合快速浏览的预览。

这种设计简单、直观，既满足了用户对完整内容的需求，又提供了快速查看文档概要的功能。通过这种方式，我们可以轻松地扩展系统的功能，例如支持更多格式的文档或更复杂的预览方式。

6.3.3　构建基于 FastAPI 的客户端

我们使用 FastAPI 构建了一个客户端服务器，用于充当系统的协调层。这个服务器连接到两个 MCP 服务器（ArXiv 和 Docling），并通过 LangChain 的 ReAct 智能体将它们的功能整合起来。以下是它的工作方式：

- 通过 MultiServerMCPClient 创建一个客户端，用于连接 ArXiv 和 Docling 服务器。每个服务器的地址和通信方式（如 SSE）都配置在这个客户端中。
- 使用 create_react_agent 创建一个智能体。这个智能体能够根据用户的需求灵活调用可用的工具（如搜索论文或提取文档内容），从而完成研究相关的任务。
- 提供了一个 /research 的 API 端点，用于接收用户的查询请求。当用户提交问题时，系统会通过 ReAct 智能体处理请求，并返回格式化的结果。

以下是一个简化的客户端服务器代码示例：

```python
# client_server.py
import os
from langchain_mcp_adapters.client
import MultiServerMCPClient
from langgraph.prebuilt import create_react_agent
from langchain_openai import AzureChatOpenAI
from dotenv import load_dotenv
from fastAPI import FastAPI
from pydantic import BaseModel
from typing import Dict, Any
import uvicorn
# 定义请求模型
class ResearchRequest(BaseModel):
    prompt: str
# 加载环境变量
load_dotenv()
model = AzureChatOpenAI(azure_deployment=os.environ['AZURE_GPT_DEPLOYMENT'])
app = FastAPI(title="Research Assistant API")
# 处理用户查询
async def process_prompt(prompt: str) -> Dict[str, Any]:
```

```
# 配置 MCP 客户端
mcp_client = MultiServerMCPClient({
    "arxiv": {
        "url": "http://arxiv-server:8000/sse",  # Docker 服务名
        "transport": "sse",
    },
    "docling": {
        "url": "http://docling-server:8001/sse",  # Docker 服务名
        "transport": "sse",
    }
})
async with mcp_client as client:
    # 创建 ReAct 智能体并处理请求
    agent = create_react_agent(model, client.get_tools())
    response = await agent.ainvoke({"messages": prompt}, debug=False)
    messages = [{i.type: i.content} for i in response['messages'] if
        i.content != '']
    return {"messages": messages}
# 提供 /research 端点
@app.post("/research")async def research(request: ResearchRequest):
    return await process_prompt(request.prompt)
if __name__ == '__main__':
    uvicorn.run(app, host="0.0.0.0", port=8080)
```

最后，我们用 Docker 将整个系统打包成一个完整的应用，包含 UI 和后端服务。这样，用户可以一键启动一个功能齐全的研究助理系统，既方便又高效。

对于论文阅读系统的整体架构而言，可以简单地分为前端和后端两个部分：

- MCP 工具集成：通过 langchain_mcp_adapters 库，将 MCP 工具转换为 LangChain 工具。只需告诉客户端如何连接到 MCP 服务器，剩下的工作就像使用普通的 LangChain 智能体一样简单。
- Streamlit 界面：为了方便用户与研究助理系统交互，我们使用 Streamlit 构建了一个简单、直观的网页界面。用户可以通过界面提交查询，系统会将结果清晰地展示出来。

通过模块化设计，论文阅读系统非常灵活且易于扩展。未来，我们可以轻松添加新的工具或数据源，比如支持更多类型的文档、集成其他数据库等。不仅实现了系统的高效协作，还确保了它的灵活性和可扩展性，为未来的升级和优化打下了坚实的基础。

6.4　工作流自动化

想象你有一个会变形的工具箱——N8N，这个免费开源的自动化工具就像电子积木，通过拖拽模块就能搭建出智能工作流。而当它遇上 MCP（一个让 AI 与现实世界对话的翻译

官），就变成能指挥机器大军的总控台。

N8N 的操作界面像儿童拼图板，将"读取邮件""分析数据"等模块拖到一起就能让系统自动处理日常事务。比如设置成"收到客户邮件→提取需求→生成待办事项"的流水线，整个过程比手机设置闹钟还简单。

MCP 在其中扮演着万能适配器的角色：

- 把 AI 的"语言指令"转成具体操作，好比把中文翻译成机器能懂的摩斯密码。
- 通过标准化指令（JSON-RPC）控制各种工具，就像用同一个遥控器操作空调、电视。
- 化身智能插件（N8N-nodes-MCP），让工作流能调用浏览器搜索、任务管理等外部功能。

例如，某电商店主这样使用组合工具：

- 每天自动抓取行业新闻（Brave Search 模块）。
- 智能分析热销商品趋势（AI 模型）。
- 生成采购清单同步到 Todoist 待办。
- 根据库存自动调整网店价格。

这套系统把原本需要 3 人团队的工作变成单击几下鼠标就能完成的自动化流程。

无论是提升个人效率还是为企业提供解决方案，N8N 和 MCP 相结合即可轻松应对各种任务。一个典型的应用场景是社交媒体自动化更新。比如，你可以添加一个 LinkedIn 节点来发布晚间新闻，而这个过程可以通过 MCP 来获取新闻内容。

下面是一个简单的 Python MCP 服务器代码，用于随机获取一条新闻标题：

```
from jsonrpcserver import method, serve
import requests
@method
def get_random_news():
""" 从 NewsAPI 获取一条随机新闻标题 """
    API_key = 'your_newsAPI_key'   # 替换为你的 NewsAPI 密钥
    url = f'https://newsAPI.org/v2/top-headlines?country=us&APIKey={API_key}'
    try:
        response = requests.get(url)
        response.raise_for_status()
        articles = response.json()['articles']
        if articles:
            return articles[0]['title']   # 返回第一条新闻的标题
    return " 暂时没有可用的新闻 "
    except requests.RequestException as e:
        return f" 获取新闻时出错 : {str(e)}"
if __name__ == '__main__':
    print(" 正在启动 MCP 新闻服务器，地址为 localhost:5000...")
    serve(host='localhost', port=5000)
```

使用步骤如下：

1）安装依赖：运行 pip install jsonrpcserver requests 安装所需的库。

2）获取 API 密钥：访问 NewsAPI（newsAPI.org) 注册并获取一个免费的 API 密钥，替换代码中的 your_newsAPI_key。

3）运行脚本：启动脚本后，MCP 服务器会在本地的 localhost:5000 上运行。

4）在 N8N 中进行配置：

- 在 N8N 中添加一个 MCP 客户端节点，并将其连接到 localhost:5000。
- 调用 get_random_news 方法获取新闻标题。
- 将获取到的新闻标题通过管道传递给 LinkedIn 节点，实现自动发布。

通过这种方式，可以轻松实现自动化发布新闻的功能。整个过程简单、高效，既节省了时间，又提升了工作效率。

另一个实际应用场景是机器人客服。想象这样一个场景：当用户发送一条消息时，系统会触发一个 AI 智能体，这个智能体通过 MCP 获取订单的详细信息，并回复用户。下面是一个模拟订单查询的 MCP 服务器代码：

```
from jsonrpcserver import method, serve
# 模拟订单数据库
orders = {
    "12345": {"item": " 笔记本电脑 ", "status": " 已发货 "},
    "67890": {"item": " 手机 ", "status": " 处理中 "}}
@method
def get_order_status(order_id: str) -> str:
""" 根据订单 ID 查询订单状态 """
    order = orders.get(order_id, None)
    if order:
        return f" 订单 {order_id}: {order['item']} - {order['status']}"
    return f" 未找到订单 {order_id}"
if __name__ == '__main__':
    print(" 正在启动 MCP 订单服务器，地址为 localhost:5000...")
    serve(host='localhost', port=5000)
```

使用步骤如下：

1）安装依赖：运行 pip install jsonrpcserver 安装所需的库。

2）运行脚本：启动脚本后，MCP 服务器会在本地的 localhost:5000 上运行。

3）在 N8N 中进行配置：

- 在 N8N 中添加一个 MCP 客户端节点，并将其连接到 localhost:5000。
- 调用 get_order_status 方法，传入订单号（例如 12345）来查询订单状态。
- 将查询结果与 OpenAI 节点结合，生成更自然、友好的回复。例如，系统可以返回这样的消息："您的笔记本电脑（订单号 12345）已经发货！"

　　通过这种方式，你可以快速构建一个智能的机器人客服。它不仅能自动查询订单信息，还能以友好的方式回复用户，极大地提升了用户体验和工作效率。

　　N8N 与 MCP 的结合提供了一个极具吸引力的无代码 AI 自动化解决方案，巧妙地将简单与复杂的功能结合在一起。N8N 拥有直观的拖拽界面，支持超过 400 种集成，并且有一个活跃的社区支持，使得任何人都能轻松上手。而 MCP 服务器则通过连接到外部工具（如 Brave 搜索引擎或自定义的 Python 服务器）的能力，释放了无限可能。

　　从自动化社交媒体更新到机器人客服，这些实际应用案例展示了 N8N 和 MCP 组合在不需要任何编程知识的情况下就可节省时间并提高效率。这两个工具都是开源的，再加上 N8N 提供的 API 以及 MCP 的高度可扩展性，用户可以自由地进行各种尝试——无论是创建个人助手还是扩展企业的业务流程。

　　这种组合不仅让技术新手能够实现强大的自动化任务，也为有经验的开发者提供了灵活定制和功能扩展的空间。无论是为了提升个人生产力，还是优化企业内部的工作流程，N8N 和 MCP 都为用户提供了强有力的支持。

6.5　一个通用的 AI 助手

　　一个通用的 AI 助手采用的是多智能体模式，其工作流如图 6-8 所示，AI 助手接收用户的消息，并根据消息内容决定使用哪个智能体来处理。

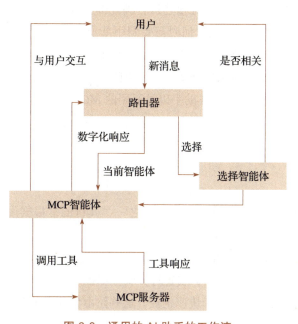

图 6-8　通用的 AI 助手的工作流

在这个过程中，智能体节点会分析请求并选择合适的工具进行处理。所有这些智能体都基于 MCP，这意味着只需要一个 MCP 智能体节点就可以协调基于 LLM 的任务，同时另一个节点负责与 MCP 服务器通信以调用相应的工具。

为了实现这一过程，我们需要构建 3 个主要部分：

（1）路由器

路由器是系统的核心组件之一，它的任务是接收用户的输入，并智能地将这些请求分发到正确的处理路径上。例如，如果用户询问的是产品信息，路由器就会把这条消息导向能够查询产品数据库的智能体；如果询问的是关于技术支持的问题，路由器就会导向专门处理此类问题的智能体。这样，通过有效的路由，可以确保每个请求都能被最合适的智能体处理，从而提高响应效率和准确性。

（2）AI 助手

AI 助手扮演着"大脑"的角色，它利用先进的自然语言处理技术来理解用户的意图，并据此做出决策。无论是回答问题、提供信息还是执行特定任务，AI 助手都能够依据接收到的信息采取行动。更重要的是，AI 助手还可以学习和适应新的情况或变化，随着时间的推移变得更加智能和高效。这不仅提升了用户体验，还为自动化处理复杂任务提供了可能。

（3）通用的 MCP 包装器

通用的 MCP 包装器是一个关键组件，它使得不同的工具和服务能够无缝集成到我们的系统中。通过这个包装器，我们可以轻松连接各种外部服务（比如搜索引擎、数据分析工具等）到 MCP 服务器。这样一来，无论何时需要调用某个特定的功能或获取某些数据，都可以通过这个统一的接口快速实现，而无须担心底层技术细节。这种灵活性极大地简化了系统的扩展和维护工作，同时也为未来的创新留下了空间。

综上所述，通过构建路由器、AI 助手以及通用的 MCP 包装器，我们可以创建一个既强大又灵活的自动化系统，该系统不仅能有效处理用户的各种需求，还能随着业务的发展和技术的进步不断进化。

6.5.1　构建路由器

构建路由器的过程是整个系统的核心部分之一，其目的是根据用户的需求智能地分配任务，如图 6-9 所示。

这个过程在 build_router_graph.py 文件中实现。具体来说，路由器会通过 MCP_wrapper.py 模块与各个 MCP 服务器进行交互，收集每台服务器提供的工具、提示和资源信息，并将这些信息整理成路由数据。为了便于快速查找，这些路由信息会被存储到向量数据库中，为后续的请求分配提供高效的索引支持。

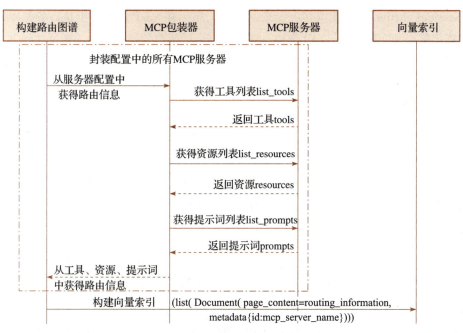

图 6-9　消息路由流程

在 assistant_graph.py 文件中，描述了路由器的工作原理以及控制流的运行逻辑，可以清楚地看到每个节点的角色和它们之间的协作关系，如图 6-10 所示。例如，某些节点负责接收用户输入，另一些节点则负责分析请求并将其转发到合适的处理路径上。

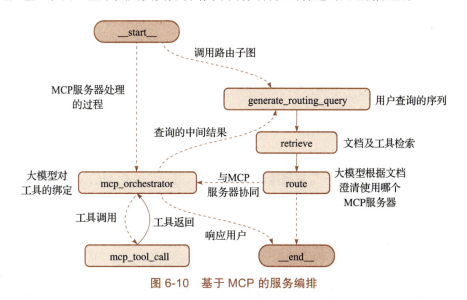

图 6-10　基于 MCP 的服务编排

MCP_wrapper.py 模块采用策略模式来设计代码结构。这种模式的核心是一个抽象基类

（MCPSessionFunction），它定义了一个公共接口，用于在 MCP 服务器上执行各种操作。所有的功能类都必须实现 async_call 方法，这是所有会话函数的核心契约。通过这种方式，我们可以灵活地添加新功能，而不需要修改现有代码，从而保证了系统的可维护性和扩展性。

6.5.2 具体实现

在实际的开发过程中，有几个关键的类实现了路由器的功能：

1. RoutingDescription 类

该类负责从 MCP 服务器中获取路由信息。它会根据服务器提供的工具、提示和资源，生成对应的路由描述。这些描述信息会被用来决定如何分发用户的请求。

2. GetTools 类

该类负责从 MCP 服务器中提取可用的工具，并将这些工具转换为 LangGraph 能够识别和使用的格式。这样，系统就可以利用这些工具来完成特定的任务。

3. RunTool 类

当需要调用某个工具时，RunTool 类就会发挥作用。它会直接与 MCP 服务器通信，调用指定的工具并返回工具的执行结果。该类确保了工具调用过程的高效性和准确性。

6.5.3 处理器功能

处理器是整个系统中的"执行人"，它的作用是统一管理所有操作的执行流程。处理器使用 mcp 库中的 stdio_client 模块初始化会话，并通过 await fn(server_name, session) 的方式将具体的操作委托给相应的 MCPSessionFunction 实例。这种设计使得处理器能灵活应对不同的任务需求。

例如，当用户发送一个请求时，处理器会根据路由信息找到合适的工具，并调用 RunTool 类来执行该工具。整个过程由处理器统一协调，确保了任务的高效完成。

6.5.4 可扩展性

这种设计的一个重要特点是其高度的可扩展性。通过子类化 MCPSessionFunction，可以轻松地添加新的功能，而无须修改核心处理器的逻辑。例如，如果我们需要支持更多的工具或更复杂的操作，只需创建一个新的子类并实现 async_call 方法即可。这种灵活性使得系统能够随着需求的变化而不断进化。

例如，我们需要添加对图像处理工具的支持，只需编写一个新的子类，继承自 MCPSessionFunction，并在其中实现相关功能即可。系统的核心逻辑不会受到影响，这大大降低了维护成本。

　　本案例的完整代码可以从：https://github.com/esxr/langgraph-mcp 获取。按照说明下载代码后，可以轻松地构建并运行这个通用的人工智能助手。一旦运行成功，你将拥有一个功能强大的系统，能够智能地处理各种任务，无论是简单的查询还是复杂的自动化流程。

　　该系统的实现不仅展示了技术的强大能力，还为开发者提供了丰富的扩展空间，帮助他们根据实际需求定制自己的解决方案。无论是构建一个个人助手，还是为企业设计一套自动化工具，该系统都能提供有价值的参考。

Chapter 7　第 7 章

用 MCP 优化自己的设计

传统设计的流程就像手工匠人作坊——设计师在 Figma 上画完图纸，要手动导出给建模师，建模完成再联系打印厂，每个环节都在重复"传话游戏"。而 MCP 的引入，如同在创意车间架设了智能传送带，让设计从概念到实物实现全自动运转。

想象这样的工作场景：在 Figma 上调整的产品原型能够同步到代码，能够使用自然语言实时对 3D 建模软件自动生成立体模型，还能通过对话的方式一键启动 3D 打印机产出样品。整个过程就像给设计工具装上神经中枢，原本需要多天的工序，现在喝杯茶的时间就能完成验证。

这套智能系统的核心是通过 MCP 打通数字世界与物理世界。设计师得以从重复劳动中解放，专注于创意本身——就像画家不再需要亲自调配颜料，而是直接挥洒数字魔法。本章将揭秘如何通过 3 个关键点，让设计流程实现从"手动拼装"到"智能工厂"的进化。

7.1　将 Figma 连接到工作流

对于一名经常与设计师合作的开发人员而言，以往将 Figma 设计转化为代码是一件烦琐的工作。这通常涉及频繁地来回沟通、截屏，并手动测量元素之间的间距和尺寸。然而，自从有了 Figma 的 MCP 服务器后，这一切都发生了翻天覆地的变化。

现在，通过 Figma MCP 服务器，我们可以将设计资源直接连接到 AI 工具中，就像 APIdog MCP 服务器对 API 文档所做的那样，使这些资源可以直接被 AI 编码助手理解和使用。这意味着，AI 编码助手能够直接访问并解析 Figma 设计或 API 规范（无论是 APIdog 项目还是 OpenAPI 文件），从而彻底改变传统从设计到代码的转换方式。

具体来说，这种变化具有以下几个显著的优势：

- 不再需要手动复制颜色代码和形状尺寸：以前，开发者需要花费大量时间在 Figma 设计中查找并记录各种颜色值、字体大小和形状尺寸等细节；现在，所有这些信息都可以自动获取，极大地节省了时间和精力。
- 直接访问组件层次结构和设计系统：借助 MCP 服务器，AI 可以理解并直接访问设计中的组件结构和设计系统，这样就能更准确地将设计意图转化为代码，同时也让维护和更新变得更加容易。
- 生成能够准确反映设计者意图的代码的能力：这种新的工作流程使生成的代码能够更加精确地反映出设计师的意图。这意味着最终产品不仅在外观上忠于设计稿，在用户体验方面也能达到更高的标准。

通过集成 Figma MCP 服务器和 APIdog MCP 服务器，我们开启了一种全新的高效协作模式，减少了人为错误的可能性，同时提升了开发效率和产品质量。这不仅让开发过程更加流畅，也确保了最终产品能够更好地满足用户的需求。

7.1.1　建立 Figma MCP 开发和运行环境

在开始之前，我们需要确保系统中已经准备好以下工具和资源：

- Node.js：版本需要是 v16 或更高，这里使用的是 v18。
- npm 或 pnpm：需要安装 npm v7 及以上版本，或者 pnpm v8 及以上版本。
- Figma 专业账户：需要一个有效的 Figma 专业账户来访问相关功能。
- Figma API 访问令牌：这个令牌是关键，它允许程序以只读权限访问 Figma 中的设计数据。

7.1.2　获取 Figma API 访问令牌

获取 Figma API 访问令牌是整个流程中最重要的一步。以下是详细的操作步骤：

1）登录 Figma 桌面应用程序。打开 Figma 桌面应用程序，并使用账户信息进行登录。

2）进入个人资料页面。在应用程序的主界面，找到并单击侧边栏中的"个人资料"图标（通常是一个头像或用户名），进入个人账户管理页面，如图 7-1 所示。

3）导航到安全设置。在个人资料页面中，单击顶部菜单的"设置"，然后选择"Security（安全）"选项，如图 7-2 所示。这里会显示与账户安全相关的各种配置。

4）找到个人访问令牌。在安全设置页面中，找到"Personal access tokens（个人访问令牌）"部分。这是生成 API 访问令牌的地方，如图 7-3 所示。

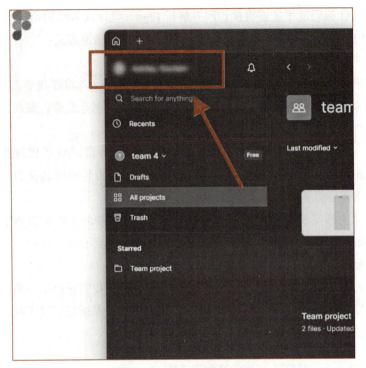

图 7-1　Figma 的个人账户示例

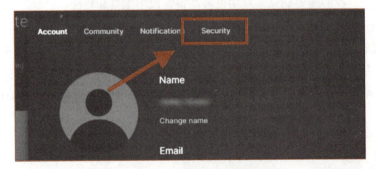

图 7-2　Figma 的安全设置示例

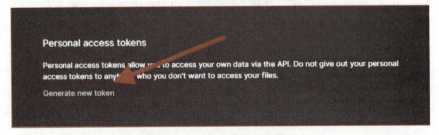

图 7-3　生成 API 访问令牌

5）创建新令牌。单击"Generate new token（生成新令牌）"按钮，为你的令牌命名，例如"Devmcpintegration"。命名完成后，单击 Confirm（确认）按钮生成令牌。

需要注意的是，Figma 只会显示一次这个令牌，因此在生成后，请务必立即复制并妥善保存。如果不小心关闭了窗口而没有保存，就需要重新生成一个新的令牌。

6）设置环境变量。为了避免将敏感信息直接写入代码中（硬编码），建议将这个令牌设置为环境变量。这样可以提高安全性，同时方便在不同环境中使用。

在命令行中，可以运行以下命令来设置环境变量：

```
set FIGMA_API_KEY=figma_my_token_value
```

7.1.3　安装 Figma MCP 服务器

可以通过一个 npm 命令来快速安装 Figma MCP 服务器：

```
npx @figma/mcp-server --figma-API-key=%FIGMA_API_KEY%
```

这个命令非常方便，只需要一行代码即可。默认情况下，服务器会在端口 3333 上运行。

对于那些需要更多控制和定制选项的复杂项目来说，仅仅使用上述的一键启动方法可能不够。在这种情况下，可以选择在本地克隆整个存储库。这样做以下有几个好处：

- 更高的灵活性：通过直接访问源代码，可以根据自己的需求调整配置和功能。例如，可以修改服务器监听的端口号、调整日志输出级别或添加新的功能模块。
- 便于开发和调试：拥有完整的代码库意味着可以在开发环境中更容易地进行开发和调试工作。无论是跟踪错误还是优化性能，都变得更加直观和高效。
- 自定义集成：如果希望将 Figma MCP 服务器深度集成到其他工具或服务，比如特定的企业系统或第三方 API，那么拥有源代码将使这一切成为可能。

要开始本地克隆和自定义设置，请按照以下步骤操作：

1）克隆存储库：从 GitHub 或其他代码托管平台克隆 Figma MCP 服务器的官方存储库到本地计算机。

2）配置环境变量：确保已经正确设置了必要的环境变量，如 FIGMA_API_KEY。这一步与之前使用快速安装方法时相同，确保 API 密钥安全并正确加载。

3）调整配置文件：根据具体需求修改配置文件。这可能包括更改服务器端口、指定数据存储路径等。

4）启动服务器：完成所有的设置后，在命令行中导航至项目目录，并执行相应的启动脚本来运行服务器。

通过这种方式，即使是复杂的项目也能充分利用 Figma MCP 服务器的强大功能，同时保持高度的个性化和灵活性。无论是想改进现有流程，还是探索全新的应用方式，这种方法都非常实用。

7.1.4　连接到 AI 编程工具 Cursor

将 Figma MCP 服务器连接到 AI 编程工具 Cursor 只需简单的 3 步操作，下面是详细的步骤说明。

1）请确认你的 Figma MCP 服务器已经在端口 3333 上启动并运行。如果还没有启动，可以使用以下命令来启动它：

```
npx @figma/mcp-server --figma-API-key=%FIGMA_API_KEY%
```

2）打开 Cursor 应用，然后导航到"Settings→MCP"选项，这里可以添加和管理 MCP 服务器。

3）在 MCP 设置中，单击"添加新的服务器"按钮。为这个新服务器起一个容易识别的名字，比如"Figma 设计"。在传输方式的选择中选择 SSE（Server-Sent Events）选项，这是一种有效的服务器向客户端推送更新的技术。在 URL 字段中输入 http://localhost:3333，这是 Figma MCP 服务器默认监听的地址和端口。确保没有拼写错误，以保证连接的正确性。

完成上述步骤后，就会看到一个绿色的指示点出现在界面上，这表明连接已经成功建立。现在，Cursor 就可以与 Figma MCP 服务器进行通信了。

如果你正在使用其他的 AI 编程工具并希望实现类似的配置，可以参考下面的示例代码片段。这段配置的作用是告诉工具如何启动 Figma MCP 服务器以及需要哪些参数。

```
{
"mcpServers": {
    "Figma Designs": {
        "command": "npx",
        "args": [
            "@figma/mcp-server",
            "--figma-API-key=YOUR_TOKEN_HERE"
        ]
    }
}}
```

记得将 YOUR_TOKEN_HERE 替换为自己的 Figma API 密钥。通过这种方式，可以轻松地在不同的开发环境中集成 Figma MCP 服务器，享受其带来的便利和效率提升。这种配置不仅简化了工作流程，还确保了数据的安全性和准确性。

7.1.5　工作流程

当需要根据设计来实现一个项目时，遵循以下工作流程可以使整个过程更加顺畅、高效。

1. 请求设计链接

首先，请设计师提供指向特定 Figma 组件的链接。这一步非常重要，因为它确保了你和设计师之间的沟通准确无误。

2. 获取 Figma 组件链接

在 Figma 中找到所需的设计元素或组件后，右击该设计并选择 "Copy/Paste as → Copy link to selection" 选项，这样就能复制一个直接指向该组件的链接，方便后续使用，如图 7-4 所示。

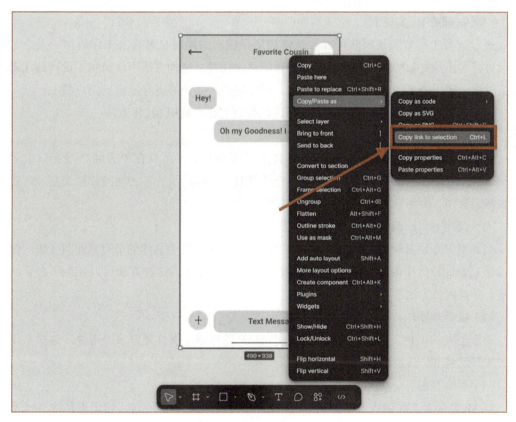

图 7-4　在 Figma 中复制链接

3. 启动 Cursor 并启用 Agent 模式

打开 Cursor 并切换到 Agent 模式。Agent 模式允许你更自然地与 AI 编程助手交互，以完成各种任务。

4. 粘贴 Figma 链接并提出需求

在 Cursor 中粘贴刚刚从 Figma 中复制的链接。然后，可以直接向 AI 编程助手提问，比如："请用 CSS3 为这个设计生成一个 Vue 组件。"这样，AI 编程助手已经通过 MCP 链接"看到"了设计，它可以根据提供的 Figma 链接分析设计细节，包括视觉样式、组件结构以及任何相关的标记信息。基于这些信息，AI 能够自动生成与设计相匹配的初始代码。

- 精准匹配设计意图：生成的代码不仅外观上忠于原设计，还能反映设计师在布局、颜色、字体等方面的所有考虑。
- 节省时间和精力：无须手动测量尺寸或颜色值，AI 会自动提取所有必要的信息并将其转换成代码。
- 提高开发效率：开发者可以将更多的时间集中在业务逻辑和其他高级功能上，而不是基础的 UI 实现上。

通过这种工作流程，团队可以在保持高质量输出的同时显著提升工作效率，无论是小型项目开发还是复杂的大型应用程序开发都能从中受益。这种方法不仅简化了设计到代码的转换过程，还促进了团队成员之间的协作，确保最终产品能够更好地满足用户需求。

在使用过程中，有一些实用的小技巧可以帮助更好地利用 MCP 工具：

（1）检查 MCP 响应

如果想要了解 Figma 和 AI 之间具体传输了哪些数据，可以在单独的终端窗口中运行 pnpm inspect 命令。该命令将启动一个检查器界面，清晰展示两者之间的数据交互。这对于调试特别有用，因为它能准确显示发送和接收的内容。

（2）使用 get_node 工具聚焦特定节点

当面对复杂设计时，使用 get_node 工具让 AI 专注于某个具体的节点或组件（如"仅实现这个 Figma 设计中的导航栏"）比处理整个文件更有效率。这种方法可以减少不必要的工作量，并确保每个细节都能得到精确处理。

（3）批处理操作

对于较大的项目，可以编写脚本来利用 MCP 服务器一次性处理多个组件。这样不仅可以加快开发速度，还能保持项目的统一性。

（4）版本控制

将 MCP 配置文件纳入版本控制系统中是一个明智的选择。不过，请记得移除 API 密钥的具体值，以保护敏感信息的安全。这样做可以让新加入的团队成员快速设置自己的环境，同时避免潜在的安全风险。

这种技术融合极大地改变了开发者与设计师之间的合作模式。过去需要几天时间反复沟通和修改的设计实现，现在只需几分钟就能搞定。AI 能够直接从 Figma 中精准解读间距、字体样式、颜色方案以及组件层次结构等细节。例如，创建一个完全符合设计师预期的仪表板界面，现在只需要 2 小时左右，而以前则可能需要一两天的细致手工调整。

7.2　3D 建模

3D 建模是一种利用数字技术来创建三维对象的方法，它极大提升了设计的创新性、视觉效果以及生产效率。这项技术被广泛应用于多个领域：

- 在影视和游戏产业中，用于创造角色和场景。
- 在建筑行业中，支持虚拟漫游体验，让客户提前感受建筑空间。
- 在工业制造方面，帮助快速制作产品原型。
- 在医疗领域，用于手术模拟，提高训练的真实性和准确性。

这些应用不仅促进了精准分析和快速迭代，还提供了沉浸式的用户体验，加速了各行业的数字化转型，并增强了跨领域的协作能力。

Unreal Engine MCP Server 为我们提供了一种全新的方式来控制 Unreal 引擎——通过自然语言命令。这意味着你可以更轻松地完成以下任务：

- 创建 3D 对象：无须深入了解复杂的编程或工具操作，只需简单描述想创建的对象，就能迅速生成 3D 模型。
- 设计场景：描述理想的场景布局，系统将自动布置好所有元素，节省大量的时间和精力。
- 管理资产：无论是导入新资源还是整理现有资源，都可以通过简单的指令高效完成，使资产管理变得轻而易举。

这种方式使得非专业人士也能方便地使用 Unreal 引擎进行创作，大大降低了学习门槛，同时也为专业人员提供了更快捷的工作流程，进一步推动了创意和技术的发展。

7.2.1　安装 Unreal Engine MCP Server

如果需要使用某些核心插件，请先进行克隆。接下来，确保你的环境中已经安装了必要的 Python 依赖项（请确认 pip 工具是可用的）。

在 Unreal 引擎中启用所需插件的步骤如下：

1）打开插件设置：启动 Unreal 引擎后，单击顶部菜单栏中的 "Edit → Plugins"，打开插件管理窗口。

2）启用相关插件：在插件管理窗口中找到并启用两个关键插件。

- Python 编辑器脚本插件：这个插件允许在 Unreal 引擎中运行 Python 脚本，增加了开发的灵活性。
- Unreal MCP 插件：此插件帮助通过自然语言命令控制 Unreal 引擎，简化 3D 对象创建、场景设计和资产管理等任务。

完成上述插件的启用操作之后，记得重新启动 Unreal 引擎以使更改生效。之后，就可以开始利用这些插件提供的强大功能了。

按照以上步骤操作，就能顺利配置好 Unreal 引擎环境，并准备好使用 Python 脚本和 MCP 插件来加速项目开发过程。这种方式不仅提高了工作效率，还降低了使用复杂 3D 引擎的技术门槛。

7.2.2 连接一个 AI 客户端

为了方便，此处仍以 Claude Desktop 作为 AI 客户端来连接 Unreal Engine MCP Server。首先，我们需要找到 Claude Desktop 的配置文件。它的路径通常如下：

```
%APPDATA%\Claude\claude_desktop_config.json
```

这个文件存储了 Claude Desktop 的相关设置，可以通过修改它来添加自定义配置。打开 claude_desktop_config.json 文件后，在其中添加以下内容：

```
{
    "mcp": {
    "command": "C:\\YourProject\\Plugins\\UnrealMCP\\MCP\\run_unreal_mcp.bat"
}}
```

请将 C:\\YourProject\\Plugins\\UnrealMCP\\MCP\\run_unreal_mcp.bat 替换为实际项目的路径。这段配置的作用是告诉 Claude Desktop 如何启动和连接到 Unreal Engine MCP Server。

完成上述步骤后，可以按照以下方法检查连接是否正常：

1）打开 Unreal 引擎。启动 Unreal 引擎并进入开发工具界面。

2）查看输出日志。在顶部菜单栏中，单击"Window → Developer Tools"，然后选择"Output Log"（输出日志）。

3）过滤日志信息。在输出日志窗口中输入"LogMCP"，这时会筛选出与 MCP 相关的日志信息。

4）检查成功消息。如果看到类似"成功连接"或"初始化完成"的消息，说明配置已经生效，就可以开始使用了。

至此，我们完成了 Claude Desktop 与 Unreal 引擎之间的连接设置。

7.2.3 Unreal Engine MCP Server 的使用

使用自然语言向 AI 发出如下指令，效果如图 7-5 所示。

"Generate a medieval village with a marketplace, houses, and a castle."（建造一个有市场、房屋和城堡的中世纪村庄。）

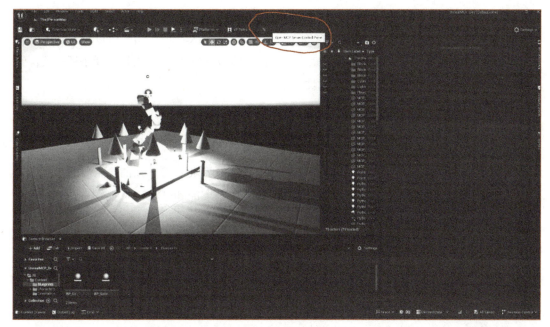

图 7-5　3D 建模示例

Unreal Engine MCP Server 的工作流程大致如下：

（1）概念艺术表达

AI 首先会根据描述创造出概念性的艺术表达。这意味着它能够理解用户想要构建的内容，并形成初步的设计构思。

（2）MCP 转换与执行

MCP 会将自然语言命令转换为具体的 Python 脚本。然后，Unreal 引擎依据这些脚本自动构建出场景，包括设置导航网格和灯光效果等，确保整个环境既美观又实用。

（3）调试与优化

AI 还能帮助进行调试工作。它可以检查是否存在冲突配置，分析物理属性是否合理，并提供改进建议。这样不仅能提高项目的质量，还能节省大量排查问题的时间。

（4）自定义工具开发

还可以创建自定义工具，编写 Python 脚本来自动化那些重复任务。例如，可以分配不同的智能体分别负责级别设计和脚本编写。对于关键的操作步骤，可以通过启用审批工作流（在 Edit → Project Settings → MCP 中设置）来确保每一步都符合预期标准。

（5）资源管理

在使用过程中，请务必设定资源限额，避免 AI 过度运行导致系统超载。合理的资源配置不仅能保证项目的顺利进行，也能提高整体的效率。

在一定程度上，Unreal Engine MCP Server 代表游戏开发的未来方向，它可以减少手动编码的工作量，让用户更加专注于内容创作。借助 AI 的强大功能，用户可以更快地实现复杂的场景构建和精细调整，在释放无限创造力的同时极大提升效率。无论是新手还是资深开发者，都能从中受益，创造更多的可能性。

7.3　3D 打印

过去，AI 和实际制造之间存在着明显的界限，这一界限一直难以消除。但现在，随着 MCP 3D 打印服务器的出现，这一切都发生了改变。它让 Claude Desktop 能够直接控制从设计模型到最终成品的整个 3D 打印流程。

这不是简单地向打印机发送指令，而是要构建一个完整的生态系统，在这个系统中，AI 可以全程参与——从设计、修改、可视化、准备到制造物理对象，而且所有这些都可以通过自然语言对话来实现。其主要工作流程如下：

（1）设计与修改

通过与 AI 的自然对话来创建或调整 3D 模型。无论是添加新元素还是修改现有设计，AI 都能帮助快速实现想法。

（2）可视化

在设计过程中，AI 还可以提供即时的视觉反馈，让用户清楚地看到设计的实际效果，确保每一步都符合预期。

（3）准备与优化

AI 会自动处理打印前的所有准备工作，比如选择合适的材料、确定最佳的打印方向以及优化结构以节省材料和时间。

（4）制造过程

通过简单的命令，AI 就能指挥 3D 打印机工作，将数字设计转化为真实的物体。

这种端到端的方法不仅简化了从创意到成品的转换过程，还极大地提高了效率和灵活性。无论是专业人士还是爱好者，都能够更加轻松地进行创新和制作，真正实现了"所想即所得"的愿景。MCP 3D 打印服务器为 AI 在实体制造领域的应用开辟了新的道路，让每个人都有机会成为创造者。

7.3.1　MCP 3D 打印服务器：连接创意与现实的桥梁

MCP 3D 打印服务器是一个强大的工具，它让 Claude Desktop 可以直接与多种 3D 打印系统进行交互。具体来说，它可以：

● 访问主流 3D 打印机管理系统的 API：可以轻松地将设计发送到各种类型的 3D 打

印机上。

- 处理 STL 文件：提供高级的 STL 文件操作功能，支持自由编辑和优化 3D 模型。
- 转换模型为打印指令：自动将 3D 模型转化为打印机可以理解的具体指令，简化了从设计到生产的步骤。
- 预览修改：内置可视化工具，帮助在实际打印前查看并确认所有修改，确保最终产品符合预期。

可以将 MCP 3D 打印服务器想象成 Claude Desktop 在物理 3D 打印世界中的"手"和"眼"。它消除了传统工作流程中的障碍，使从构思、修改 3D 模型、准备打印直到执行打印作业的过程变得无缝对接。

7.3.2　MCP 3D 打印服务器的兼容性

这个 MCP 服务器最突出的特点是兼容性好。在 3D 打印领域，不同制造商往往使用各自的专有界面，导致生态系统的碎片化。但是，MCP 3D 打印服务器打破了这种局面，支持多种流行的 3D 打印机管理系统，包括但不限于：

- OctoPrint：一个广受欢迎的开源解决方案。
- Klipper/Moonraker：适合需要高级运动控制的应用场景。
- Duet：专为高端 3D 打印机控制板设计。
- Repetier：适用于多台打印机的管理。
- Bambu Lab：支持 X1 系列及 P1P/P1S 型号。
- Prusa Connect：适用于 MK4、Mini 和 XL 等机型。
- Creality：涵盖 Ender 系列和 CR 系列等多种机型。

无论哪种 3D 打印机，都可以通过相同的自然语言界面与 Claude Desktop 互动。这就意味着，用户只需关注自己想要实现的目标，而无须担心如何适应不同的软件界面，学习曲线大大降低，从而可以专注于创造而非技术细节。

MCP 3D 打印服务器不仅简化了 3D 打印的工作流程，还极大地提升了灵活性和效率，使每个人都能更轻松地将自己的创意变为现实。无论是新手还是经验丰富的用户，都能从中受益，享受更加流畅的创作体验。

7.3.3　MCP 3D 打印服务器的环境配置

MCP 3D 打印服务器的设置非常简单，只需几个步骤即可完成。首先，在计算机上安装 MCP 3D 打印服务器。打开命令行工具并输入以下命令：

```
npm install -g mcp-3d-printer-server
```

以上命令将全局安装 MCP 3D 打印服务器，之后你能够在任何地方调用它。

接下来，需要添加一些配置到 Claude Desktop 中以便与 3D 打印机进行通信。编辑或创建一个配置文件，并加入如下内容：

```
{
    "mcpServers": {
        "3dprint": {
            "command": "mcp-3d-printer-server",
            "env": {
                "PRINTER_HOST": "192.168.1.100",
                "PRINTER_TYPE": "octoprint",
                "API_KEY": "your_API_key_here"
            }
        }
    }
}
```

根据实际情况修改以下几个关键点：

- PRINTER_HOST：这是 3D 打印机或打印管理系统的 IP 地址。这里假设打印机位于局域网内的 192.168.1.100。
- PRINTER_TYPE：指定打印机管理系统类型。在这个例子中使用的是 octoprint，但也可以指定其他支持的类型，如 klipper、duet 等。
- API_KEY：替换为实际的 API 密钥。这个密钥用于安全地连接到打印机管理系统。

由于服务器是通过环境变量来配置的，因此可以根据不同打印机的需求轻松调整设置。无论使用的是哪种类型的打印机或管理系统，只需更新相应的环境变量值即可快速适应新的配置。

这种方式不仅简化了初始设置过程，还使管理和切换打印机变得非常容易。无论是家庭用户还是专业工作室，都可以从中受益，享受更加高效和便捷的 3D 打印体验。

7.3.4 MCP 3D 打印服务器的使用示例：如何通过自然对话改进 3D 打印

下面通过一个具体的例子来看看这个过程是如何运作的。

用户："我有一个很酷的国际象棋棋子的 STL 文件，但在打印时它总是倒下。"
Claude Desktop："我可以帮您解决这个问题！首先，我们来分析一下模型，了解它的尺寸。"
[Claude Desktop 使用 get_stl_info 工具]
Claude Desktop："我发现问题了。底座只有 10 毫米宽，但整个棋子高度达到了 85 毫米。我们可以将底座扩展 5 毫米，并稍微缩小顶部以提高稳定性。"
[Claude Desktop 使用 extend_stl_base 和 modify_stl_section 工具]
Claude Desktop："我已经修改了模型。这是从多个角度展示更改后的可视化效果。"
[Claude Desktop 生成并显示 SVG 格式的可视化图像]
Claude Desktop："需要我为您的 Ender 3 打印机和标准 PLA 设置切片并开始打印吗？"

用户："是的，但请确保加热床温度达到 60℃。"

[Claude Desktop 使用 slice_stl、confirm_temperatures 和 process_and_print_stl 工具]

Claude Desktop："您的打印已经开始！模型已经按照 0.2 毫米层高、15% 填充率进行切片，加热床设定为 60℃，正如您所要求的那样。预计打印时间为 3 小时 27 分钟。"

在这次对话中，Claude Desktop 完成了多项任务，包括几何分析、模型修改、打印前的可视化、特定参数的切片、温度验证以及打印作业的提交——所有这些都通过自然语言交互完成。

过去，修改 3D 模型通常需要使用专业的 CAD 软件和具备一定的技术知识，现有有了 MCP 3D 打印服务器的帮助，这些障碍都不再存在了。

- 几何分析：轻松检查模型的尺寸和结构，找出潜在问题。
- 模型修改：根据需求调整模型，比如扩大底座或优化形状，以提高稳定性和美观性。
- 打印前可视化：在实际打印之前查看修改后的效果，确保一切符合预期。
- 切片与设置确认：自动为打印机选择合适的切片参数，并确认关键设置，如加热床温度等。
- 一键启动打印：无须手动操作，直接通过对话指令启动打印任务。

这种方式不仅简化了原本复杂的技术流程，还让任何人都能更方便地进行 3D 打印，无论他们是否具备专业的 CAD 技能。这让创意变得更加触手可及，也让 3D 打印技术更加普及和易于使用。

在 3D 打印中，一个常见的挑战是确保模型的第一层能够牢固地粘附在打印平台上。通常，增加设计的基础宽度可以显著提高打印的成功率。

用户："你能把这个棋子的 STL 底部加长 2 毫米以增加粘附力吗？"

当用户提出以上要求时，服务器会按照以下步骤操作：

1）加载 STL 几何图形：服务器会读取并加载 STL 文件。

2）计算最佳基扩展：服务器会分析模型，并确定如何最有效地扩展底座来增强粘附力。

3）创建新的合并几何图形：服务器会生成一个新的 STL 文件，其中含有扩展后的底座。

4）返回修改后的 STL：服务器将经过调整的 STL 文件返回，可直接用于打印。

这种方式不仅解决了粘附的问题，还让整个过程变得简单易行。有时候，可能只需要调整模型的一部分而不会影响其余部分。例如：

用户："在不影响底座的情况下，把花瓶顶部的尺寸增加 15%。"

对于这种需求，服务器能够识别出模型边界框的前三分之一区域，并对该区域内顶点应用缩放转换功能。这通常需要复杂的 CAD 技能，但现在只需简单的指令即可完成。如果模型的方向或位置不正确，也可以轻松调整：

用户:"将这个模型绕 Z 轴旋转 90 度,然后向上移动 2 毫米。"

服务器会应用精确的变换矩阵,确保模型处于最佳的打印位置。与传统的"黑盒"操作不同,MCP 3D 打印服务器提供了详细的反馈和透明的操作流程。

- 进度报告:执行每个操作时,服务器都会提供详细的进度更新,让用户知道当前的状态。
- 多视角 SVG 可视化:为了帮助用户更好地理解所做的更改,服务器会生成并展示从多个角度查看模型的 SVG 图像。
- 全面的模型分析:包括尺寸、顶点数量等在内的全面分析,帮助用户了解模型的所有细节。

这种透明度使得 3D 打印的操作不再神秘,在修改模型的过程中,用户可以掌握每一个步骤的变化,从而更加自信地进行下一步工作。无论是新手还是有经验的用户,都能从中受益,享受更加流畅和直观的设计体验。

7.3.5 MCP 3D 打印服务器的资源管理与限制

对于任何 MCP 服务器而言,如何有效地管理资源都是一个重要的考量点。特别是当处理 3D 模型时,由于这些模型可能非常大,并且对内存的需求较高,因此需要特别注意。

MCP 3D 打印服务器在设计时就充分考虑了效率问题,具体体现在以下几个方面:

- 逐步加载大型 STL 文件:不是一次性将整个文件加载到内存中,而是采用分段加载的方式,从而减轻了内存负担。
- 几何操作中的精细内存管理:在执行各种几何操作时,服务器会仔细监控和管理内存的使用情况,确保不会出现过载。
- 使用 SVG 进行可视化:相比于占用大量内存的三维渲染,服务器选择使用 SVG 格式来提供模型的多角度视图,既节省了资源又提供了足够的视觉信息。
- 基于事件的操作跟踪及取消功能:通过事件驱动的方式追踪每一步操作,并允许用户随时取消正在进行的任务,进一步增强了系统的灵活性和稳定性。

这样设计的优势是,即使面对复杂的操作,系统也能保持高效运行,同时不会超出 MCP 环境下的内存限制。

尽管该系统的功能强大,但它也存在以下限制:

- 处理超大 STL 文件的能力有限:如果 STL 文件超过 10MB,可能会遇到内存使用问题,影响性能。
- 剖面修改更适合简单几何体:对于结构复杂或细节丰富的模型,剖面修改的效果可能不如简单的几何形状理想。

- SVG 可视化提供的只是示意图：虽然 SVG 视图能帮助理解模型的基本结构，但它并不能替代真实的 3D 渲染效果。
- 分解操作依赖于安装的工具：某些特定的分解操作可能需要额外安装相应的插件或工具才能正常工作。

了解这些限制有助于更好地利用系统的优势，使其在能力范围内高效地完成工作。通过合理的规划和使用，即使面对上述限制，也可以实现高质量的 3D 打印任务。这种透明度让用户能够根据自身需求调整期望值，最大化利用现有资源。

7.3.6　MCP 3D 打印服务器：数字与实体世界的融合

MCP 3D 打印服务器不仅是一个工具，它还预示着一个新时代的到来——在这个时代里，AI 助手可以直接与制造设备互动，帮助人们将创意变为现实。这项技术的革命性特点在于其自然语言接口。用户不再需要掌握复杂的 CAD 软件、切片参数或打印机 API 知识，相反，他们只需用简单的语言表达自己的意图即可，剩下的技术细节交给 Claude Desktop 来处理。

通过使用日常语言，任何人都可以轻松地描述他们的设计想法或修改需求，比如"把这个模型的底座加宽一点"，或者"把顶部的高度增加 10%"。这样的指令让 Claude Desktop 能够理解用户的具体需求，并自动完成所有相关的技术操作。这大大降低了进入门槛，使更多人能够享受到先进的制造技术带来的便利。

随着 MCP 技术的不断进步，像这样的服务器将会变得越来越复杂和强大。可以预见，在不久的将来，AI 将在设计和制造过程中扮演更加重要的角色。无论是概念构思、成品制作还是优化生产流程，AI 都将提供前所未有的支持。

更重要的是，数字创造力与实体生产之间的界限将逐渐模糊。这意味着普通人也能更容易地获得并利用先进的制造能力，从而实现个人化定制产品和服务的梦想。这种转变不仅推动了制造业的创新和发展，也为广大用户提供了更多的可能性和更大的自由度。

总之，MCP 3D 打印服务器正在突破想象与现实的转化边界。它不仅简化了工作流程，更打破了传统制造模式的限制，开启了个性化制造的新纪元。无论是设计师、工程师还是普通爱好者，都能从中受益，享受创造的乐趣。

用 MCP 服务器智能处理数据

面对海量数据，现代人常陷入两难境地——像在暴雨中试图用咖啡杯接水，既接不住重要信息，又看不清数据背后的规律。MCP 的出现，犹如为数据世界安装了智能滤水系统，让信息处理从体力活升级为自动化流水线。

我们通过推理增强（Sequential Thinking MCP）服务器，提供了一个全新的解决方案。它不仅能够帮助我们快速筛选并分析复杂的数据集，还能通过其强大的推理能力，揭示隐藏在数据背后的规律和趋势。

为了获取更多有价值的外部信息，MCP 服务器集成了网络爬虫工具 Firecrawl。这个功能强大的组件可以自动化地从互联网上抓取所需的数据，无论是新闻资讯、市场动态还是学术研究资料，它都能轻松将其纳入你的数据仓库。这让数据分析不再局限于现有的内部数据，而是扩展到了整个网络的广度和深度。

当涉及企业级应用时，基于 Freshservice 平台的数据报表智能化展示了 MCP 的另一面实力。通过将服务管理数据转化为直观且具有洞察力的报告，管理层能够更准确地把握业务运行状况，从而做出更加明智的决策。这不仅能提高工作效率，还能增强企业的竞争力。

对于个人而言，基于 Obsidian 的个人知识管理系统则展现了基于 MCP 的系统在个性化领域的无限可能。借助 AI 助手的帮助，用户可以更好地组织自己的笔记和想法，构建个性化的知识图谱，实现知识的有效积累与利用。

基于 MCP 的系统不仅是一个工具，还是开启智能时代大门的钥匙，让我们一起探索它带来的无限可能吧。

8.1　引入智能分析：推理增强

随着人工智能助手越来越多地融入我们的工作流程中，我们经常会遇到阻碍生产力的限制。其中一个限制是人工智能助手内置的推理能力，这通常需要打开一个新的聊天会话，而不是在当前对话中继续。这扰乱了思维的流动，迫使用户在需要 Claude 进行更深层次的推理时切换上下文。

当需要使用推理模式时，我们需要选择推理模型选项，然后开始一个全新的聊天会话，这样很容易忘记当前谈话的内容，而且还需要在聊天会话之间手动传输相关信息。这造成了一种脱节的体验，在解决复杂问题，需要对话和深入的推理时，问题尤为明显。不断的上下文切换会打断思维过程，降低生产力。

Sequential Thinking MCP 服务器将推理能力直接集成到与 Claude 的持续对话中。它允许 Claude 使用结构化表达，在同一个对话中一步步地思考，保留上下文，并提供无缝的经验。

8.1.1　Sequential Thinking MCP 服务器的作用

Sequential Thinking MCP 服务器能够与 Claude Desktop 及其他 MCP 兼容的客户端集成。通过这个 MCP 服务器，Claude 可以使用一个先进的推理工具，在会话中调用这个工具：

- 把复杂的问题分解成离散的、连续的步骤。
- 记录推理过程中的每一个想法。
- 必要时修改以前的想法。
- 在适当的时候分支到替代路径中。
- 管理不确定性和知识差距。
- 通过多步骤问题跟踪进度。

所有这些都发生在当前的对话中，不需要为了推理任务而切换到新的对话。

8.1.2　Sequential Thinking MCP 服务器的构建

在安装 Sequential Thinking MCP 服务器之前，要确保安装了 Node.js 和 npm。全局安装 Sequential Thinking MCP 服务器的命令为 npm install -g @mcp/sequentialthinking。安装之后，更新 Claude 配置文件。找到 Claude Desktop 配置文件，将 Sequential Thinking MCP 服务器配置添加到 mcp_servers 序列中。

下面是与其他 MCP 服务器（如内存和文件系统）组合时的配置：

```
{
"mcp_servers": [{
        "name": "memory",
        "command": "npx"
```

```
        "args": [
            "@mcp-plugins/memory",
            "--memory-file",
            "/Users/abel_cao/claude-mcp-configs/memory.json"
        ]
    },
    {
        "name": "file_system",
        "command": "npx",
        "args": [
            "@mcp-plugins/file-system",
            "--allow-dirs",
            "/Users/abel_cao/claude-mcp-configs",
            "--allow-dirs",
            "/Users/abel_cao/Documents"
        ]
    },
    {
        "name": "sequentialthinking",
        "command": "npx",
        "args": [
            "@mcp/sequentialthinking"
        ]
    }
    ]
}
```

重新启动 Claude，在正确配置后，可以看到 sequentialthinking 与其他 MCP 服务器一起被列出。

8.1.3 Sequential Thinking MCP 服务器的工作方式

当与 Claude 集成时，Sequential Thinking MCP 服务器提供了一个结构化的推理工具，Claude 可以在对话中调用它，具体的工作方式大致如下：

- Claude 识别出一个问题或任务需要顺序推理。
- Claude 使用顺序思考工具来分解这个问题。
- 每一步的推理都有明确的文档记录。
- 在完成推理步骤之后，Claude 提供一个解决方案。

与标准的 Claude 推理（需要新的聊天会话）不同，所有这些都发生在当前对话中，保留了上下文和流程。

8.1.4 Sequential Thinking MCP 服务器的核心价值

Sequential Thinking MCP 服务器对于以下几种任务尤其有价值：

1. 解决复杂问题

当面对需要仔细推理的多步骤问题时，顺序思维通过将问题分解成可管理的步骤并保持对解决路径的清晰跟踪而大放异彩。

示例提示："我如何为电子商务平台设计一个可伸缩的微服务架构，该平台需要处理具有季节性峰值的可变流量？"

当调试复杂的代码问题时，Sequential Thinking MCP 服务器帮助 Claude 有条不紊地处理潜在的原因和提供解决方案。

示例提示："这个递归函数偶尔会在某些输入上产生堆栈溢出错误，我如何识别并解决这个问题？"

2. 循序渐进的计划

对于需要详细计划的项目，Sequential Thinking MCP 服务器有助于将复杂的计划分解为清晰的步骤。

示例提示："我需要将应用程序从整体架构迁移到微服务。有什么逐步减少干扰的计划？"

3. 学习与解释

在解释复杂的主题时，顺序方法有助于 Claude 以易于理解的、渐进的方式呈现信息。

示例提示："解释量子计算与经典计算的区别，一步步地介绍基本概念。"

与标准 Claude 相比，集成了 Sequential Thinking MCP 服务器的 Claude 具有以下几个关键优势：

- 会话连续性：不需要开始新的会话——推理发生在当前的会话中。
- 上下文保存：在推理过程中维护所有以前的会话上下文。
- 可视化推理步骤：你可以看到 Claude 的推理过程的每一步。
- 动态修改：Claude 可以根据需要更新或修改先前的推理步骤。
- 与其他 MCP 服务器的集成：与记忆型 MCP 服务器和文件系统 MCP 服务器无缝集成。
- 无费用要求：工程不需要一个专业账户。

虽然 Claude 的天生推理能力很强，但使用 Sequential Thinking MCP 服务器提供了更好的体验，很多情况下顺序思维优于原生推理，并且支持高级配置和定制。对于那些想要定制 Sequential Thinking 体验的人来说，MCP 服务器提供了定制思维模式的配置选项。我们可以通过配置 Sequential Thinking MCP 服务器来指定思维模式和方法，从而优先考虑推理的不同方面。配置示例如下：

```
{
    "name": "sequentialthinking",
    "command": "npx"," command": " npx"
    "args": [
```

```
        "@mcp/sequentialthinking",
        "--thought-pattern=analytical",
        "--max-steps=10"
    ]
}
```

Sequential Thinking MCP 服务器最强大的功能之一是与内存 MCP 服务器的集成。在两个 MCP 服务器都配置好后，Claude 可以参考过去存储在内存中的推理会话，建立在以前解决问题的尝试之上，并跟踪多次会话中解决问题的进度。这形成了一个超越单个聊天会话的持续推理能力。

8.1.5　Sequential Thinking MCP 服务器的常见问题

如果顺序思考工具没有作用在 Claude 之上，我们首先要验证配置文件语法，确保正确地指定了命令和参数，然后检查 MCP 服务器是否在 Settings → Developer 中运行。

如果 Claude 使用了 Sequential Thinking MCP 服务器，但没有展示推理步骤，尝试明确要求逐步推理，在提示词中使用关键字"sequentialthinking"来触发明确的步骤可见性。

如果系统反应很慢，我们要考虑在配置中设置较低的 max-steps 值，把非常复杂的问题分解成多个推理过程。

Sequential Thinking MCP 服务器将 Claude 从一个具有独立推理能力的会话型人工智能转变为一个能够在会话流程中进行系统思考的综合助手。通过消除为推理任务而开始新聊天的需要，它保留了上下文，提高了生产力，并创建了更自然的交互模式。

通过集成 Sequential Thinking MCP 服务器和 Filesystem MCP 服务器，可以创建一个强大的系统，Claude 可以在其中推理问题，记住推理过程，并访问文件——所有这些都在一个连续的会话流中。

8.2　外部数据获取：网络爬虫的 MCP 服务器

Firecrawl（https://github.com/mendableai/firecrawl）是一个流行的开源网络爬虫工具。它的主要功能是将网站内容转换为对大模型友好的数据格式，通常是 Markdown 或 JSON。这些格式对于大模型来说非常容易理解和处理，并且在当前的人工智能应用中被广泛使用。

作为一个开源项目，Firecrawl 支持本地部署。当然，如果你不具备本地部署的条件，也可以使用它的云 API。

让我们通过一个简单的示例来了解 Firecrawl 是如何工作的。在 Firecrawl 官方网站上，可以在输入框中输入一个网页链接，然后单击 Start for free（免费开始）按钮，Firecrawl 将帮助你解析这个网页，并将其内容转换成 Markdown 格式。

在大模型应用程序中，我们通常使用 Markdown 格式的文本与大模型进行通信，因为这是一种大模型可以很好地理解的数据格式，目前在大模型应用程序中非常流行。

随着 MCP 的发展，Firecrawl 官方代码库提供了 Firecrawl MCP 服务器，访问链接为 https://github.com/mendableai/Firecrawl-MCP-server。这意味着我们可以将 Firecrawl 集成到任何支持 MCP 的客户端，比如 Claude Desktop 应用程序、Cursor、Windsurf，甚至 VS Code 的 Cline 插件。

8.2.1　Firecrawl MCP 服务器的一个简捷实现

你是否曾经希望自己的 AI 可以从网络上抓取数据？现在，你可以使用 Firecrawl MCP 服务器来实现。把它连接到 Claude 或 Cursor，使用你的智能体访问网页，即可在网站上爬取或像专业人士那样挖掘信息。

比如想让你的智能体去研究一些外部数据，而不希望编写爬虫代码，使用 Firecrawl 就可以了。这里有一个简捷的实现，看起来是这样的：

```
const firecrawl = require('firecrawl-mcp');
const DEFAULT_CONFIG = {
    TIMEOUT: 30000,
    MAX_RETRIES: 2,
    RETRY_DELAY: 1000,
    USER_AGENT: 'WebScraper/1.0'
};
/**
 * Scrapes a website and returns structured data
 * @param {string} url - The URL to scrape
 * @param {Object} [options] - Configuration options
 * @returns {Promise<Object>} Scraped data
 */
async function scrapeWebsite(url, options = {}) {
    const config = {
        timeout: options.timeout || DEFAULT_CONFIG.TIMEOUT,
        maxRetries: options.maxRetries || DEFAULT_CONFIG.MAX_RETRIES,
        retryDelay: options.retryDelay || DEFAULT_CONFIG.RETRY_DELAY,
        headers: {
            'User-Agent': options.userAgent || DEFAULT_CONFIG.USER_AGENT,
            ...options.headers
        },
        format: options.format || 'json'
    };
    if (!url || typeof url !== 'string' || !isValidUrl(url)) {
        throw new Error('Invalid URL provided');
    }
    let attempts = 0;
    let lastError;
```

```
        while (attempts <= config.maxRetries) {
            try {
                const scrapeOptions = {
                    url: url,
                    format: config.format,
                    timeout: config.timeout,
                    headers: config.headers
                };
                const result = await firecrawl.scrape(scrapeOptions);
                if (!result || !result.data) {
                    throw new Error('No data returned from scrAPIng operation');
                }
                console.log(`Successfully scraped ${url} on attempt ${attempts + 1}`);
                return processScrapedData(result.data);
            } catch (error) {
                attempts++;
                lastError = error;
                if (error.code === 'ECONNREFUSED' || error.code === 'ETIMEDOUT') {
                    console.warn(`Network error on attempt ${attempts}: ${error.
                        message}`);
                } else if (error.status === 429) {
                    console.warn('Rate limit exceeded, retrying...');
                }
                if (attempts <= config.maxRetries) {
                    await new Promise(resolve => setTimeout(resolve, config.
                        retryDelay));
                    console.log(`Retrying (${attempts}/${config.maxRetries})...`);
                    continue;
                }
            }
        }
        throw new Error(`Failed to scrape ${url} after ${config.maxRetries + 1}
            attempts: ${lastError.message}`);
}
/**
* Validates URL format
* @param {string} url - URL to validate
* @returns {boolean}
*/
function isValidUrl(url) {
    try {
        new URL(url);
        return true;
    } catch {
        return false;
    }
}
/**
```

```
 * Processes and normalizes scraped data
 * @param {Object} data - Raw scraped data
 * @returns {Object} Processed data
 */
function processScrapedData(data) {
    return {
        ...data,
        timestamp: new Date().toISOString(),
        sourceUrl: data.url || 'unknown'
    };
}
/**
 * Main execution function with example usage
 */
async function main() {
    const targetUrl = 'https://example.com';
    const scrapeOptions = {
        timeout: 60000,          // 60 seconds timeout
        maxRetries: 3,           // 3 retry attempts
        retryDelay: 2000,        // 2 seconds between retries
        userAgent: 'CustomScraper/1.0',
        headers: {
            'Accept': 'application/json'
        }
    };
    try {
        console.log(`Starting scrape of ${targetUrl}`);
        const scrapedData = await scrapeWebsite(targetUrl, scrapeOptions);
        console.log('Scraped Content:', JSON.stringify(scrapedData, null, 2));
        if (scrapedData.title) {
            console.log('Page Title:', scrapedData.title);
        }
    } catch (error) {
        console.error('ScrAPIng failed:', {
            message: error.message,
            stack: error.stack,
            url: targetUrl
        });
    process.exit(1); // Exit with error code
    }
}
if (require.main === module) {
    main().then(() => {
        console.log('ScrAPIng completed successfully');
        process.exit(0);
    });
}
module.exports = {
```

```
    scrapeWebsite,
    isValidUrl,
    DEFAULT_CONFIG
};
```

接下来，我们将尝试实现 Firecrawl 的本地部署，并将其集成到 VS Code 的 Cline 插件中，使 VS Code 不仅仅是一个代码编辑器，还是一个强大的本地化网络爬虫工具。

8.2.2 本地部署 Firecrawl

首先，确保安装了 Docker 和 Docker Compose 工具。然后，克隆 Firecrawl 代码库并进入 firecrawl 目录：

```
$ git clone https://github.com/mendableai/firecrawl.git
$ cd firecrawl
```

接下来，编辑 .env 文件。进入 apps/api 目录并将 .env.example 文件复制为 .env：

```
$ cd apps/api
$ cp .env.example .env
```

 注意 我们需要修改的 .env 文件位于 **apps/api** 目录中。

修改 .env 文件中的 USE_DB_AUTHENTICATION 字段，将其值从 true 更改为 false，这样就可以跳过本地部署中的身份验证，不需要 API 密钥就可以访问它。

现在，我们可以通过 Docker Compose 启动容器：

```
$ docker-compose up
```

初始启动可能会比较慢，因为它需要下载 Docker 映像。现在，我们可以通过 curl 命令来验证 Firecrawl 是否正常工作：

```
$ curl -X POST http://localhost:3002/v1/scrape \
-H 'Content-Type: application/json' \
-d '{
    "url": "https://mendable.ai"
}'
```

8.2.3 在 VS Code 的 Cline 插件中配置 MCP 服务器

在 VS Code 中打开 Cline 插件，然后进入 MCP 服务器市场。在搜索框中输入 "Firecrawl"，找到它并点击安装。安装过程中，系统会提示输入 API 密钥。由于我们已经禁用了身份验证功能，这里可以随便输入一个随机值，比如 "12345"。

安装完成后，需要对 MCP 服务器的配置文件进行调整，主要是设置环境变量。

1. 删除 API 密钥

因为我们已经禁用了身份验证，所以不需要使用 API 密钥。找到配置文件中的 FIRECRAWL_API_KEY，将其删除或留空即可。

2. 设置 API 地址

接下来，设置 FIRECRAWL_API_URL，让它指向本地运行的 Firecrawl 服务器。例如，如果 Firecrawl 服务器运行在本地的 3002 端口，你可以将地址设置为 http://localhost:3002。

通过以上步骤，Firecrawl 的安装和配置就完成了。这些操作确保了 Firecrawl 能够正常运行并与本地服务器通信，同时避免了不必要的身份验证流程，让整个过程更加简单高效。

8.2.4　在 VS Code 的 Cline 插件中测试 Firecrawl

现在，你可以利用 Cline 插件轻松地抓取网页，并将它们保存到本地计算机上。

在 VS Code 中，打开 Cline 的聊天界面。这里你可以直接与 Cline 进行对话，告诉它你的需求。你可以这样告诉 Cline："我想使用 Firecrawl 抓取某个网页，并将其保存到特定目录。"请确保将"某个网页"和"特定目录"分别替换为实际的网页链接和你希望保存文件的路径。网页被抓取后，通常会被转换成 Markdown 格式并保存在指定的目录中。你可以在 VS Code 中预览这些 Markdown 文件，检查抓取的内容是否符合预期。

在与大模型通信，尤其是在处理一些最新的技术信息时，Firecrawl 的这一功能特别有用。由于大模型的知识有截止日期，对于非常新的技术或信息，它们可能无法提供准确的理解或答案。但是，通过使用 Firecrawl 抓取相关的最新文档，我们可以将这些文档作为额外的语料库提供给大模型，帮助其更好地理解和回答关于这些新技术的问题。

例如，你正在研究一种全新的编程框架，而这个框架的信息尚未被收录进大模型的知识库，那么你可以使用 Firecrawl 抓取该框架的官方文档。将这些文档提供给大模型后，大模型就能根据这些最新的资料来生成更准确的回答，帮助你解决具体问题或学习新知识。

这种方式不仅弥补了大模型在时效性上的不足，还极大地扩展了它的能力范围，使你能够获取最前沿的技术资讯，并将其应用到实际工作中。无论是学习新技能还是解决特定问题，这种方法都能为你提供极大的便利和支持。

8.3　数据报表智能化

我们将通过一个具体的例子来说明如何从 Freshservice Analytics 报告中提取数据，以及如何利用带有大模型的 MCP 服务器与这些数据进行互动。尽管 Freshservice 本身提供了内置解决方案 Freddy AI，用于分析数据，但我们的目标是从平台直接提取原始数据（如工单、用户交互记录和服务级别协议指标），而不是仅仅依赖这些内置工具。这种方法的重点在于对通过网络分析获得的数据进行深入挖掘，从而获取更有价值的见解。

为了更好地理解这一过程，我们可以将从 Freshservice Analytics 报告中提取数据的过程分解开来，重点关注以下几个方面。

1. 提取原始数据

我们需要确定要从 Freshservice 中提取哪些具体的数据类型，这可能包括工单详情、客户支持请求、用户反馈以及各种服务级别协议（SLA）指标等。这些数据构成了我们后续分析的基础。

2. 处理和准备数据

一旦数据被提取出来，下一步就是对其进行处理和准备。这通常涉及清理数据、格式化以及将其转换成适合进一步分析的形式。例如，你可能需要确保所有日期格式一致，或者对缺失值进行填充或删除。

3. 使用 MCP 服务器进行分析

利用 MCP 服务器的强大功能，结合大模型，我们可以对准备好的数据执行复杂的分析任务。比如，可以询问大模型关于特定时间段内工单的趋势，或者让其分析用户满意度评分的变化情况。大模型能够理解和处理查询，并基于提供的数据给出详细的回答。

4. 深入分析所需的数据步骤

在这个阶段，我们会特别关注那些对于深入分析至关重要的步骤。例如，要想评估某个特定服务的性能，可能需要收集相关的 SLA 指标，然后计算出平均响应时间和解决时间。接着，可以将这些结果与设定的服务标准进行比较，以确定是否存在改进的空间。

通过这种方式，不仅能够充分利用从 Freshservice Analytics 报告中提取的原始数据，还能借助 MCP 服务器和大模型的能力，实现更深层次的数据洞察。这种方法打破了仅依赖内置工具的局限性，使你能够根据实际业务需求定制分析方案，从而做出更加明智的决策。无论是对于优化客户服务流程，还是对于提升整体运营效率，这种方法都提供了强有力的支持。

8.3.1 数据摄取的准备：访问凭证的获取

在进行操作时，我们需要确保 Cookie 包含有效的用户凭证（user_credentials）。如果没有正确设置这个凭证，操作将无法按预期正常运行。

以下是一个简单的 HTTP 请求示例，用于从 Freshservice Analytics 获取报告数据：

```
GET /analytics/reports/<report_ID>/page/1 HTTP/2
Host: <company_domain>.freshservice.com
Cookie:
user_credentials
```

在这个请求中，user_credentials 是关键部分。如果一切设置正确，服务器会返回一个令牌作为响应，如图 8-1 所示。

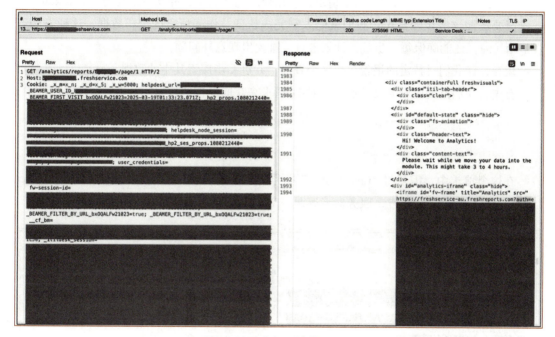

图 8-1　用户凭证的获取示例

一旦我们成功获取了令牌，就可以将其用于嵌入分析报告。例如，下面的 HTML 代码展示了如何通过 iframe 加载报告页面：

```
<div id="analytics-iframe" class="hide">
<iframe id='fv-frame' title="Analytics"
    src="https://freshservice-au.freshreports.com?auth=<token>"
    height="100%" width="100%" allowfullscreen="true">
</iframe></div>
```

在这段代码中，<token> 是我们之前从服务器响应中获得的令牌。它用于验证身份并加载报告内容。

接下来，我们需要使用前面得到的令牌完成登录操作。以下是登录请求的示例：

```
POST /login HTTP/2
Host: freshservice-au.freshreports.com
```

如果一切顺利，服务器会在响应中返回一个 authToken，这是后续操作的关键凭证。

整个过程可以分为以下几个步骤：

1）设置用户凭证：确保 Cookie 包含有效的 user_credentials。

2）获取初始令牌：通过发送 GET 请求，从服务器获取用于访问报告的令牌。

3）嵌入报告：使用获取的令牌，通过 iframe 加载分析报告页面。

4）完成登录认证：通过 POST 请求，使用令牌完成登录，并获取最终的 authToken。

只要按照这些步骤操作，我们就能顺利完成认证并访问所需的分析数据。这种方法不仅清晰易懂，还能确保每一步都按计划进行，避免出现意外问题。

现在，让我们对特定的报告执行一个查询，并进一步探索其中的数据。

首先，我们需要向服务器发送一个 GET 请求来获取报告的数据。这里是这样操作的：

```
GET /API/v1/reportgroups/<report_id>?recentlyviewed=true&include_soft_delete=true
Host: freshservice-au.freshreports.com
X-Auth-Token: <authToken>
```

在这个请求中，需要将 <report_id> 替换为实际的报告 ID，并提供正确的 <authToken> 以验证身份。如果一切正常，服务器将返回一个 JSON 格式的成功响应，如图 8-2 所示。

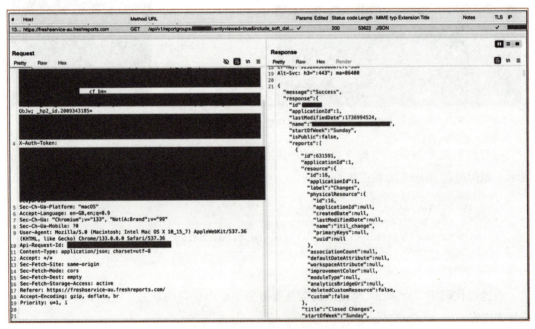

图 8-2 成功获取数据报告的示例

这意味着我们已经成功获取报告的数据，接下来可以对其进行分析和处理。

为了更高效地直接查询这些数据，我们可以使用 LangChain MCP 适配器来配置 MCP

服务器和客户端。这就像在人工智能与我们需要的原始信息之间架起一座桥梁，使数据访问变得更加简单和直观。

8.3.2　构建用于数据分析的 MCP 服务器

为了开始使用 MCP 服务器，我们需要先设置一个 Python 虚拟环境，并安装所需的库。接下来，我们会创建一个 Python 脚本来处理 Freshservice 仪表板数据的自动化下载和身份验证。

1. 创建 Python 虚拟环境并安装依赖库

打开终端，运行以下命令来创建一个名为 MCP_Demo 的 Python 虚拟环境：

python3 -m venv MCP_Demo

根据你的操作系统，运行以下命令激活虚拟环境：

- 在 macOS 或 Linux 上：bash source MCP_Demo/bin/activate
- 在 Windows 上：bash MCP_Demo\Scripts\activate

在激活的虚拟环境中，运行以下命令安装必要的库：

```
pip install langchain_openai
pip install langgraph
pip install langchain-mcp-adapters
```

2. 创建 MCP 服务器脚本

接下来，编写一个 Python 脚本（server.py），用于自动获取 Freshservice 仪表板数据。以下是脚本的主要功能：

- 身份验证：脚本会通过发送 HTTP 请求获取身份验证令牌，并使用该令牌访问报表数据。
- 获取报表数据：使用身份验证令牌从 Freshservice API 中提取所需的报告数据。

以下是完整的脚本代码及说明：

```
# server.py
from mcp.server.fastmcp import FastMCP
import requests
import re
import json
#替换为你自己的用户凭证
user_credentials = ""
# 初始化 MCP 服务器
mcp = FastMCP("FreshService")
def get_report_data(authToken):
    """
从 Freshservice 获取报表数据。
```

```
    """
        url = "https://freshservice-au.freshreports.com/API/v1/reportgroups/
            <reportID>/reports/<reportSubID>?limit=100&offset=0"
        headers = {
            "User-Agent": "Mozilla/5.0 (Macintosh; Intel Mac OS X 10_15_7) AppleWebKit/
                537.36 (KHTML, like Gecko) Chrome/133.0.0.0 Safari/537.36",
            "Accept": "text/html,application/xhtml+xml,application/
                xml;q=0.9,image/avif,image/webp,image/apng,*/*;q=0.8,application/
                signed-exchange;v=b3;q=0.7",
            "X-Auth-Token": authToken
        }
        try:
            response = requests.get(url, headers=headers, allow_redirects=False)
            response.raise_for_status()
            return response.text
        except requests.exceptions.RequestException as e:
            print(f"发生错误：{e}")
            return None
def send_ulogin_identifier_post_request(auth):
    """
发送 POST 请求以获取身份验证令牌。
    """
        url = "https://freshservice-au.freshreports.com/login"
        data = f'{{"auth":"{auth}","appName": "freshservice"}}'
        headers = {
            "Content-Type": "application/json;charset=UTF-8",
            "User-Agent": "Mozilla/5.0 (Macintosh; Intel Mac OS X 10_15_7) AppleWebKit/
                537.36 (KHTML, like Gecko) Chrome/133.0.0.0 Safari/537.36",
        }
        try:
            response = requests.post(url, headers=headers, data=data, allow_
                redirects=False)
            response.raise_for_status()
            return response.text
        except requests.exceptions.RequestException as e:
            print(f"发生错误：{e}")
            return None
def extract_auth_value(http_response):
    """
从 HTTP 响应中提取身份验证值。
    """
        match = re.search(r"https://freshservice-au\.freshreports\.com\?auth=([a-
            zA-Z0-9\._-]+)", http_response)
        if match:
            return match.group(1)
        else:
            return None
def get_auth_data():
```

```
"""
获取初始身份验证数据。
"""
    url = "https://<domain>.freshservice.com/analytics/reports/<reportID>=/page/1"
    headers = {
        "Cookie": f"user_credentials={user_credentials}"
    }
    try:
        response = requests.get(url, headers=headers, allow_redirects=False)
        response.raise_for_status()
        return response
    except requests.exceptions.RequestException as e:
        print(f"发生错误：{e}")
        return None
@mcp.tool()
def get_dashboard_data():
"""
获取仪表板数据。
"""
    response = get_auth_data()
    if response is None:
        print("无法获取初始身份验证数据。")
        return None
    auth = extract_auth_value(response.text)
    if auth is None:
        print("无法提取 'auth' 值。")
        return None
    data = send_ulogin_identifier_post_request(auth)
    if data is None:
        print("无法获取身份验证令牌。")
        return None
    try:
        dataval = json.loads(data)
        authToken = dataval["response"]["authToken"]
    except (json.JSONDecodeError, KeyError) as e:
        print(f"解析 JSON 或访问键时出错：{e}")
        return None
    response = get_report_data(authToken)
    return response
if __name__ == "__main__":
# 启动 MCP 服务器
    mcp.run(transport="stdio")
```

3. 运行 MCP 服务器

完成脚本编写后，可以通过以下命令运行 MCP 服务器：

```
python3 server.py
```

这个 MCP 服务器的工作流程如下：

1）获取初始身份验证数据：通过将 GET 请求发送到 Freshservice，获取包含身份验证信息的响应。

2）提取身份验证值：从响应中提取 auth 值，这是后续登录的关键。

3）获取身份验证令牌：使用 auth 值向 Freshservice 发送 POST 请求，获取最终的身份验证令牌。

4）下载报表数据：使用身份验证令牌访问 API，下载所需的报表数据。

通过以上步骤，你可以轻松地设置一个 Python 虚拟环境，并运行一个 MCP 服务器来自动化 Freshservice 仪表板数据的获取过程。这种方法不仅简化了复杂的 API 交互，还让你能够更高效地分析和利用数据。无论是日常运营还是战略规划，这个工具都能为你提供强有力的支持。

8.3.3　构建用于数据分析的 MCP 客户端

接下来，我们需要编写一个 Python 客户端脚本（client.py），用于连接到之前创建的 MCP 服务器。这个客户端会加载服务器上的工具，并结合 OpenAI 模型创建一个 LangGraph ReAct 智能体。然后，我们可以向智能体提问，例如关于事件 SLA 的问题，并打印出智能体的回答。

以下是 client.py 脚本的主要功能：

- 设置 OpenAI API：定义 OpenAI API 的基础 URL 和密钥，以便与 OpenAI 模型进行交互。
- 连接到 MCP 服务器：使用 stdio_client 模块与运行 server.py 的 MCP 服务器建立连接。
- 加载工具：从 MCP 服务器加载可用的工具，这些工具将帮助我们处理数据。
- 创建 ReAct 智能体：使用 OpenAI 模型和加载的工具创建一个 ReAct 智能体。ReAct 智能体能够理解问题、调用适当的工具并生成回答。
- 提问并获取回答：向智能体提出一个具体的问题，例如"仪表板报告中 3 月份有多少事件符合 SLA 和违反 SLA？"，并打印智能体的回答。

client.py 脚本的完整代码如下：

```python
# client.py
from mcp import ClientSession, StdioServerParameters
from mcp.client.stdio import stdio_client
from langchain_mcp_adapters.tools import load_mcp_tools
from langgraph.prebuilt import create_react_agent
from langchain_openai import ChatOpenAI
import asyncio
import os
```

```python
# 设置 OpenAI API 的基础 URL 和密钥
baseurl = ""   # 替换为你的 OpenAI API 基础 URL
APIkey = ""    # 替换为你的 OpenAI API 密钥
os.environ["OPENAI_API_BASE"] = baseurl
os.environ["OPENAI_API_KEY"] = APIkey
# 初始化 OpenAI 模型
model = ChatOpenAI(model="gpt-4o")
# 定义 MCP 服务器参数
server_params = StdioServerParameters(
command="python",
# 确保替换为 server.py 文件的完整绝对路径
args=["server.py"],
)
async def run_agent():
"""
异步运行 ReAct 智能体，与 MCP 服务器通信以加载工具并回答问题。
"""
# 连接到 MCP 服务器
    async with stdio_client(server_params) as (read, write):
        async with ClientSession(read, write) as session:
            # 初始化会话
            await session.initialize()
            # 加载 MCP 工具
            tools = await load_mcp_tools(session)
            # 创建 ReAct 智能体
            agent = create_react_agent(model, tools)
            # 提问并获取智能体的回答
            agent_response = await agent.ainvoke({
            "messages": "仪表板报告中 3 月份有多少事件符合 SLA 和违反 SLA？"
            })
            return agent_response
# 运行异步函数
if __name__ == "__main__":
    result = asyncio.run(run_agent())
    print(result)
```

在运行客户端脚本之前，请确保 server.py 已经在另一个终端窗口中启动并运行。然后，在 client.py 中，分别将 baseurl 和 APIkey 替换为你自己的 OpenAI API 基础 URL 和密钥。

这个 MCP 客户端的工作流程如下：

1）连接到 MCP 服务器：客户端通过 stdio_client 与 MCP 服务器建立通信，加载服务器上提供的工具。

2）创建智能体：使用 OpenAI 的 ChatOpenAI 模型和加载的工具，创建一个 ReAct 智能体。这个智能体能够根据问题选择合适的工具并生成答案。

3）提问并获取结果：向智能体提出一个问题，例如"仪表板报告中 3 月份有多少事件符合 SLA 和违反 SLA？"，智能体会分析问题、调用相关工具并返回结果。

4）打印结果：客户端会打印出智能体的回答，供你查看。

通过这个客户端脚本，可以轻松地与 MCP 服务器交互，并利用 OpenAI 模型的强大功能来分析和回答复杂的问题。这种方法不仅简化了操作流程，还让数据分析变得更加智能和高效。无论是监控服务级别协议还是提取关键业务指标，这个工具都能为你提供快速且准确的支持。

8.3.4 使用 MCP 服务器进行数据分析

运行客户端脚本时，只需在终端中输入以下命令：

```
python3 client.py
```

运行后，会看到类似如下的输出结果：

```
{
"messages": [
{
    "type": "HumanMessage",
    "content": "仪表板报告中 3 月份有多少事件符合 SLA 和违反 SLA？",
    "id": "aaa95c64-9d37-4d72-857d-26917e554d27"
},
{
"type": "AIMessage (Tool Call)",
"content": "正在请求仪表板数据……",
"tool_calls": [
    {
    "name": "get_dashboard_data",
    "args": {},
    "id": "call_dgLCAPoTCDkaWHqNSVZSwu4H",
    "type": "function"
    }
],
"metadata": {
"model_name": "gpt-4o-2024-08-06",
    "token_usage": {
    "prompt_tokens": 99,
    "completion_tokens": 12,
    "total_tokens": 111
}
},
"id": "run-84a0c5e1-bf94-4eaf-9ad0-4563833ebee0-0"
},
{
"type": "ToolMessage",
"content": "仪表板数据已成功获取。",
"details": {
```

```
"message": " 成功 ",
"data": {
    "INC Resolution SLA Met Status": {
        "March": {
            "Within SLA": 307,
            "SLA Violated": 19
        }
    }
},
"metadata": {
"xLabel": " 创建日期 - 年份中的月份 ",
"yLabel": " 记录数量 ",
"groupBy": [
" 创建日期（月份）",
" 解决状态 "
],
"filters": {
" 日期范围 ": " 过去 90 天 ",
" 智能体组名称 ": "GBL-SUPPORT",
" 类型 ": " 事件 ",
" 解决状态 ": [" 违反 SLA", " 符合 SLA"],
" 工作区 ": " 技术解决方案 "
}
}
}
},
"name": "get_dashboard_data",
"tool_call_id": "call_dgLCAPoTCDkaWHqNSVZSwu4H",
"id": "4c7945c4-a925-4f68-ac46-9b43f01e0992"
},
{
"type": "AIMessage",
"content": " 根据仪表板报告，3 月份的事件统计如下：\n\n*    ** 符合 SLA：** 307\n*    **
    违反 SLA：** 19",
"metadata": {
"model_name": "gpt-4o-2024-08-06",
"token_usage": {
"prompt_tokens": 6730,
"completion_tokens": 32,
"total_tokens": 6762
}
},
"id": "run-2e17f771-3f4a-462c-bc47-74694300fa3f-0"
}
]
}
```

从上述输出中可以看到，整个流程分为以下几个步骤：

1）提问：用户提出了一个问题，即 "仪表板报告中 3 月份有多少事件符合 SLA 和违反

SLA？"。

2）工具调用：AI 智能体识别问题后，调用了名为 get_dashboard_data 的工具来获取相关数据。

3）数据获取：工具成功从仪表板中提取了数据，并返回了详细信息。例如：

- 符合 SLA 的事件数量为 307。
- 违反 SLA 的事件数量为 19。

4）回答生成：AI 智能体根据获取的数据生成了一个清晰易懂的回答，并将其呈现给用户。

MCP 在这个过程中起到了关键作用。它通过标准化的方式简化了 AI 工具与平台（如 Freshservice）之间的集成。MCP 为不同的工具和平台提供了一个通用的接口，避免了复杂的直接对接。无论是获取仪表板数据还是处理其他任务，MCP 都以一致的方式提供支持。开发者无须深入了解每个平台的具体 API 细节，通过 MCP 即可快速实现功能。

通过这种方式，MCP 不仅降低了开发难度，还让 AI 工具能够更高效地与各类平台协作，为用户提供更好的服务体验。

8.4 知识管理

如今，有效地管理和组织 Obsidian 中的信息能够显著提升工作效率。通过将 MCP 服务器与 Claude 和 Obsidian 集成，可以创建一个强大的系统，使 AI 助手可以直接与 Obsidian vault 进行互动。

在开始之前，请确保已经完成了以下准备工作：

1. 安装 Claude Desktop 应用程序

需要安装的是 Claude 的桌面应用程序版本，而不是网页版。这是因为 MCP 服务器需要使用桌面应用程序来实现特定功能。

2. 设置 Obsidian 并准备 vault

安装 Obsidian 应用，并创建一个新的 vault 或选择一个已有的 vault 用于集成。同时，还需要确保已经安装了 uv 软件包管理器，这对于后续步骤是必要的。

这种集成主要依赖于客户端 / 服务器架构：

- Claude Desktop 应用程序作为 MCP 客户端：在这个架构中，Claude Desktop 应用程序扮演着 MCP 客户端的角色。它负责发送请求，以便访问我们的笔记内容。
- MCP-Obsidian 作为 MCP 服务器：MCP-Obsidian 充当 MCP 服务器的角色，负责处理来自 Claude 的请求。本地 REST API 提供了到 Obsidian vault 的后端连接，使得数据交互成为可能。

当 Claude 需要读取或写入 Obsidian vault 时，它会通过 MCP 向 Obsidian 的 MCP 服务器发送一个结构化的请求。这个请求包含 Claude 想要执行的操作详情，例如创建新注释、建立连接或者整理知识库等。接收到请求后，MCP 服务器会通过其 REST API 与 Obsidian 进行通信。这样，就可以执行具体的指令，如更新笔记、添加标签或者创建连接等操作。

这种体系结构使 Claude 可以高效地执行多种操作，包括但不限于创建注释、建立笔记间的联系以及组织个人知识库等，从而极大增强 Obsidian 的功能性和灵活性。

这种方式不仅能够提高我们管理和查找信息的效率，还让我们能够更智能地利用 AI 助手来优化日常的工作流程。无论是记录灵感、整理资料还是构建个人知识管理系统，这种集成方案都为我们提供了强有力的支持。

8.4.1　安装 REST API 插件以增强 Obsidian 功能

由于 Obsidian 并不自带 REST API 功能，我们需要安装一个由社区开发的插件来添加这项能力。下面是详细的安装步骤。

1）打开 Obsidian 并选择 vault：请确保已经打开了 Obsidian 应用，并选择了想要添加 REST API 功能的 vault。

2）进入设置中的社区插件部分：在 Obsidian 中，单击左下角的"设置"图标，然后找到并单击"社区插件"选项。

3）启用社区插件（如果尚未开启）：如果这是第一次安装社区插件，你需要先开启这个功能。在"社区插件"页面，你会看到一个切换开关，请将其打开。

4）搜索并安装 Local REST API 插件：单击"浏览"按钮，在搜索栏中输入"REST API"。从搜索结果中找到名为 Local REST API 的插件，然后单击"安装"按钮进行安装。安装完成后，启用它。

完成插件的安装和启用后，接下来要做的是获取 API 密钥。进入"设置"→"REST API"，在这里你将看到显示了一个 API 密钥（这是一个长字符串）。复制这个密钥，因为我们需要用它来配置 MCP-Obsidian 服务器。API 密钥属于敏感信息，虽然在本地使用时安全风险较小，但还是建议不要公开分享这个密钥。妥善保管，避免不必要的安全问题。

通过上述步骤，就成功地为 Obsidian 添加了 REST API 功能。这样不仅扩展了 Obsidian 的功能性，也为进一步集成其他工具（如 MCP-Obsidian 服务器）提供了便利。无论是对于个人知识管理还是团队协作，这些改进都能极大提升效率和灵活性。

8.4.2　设置 MCP-Obsidian 服务器：连接 Claude 与 Obsidian 的桥梁

接下来，我们将设置 MCP-Obsidian 服务器。它的作用是充当 Claude 和 Obsidian vault 之间的桥梁，让两者能够顺利通信。

在开始之前，请确保你的系统已经安装了 uv 工具。如果尚未安装，可以按照以下步骤操作：

- 对于大多数操作系统，运行以下命令安装：curl -Lssf https://astral.sh/uv/install.sh | sh。
- 对于是 macOS 系统，可以通过 Homebrew 安装：brew install uv。

安装完 uv 后，我们需要获取 MCP-Obsidian 的代码。打开终端或命令提示符，运行以下命令来克隆存储库并进入文件夹：

```
git clone https://github.com/MarkusPfundstein/mcp-obsidian.gitcd mcp-obsidian
```

在存储库文件夹中，我们需要创建一个 .env 文件，用于保存 Obsidian API 密钥。这运行以下命令即可完成：

```
echo "OBSIDIAN_API_KEY=your_API_key_here" > .env
```

请将 your_API_key_here 替换为你从 Obsidian 的 REST API 插件中复制的 API 密钥。

为了便于后续配置 Claude，请记住存储库的完整路径并妥善保存。例如，你的路径可能是这样的：/Users/username/claude-mcp-configs/mcp-obsidian。

通过以上步骤，你已经成功设置了 MCP-Obsidian 服务器。这为 Claude 和 Obsidian 之间的协作奠定了基础，接下来就可以开始享受更高效的笔记管理和智能助手服务了。

8.4.3 配置 Claude 连接 MCP-Obsidian 服务器

接下来，我们需要将 Claude 配置为与 MCP-Obsidian 服务器连接。以下是具体步骤：

1）打开 Claude Desktop 应用程序。

2）进入"设置"→"开发者"→"编辑配置"（Settings → Developer → Edit config）。

3）在配置文件中，添加 MCP-Obsidian 的相关设置。

在配置文件中，添加以下内容：

```
{
"model": "claude-3-5-sonnet",
"mcpServers": [
    {
        "name": "obsidian",
        "command": "/opt/homebrew/bin/uv run -m mcp_obsidian.main",
        "cwd": "/Users/username/claude-mcp-configs/mcp-obsidian",
        "env": {}
    }
]
}
```

保存配置文件后，重新启动 Claude Desktop 以使更改生效。为了确保配置正确，请注意以下几点：

- 替换 uv 的安装路径：将 /opt/homebrew/bin/uv 替换为你的系统中的实际 uv 安装路径。你可以通过在终端中运行 which uv 来找到这个路径。
- 替换存储库路径：将 /Users/username/claude-mcp-configs/mcp-obsidian 替换为你之前克隆 MCP-Obsidian 存储库时的实际路径。
- 参数顺序很重要：在 uv run 命令中，run 必须出现在 -m mcp_obsidian.main 之前，正确的格式是 uv run [选项] 脚本 [脚本参数]。如果遇到类似 "无法识别 '/Users/your/path '" 的错误，很可能是因为参数顺序不正确，请仔细检查并调整。
- 根据需要调整工具；如果你使用的是 uvx 而不是 uv，请相应地修改命令。

重新启动 Claude 后，我们可以验证 MCP-Obsidian 的集成是否正常工作，方法如下：

1）在 Claude 界面中，找到工具图标（通常显示为一个扳手或类似的标志）。

2）查看可用的 MCP 工具列表。如果集成成功，你应该能够看到 8 个来自 Obsidian MCP 的工具。

现在，我们完成了 Claude 与 MCP-Obsidian 服务器的连接配置。这一步骤的关键在于确保路径和参数的正确性，避免因细节问题导致集成失败。配置完成后，就可以利用 Claude 的强大功能来直接操作 Obsidian vault，提升工作效率和知识管理的便捷性。

8.4.4　MCP-Obsidian 服务器的使用

让我们从一个简单的测试开始，来验证 Claude 与 Obsidian 的集成是否正常工作。可以向 Claude 发出如下指令：

```
在我的 Obsidian vault 中创建一个名为 test.md 的新文件，内容为 "This is a test file created by Claude."。
```

在发送这个请求时，Claude 会询问是否允许使用 MCP 工具。可以选择仅允许本次对话使用，或者允许所有对话都可以使用。接着，检查 Obsidian vault，确认新文件是否已成功创建。如果一切顺利，应该能在 vault 中看到名为 test.md 的新文件。

基本连接测试通过后，就可以利用 Claude 执行更多高级任务，如分析和重组 Obsidian vault。例如：

- 重新组织文件：将文件按逻辑类别分类，比如个人、工作等。
- 创建统一的文件夹结构：为不同的项目建立统一的文件夹架构。
- 组织技术文档：整理技术文档，便于快速查找。
- 优化笔记组织系统：改进你的笔记存储方式，使其更加有序。

尝试问 Claude 类似下面的问题：

```
分析我的 vault 结构，并建议如何更好地组织我的工作 / 项目文件夹。根据需要创建必要的文件夹，并相应地移动文件。
```

这可以帮助优化 vault 内的文件管理，提高工作效率。

Claude 还可以帮助创建一个专业且易于访问的仪表板，用于快速导航到重要信息。比如，可以这样提问：

为我的 Work 部分创建一个 Professional Dashboard，它应链接至所有重要的项目文件夹、参考资料和技术文档。

这将会得到一个集中的仪表板，其中包含指向活跃项目的链接、分类资源、常用文件的快捷方式以及工作进度概览等内容。

想要进一步提升 vault 的组织性？可以考虑应用像 PARA（项目、区域、资源、档案）方法这样的结构化框架。向 Claude 提出如下请求：

分析我的 vault，并依据 PARA 方法对其进行重组。为每个部分创建合适的文件夹及 README 文件。

这样一来，vault 将被划分为多个清晰的部分，包括：

● 包含有时限的活动的项目文件夹。
● 涵盖正在进行活动的区域文件夹。
● 专门存放参考资料的资源文件夹。
● 存储已完成或不再活跃项目的存档文件夹。

最后，为了确保整个 vault 内文档的一致性和标准化，可以使用 Claude 创建并维护模板。例如：

为项目笔记创建一个模板，其中包括目标、状态和关键资源的部分。

通过这种方式，Claude 能够在整个 vault 中一致地应用这些模板，确保所有的文档都遵循相同的格式和结构，从而实现更高的管理和检索效率。

总之，通过将 Obsidian 与 Claude 集成，不仅能够简化 Obsidian vault 的日常管理，还能实现更高效的文件组织和信息检索，极大提升个人生产力和知识管理能力。

第 9 章 _Chapter 9_

用 MCP 让通信智能化

在当今数字化时代，通过智能手段来优化日常通信变得尤为重要。MCP 技术提供了一种全新的方式来实现这一目标，让信息的接收和发送更加智能化、高效化。

首先，MCP 能够轻松对接个人即时通信工具（如 WhatsApp），使得 AI 助手可以直接处理和响应消息，无论是发送通知还是检索聊天记录，都能得心应手。这不仅提升了个人效率，也为团队协作带来了便利。

其次，借助 Runbear 平台，可以无缝地将 Slack 与 Claude Desktop 这样的 AI 助手集成起来。不需要复杂的设置，团队成员即可享受自动化的会议安排、邮件摘要等高级功能，极大地简化了工作流程。

接着，对于电子邮件管理，Gmail MCP 服务器展示了其独特的优势。通过简单的配置，能够让 AI 帮助筛选重要邮件、快速回复或自动分类，有效减少了手动操作的时间消耗，提高了工作效率。

最后，当面临不同协议间的兼容性问题时，mcp-proxy 提供了一个简洁而有效的解决方案。它能完成从 SSE 到 STDIO 的转换，确保即使是在本地运行的应用程序也能与远程服务顺畅通信，保障了信息的安全性和实时性。

通过 MCP 技术，我们不仅实现了通信方式的智能化升级，还为未来的工作模式探索出更多可能性。无论是个人使用还是企业级应用，MCP 都展现出巨大的潜力和价值。让我们一起迎接更加智能、高效的沟通新时代。

9.1　轻松对接即时通信工具 WhatsApp

过去，强大的 AI 模型与像 WhatsApp 这样普及的即时通信应用之间似乎存在着巨大的鸿沟。手动复制粘贴信息及在不同应用界面之间频繁切换，不仅显得笨拙低效，还限制了 AI 在我们日常工作流程中的潜力。

尽管 Claude Desktop 本身功能强大，但它的应用场景通常局限于聊天界面内。通过 MCP 将 Claude Desktop 与 WhatsApp 整合后，可以实现更多的可能性：

- 智能辅助沟通：Claude Desktop 可以根据对话上下文或具体指令，帮助起草回复，并直接通过 WhatsApp 发送出去。
- 信息检索：如果工具开发支持，Claude Desktop 还能在 WhatsApp 聊天记录中搜索特定信息，快速找到需要的内容。
- 主动通知：设置工作流，使 Claude Desktop 根据其他事件触发，通过 WhatsApp 发送提醒或更新消息，确保重要信息不会被错过。
- 自动化中心：利用 Claude Desktop 作为与其他服务交互的核心点，而 WhatsApp 则成为关键的信息传递出口，简化各种任务处理过程。

这种整合方式让 Claude Desktop 不再仅仅是被动的回答者，而是沟通系统中的积极参与者，极大地提升了工作效率和个人体验。

为了实现这样的整合，我们参考了一个开源项目——由 lharries 创建的 whatsapp-mcp GitHub 存储库，如图 9-1 所示。这个项目为构建更复杂的 AI 智能体在消息中的使用奠定了基础，展示了如何将高级 AI 功能无缝集成到日常通信工具中，开启更加智能化的工作和生活方式。

该项目旨在让 Claude Desktop 与 WhatsApp 无缝集成，其核心由两个部分组成：

（1）WhatsApp Bridge

这是一个使用 Go 语言编写的程序，它通过扫描二维码来连接到 WhatsApp 账户（借助 whatsmeow 库），类似于设置 WhatsApp Web。一旦连接成功，它就会开始监听来自 MCP 服务器的命令。

（2）WhatsApp MCP Server

这是一个用 Python 编写的脚本，作为 MCP 端点运行。当 Claude Desktop 需要执行某个操作时，比如发送一条消息，它会先与这个服务器通信。然后，服务器会将请求转换为 WhatsApp Bridge 能够理解的形式，并将其转发给正在运行的 WhatsApp Bridge。

整个过程可以简单概括为：Claude Desktop App <-> WhatsApp MCP Server (Python) <-> WhatsApp Bridge (Go) <-> 你的 WhatsApp 账户。

图 9-1 whatsapp-mcp 的 GitHub 首页

这意味着，当你通过 Claude Desktop 发送指令时，这些指令首先到达 MCP 服务器，再由服务器转交给 WhatsApp Bridge，最后通过 Bridge 将消息发送到你的 WhatsApp 账户。这种架构设计确保了你的消息仅存储在本地（在一个由桥创建的 SQLite 数据库中），只有在智能体通过配置工具访问时才会发送给 Claude Desktop。

按照 whatsapp-mcp 项目的指南进行操作，就开启了一个强大的新功能，使 Claude Desktop 可以直接与你的 WhatsApp 账户交互。以下是实现这一功能的关键步骤：

1）安装必要的环境：如 Go 语言环境。

2）克隆 GitHub 上的项目仓库：获取所有必需的代码和资源。

3）运行 WhatsApp Bridge 并完成二维码身份验证：这一步类似于设置 WhatsApp Web，只需扫描二维码即可连接 WhatsApp 账户。

4）配置 Claude Desktop 应用程序：根据指示编辑 Claude Desktop 的配置文件，确保路径正确无误。

5）测试 send_message 命令：确保一切设置无误后，尝试发送一条测试消息以验证集成是否成功。

通过这样的设置，不仅可以让 Claude Desktop 成为沟通系统中的智能助手，还能安全地管理和发送信息，极大地提升了个人或团队的工作效率。

9.1.1 准备工作

在开始克隆存储库之前，确保已经安装并准备好了所有必要的工具。以下是每项所需的准备工作：

- Go 语言：WhatsApp Bridge 是用 Go 语言编写的，因此我们需要在系统上安装 Go 语言。如果尚未安装，可访问 Go 语言的官方网站，根据操作系统（Windows、macOS 或 Linux）下载并安装合适的版本。
- Python 3.6 及以上版本：MCP 服务器组件基于 Python 构建。虽然大多数系统可能预装了 Python，但需要确认自己的版本是否兼容，至少需要 Python 3.6 或更高版本。
- Git：用于克隆 whatsapp-mcp 项目存储库。如果没有，需要先进行安装。
- Claude Desktop 应用程序或 Cursor IDE：MCP 功能目前依赖于官方 Anthropic Claude Desktop 应用程序或者集成了 Claude Desktop 的 Cursor IDE。确保已安装其中之一，以便顺利使用 MCP 功能。
- UV（Python 包管理器）：安装程序需要用到 Astral 提供的快速 Python 包安装 / 解析器 UV。可以按照存储库 README 文件中的指导，使用 curl 或 pip 命令来安装 UV。这是运行 MCP 服务器所必需的步骤之一。
- WhatsApp 账户：最后但同样重要的是，需要一个有效的 WhatsApp 账户来进行集成和测试。

一旦所有这些工具都准备就绪，接下来就是进行核心设置了。在这个阶段，我们将执行一系列命令来完成配置，包括从 GitHub 上克隆存储库、设置环境变量，以及验证各个组件之间的正确通信。确认每一步都准确无误，以保证整个系统能够顺利运行，并让 Claude Desktop 与 WhatsApp 账户实现完美对接。接下来，就可以利用智能助手的强大功能，优化日常沟通流程了。

9.1.2 克隆存储库并运行 WhatsApp Bridge

首先，打开终端（或命令提示符），进入要存放项目的文件夹。然后，通过以下命令克隆项目存储库：

```
git clone https://github.com/lharries/whatsapp-mcp.git
cd whatsapp-mcp
```

接下来，运行 WhatsApp Bridge，这是连接 Claude Desktop 和 WhatsApp 的关键步骤。在终端中输入以下命令，切换到 whatsapp-bridge 目录：

```
cd whatsapp-bridge
```

使用以下命令运行桥接程序：

```
go run main.go
```

第一次运行时，终端会显示一个二维码。

打开手机 WhatsApp 应用，单击 Settings → Linked Devices → Link a Device 选项，然后用手机扫描终端上显示的二维码。完成扫描后，会在终端中看到一些提示信息，比如：

- "Starting WhatsApp client⋯"
- "Successfully authenticated"
- "Connected to WhatsApp"

这些信息表明你的 WhatsApp 账户已成功连接到桥接程序。

为了确保 WhatsApp Bridge 能够正常工作，这个 Go 应用程序需要在后台持续运行。可以采取以下方法：

- 单独的终端窗口：在一个新的终端窗口中运行此程序，避免关闭当前窗口。
- 使用工具（适用于 Linux/macOS）：如果使用的是 Linux 或 macOS 系统，可以借助 tmux 或 screen 等工具让程序在后台稳定运行。

> **注意**　不要关闭运行 main.go 的终端窗口，因为这是与 WhatsApp 的实时连接。如果关闭了终端，桥接程序将停止运行。

此外，身份验证的有效期大约为 20 天。过期后，需要重新执行上述步骤，并扫描新的二维码以重新连接。

9.1.3　为 WhatsApp Access 配置 Claude Desktop 应用程序

现在，WhatsApp Bridge 已经在后台运行了，接下来需要设置 Claude Desktop 应用程序如何与 whatsapp-mcp 项目的 MCP 服务器组件进行通信。这一步需要编辑 Claude Desktop 的配置文件。

在配置文件中，添加以下内容：

```
{
"mcpServers": {
    "whatsapp": {
        "command": "{{PATH}}/.local/bin/uv", // 运行 which uv 并将输出路径粘贴到这里
        "args": [
        "--directory",
        "{{PATH}}/whatsapp-mcp/whatsapp-mcp-server",
            // 进入项目目录后，运行 pwd 并将输出路径粘贴到这里，再加上 "/whatsapp-mcp-server"
        "run",
        "main.py"
    ]
```

```
    }
}}
```

确保所有的路径都是绝对路径。例如：

- Windows 系统：C:/Users/YourName/Projects/whatsapp-mcp。
- macOS/Linux 系统：/Users/YourName/dev/whatsapp-mcp。

如果使用的是虚拟环境，需确保 command 字段正确指向 uv 的路径。例如：虚拟环境路径是 Venv/bin/uv（Linux/macOS）或 .venv/Scripts/uv.exe（Windows），确保 args 字段中的路径指向 whatsapp-mcp-server 子目录的正确位置。如果路径错误，程序将无法正常运行。如果配置文件中还有其他 MCP 服务器的条目，需要仔细检查语法，特别是逗号的使用是否正确。

完成配置文件的编辑后，完全关闭 Claude Desktop 应用程序。在 Windows 上，可以通过任务管理器结束任务；在 macOS 上，直接退出应用程序即可。然后重新启动 Claude Desktop，这样它会重新加载新的配置文件。

通过以上步骤，就完成了 Claude Desktop 与 MCP 服务器的连接设置。接下来，可以测试它们之间的通信是否正常工作，为后续的功能使用打下基础。

9.1.4 集成 WhatsApp 并将其作为 MCP 工具

现在，WhatsApp Bridge 已经启动并且 Claude Desktop 也根据新的配置重新启动了，这意味着已经成功将 WhatsApp 功能集成到了 MCP 工具集中。

通过 Claude Desktop 向 WhatsApp 发送消息，具体步骤如下：

（1）打开 Claude Desktop 应用程序

在 Claude Desktop 的界面中找到并单击输入栏附近的工具图标，展示了"可用 MCP 工具"列表。

（2）选择 WhatsApp 相关工具

浏览该列表能看到与 WhatsApp 相关的选项，如 send_message（来自 server: WhatsApp）。接下来，可以通过自然语言命令让 Claude Desktop 发送一条消息。例如：

```
发送一条 WhatsApp 消息给 +12345678900：嗨，朋友，我正在使用 WhatsApp MCP。它真的很棒。这是
Claude Desktop 代表我打来的。
```

确保提供收件人的完整电话号码，包括国家代码（例如 +1×××××××××），以及想要发送的消息内容。

（3）授权 Claude Desktop 使用 WhatsApp 工具

当第一次尝试使用此功能时，Claude Desktop 可能会要求获得使用 WhatsApp 工具的权限。可以选择"允许一次"或"允许此对话"，以便 Claude Desktop 可以继续执行你的请求。

之后，Claude Desktop 会确认操作，并显示执行详情。

（4）检查消息发送情况

最后，检查实际 WhatsApp 应用（或者接收方的手机），确认消息是否已成功发送和显示。如果消息未能正常发送，可按照以下步骤进行检查：

- 确认 WhatsApp Bridge 运行状态：确保在终端中运行的 go run main.go 进程仍然处于活动状态。如果该进程停止，则需要重新启动它。
- 验证路径配置：再次检查配置文件中的路径设置，确保它们指向正确的 uv 可执行文件位置及 whatsapp-mcp-server 目录的绝对路径。任何小错误都可能导致连接失败。
- 测试给自己发送消息：在给他人发消息之前，先试着给自己发送一条消息，以确保整个流程顺畅无误。

目前，我们的重点在于通过 Claude Desktop 发送 WhatsApp 消息，但随着 whatsapp-mcp 工具集的进一步发展，会有更多高级功能的加入，比如读取消息、搜索联系人等。这些改进将进一步提升 WhatsApp 内 AI 智能体的交互性和实用性，为用户提供更加全面的服务体验。

9.2 轻松连接 Slack

MCP 将 AI 助手的功能从简单的聊天互动提升为可以执行具体任务的强大智能体。通过在 Slack 中使用 MCP 客户端，我们可以实现以下功能：

1）访问外部数据源和服务：无论是获取最新的市场动态还是查询特定的技术文档，AI 助手都能轻松访问各种外部资源。

2）无缝连接工作场所的工具：通过与日常工作相关的工具进行集成，如项目管理软件、文件共享平台等，AI 助手能够帮助我们更高效地完成工作任务。

3）独立完成任务：AI 助手不仅可以响应指令，还能主动完成一系列任务，例如安排会议、发送提醒等，减轻了用户的负担。

4）直接向团队传递信息：AI 助手可以迅速地将重要信息分享给团队成员，确保所有人都能及时获得最新消息和更新。

9.2.1 Runbear 让 AI 自动化触手可及

借助 Runbear（https://runbear.io/），可以无缝地将 Claude Desktop 与 Slack 连接起来，无须本地安装即可为团队带来 AI 自动化的便利。与其他的 MCP 客户端不同的是，Runbear 允许每个人可在现有的 Slack 工作区中享受到强大的 AI 功能。

例如快速找到可用会议时段，Slack MCP 客户端能够在团队日程表中迅速找到空闲时间，从而简化了会议安排的过程，避免了来回沟通确认的时间浪费。又如，当面对大量邮件时，

AI 助手可以帮助分析多次回复的电子邮件，并在 Slack 频道中提供简洁明了的总结。这不仅节省了时间，还确保了团队成员能够快速理解关键信息。

通过这样的设置，MCP 不仅提高了工作效率，还改变了我们处理日常事务的方式。无论是在安排会议、整理信息还是与其他工具的交互上，AI 助手都成为不可或缺的一部分，助力于打造一个更加智能和高效的工作环境。这一切都不需要复杂的安装过程或额外的学习成本，真正实现了"开箱即用"的便捷体验。

9.2.2 配置 Slack MCP 客户端

使用 Runbear 将 Claude Desktop 集成到自己的工作流程中，具体操作步骤如下。

（1）注册 Runbear 账户

1）访问 Runbear 官网：打开浏览器，访问 https://runbear.io/。

2）注册新账户：按照页面提示完成注册。填写必要信息，如用户名、邮箱地址和密码，然后提交表单以创建账户。

（2）添加 Claude 助手

1）登录后单击"添加助手"：登录到新账户后，在界面上找到并单击"添加助手"按钮。

2）选择 Claude Desktop 作为 AI 模型：在出现的选项中，选择 Anthropic 的 Claude Desktop 作为 AI 助手，利用 Claude Desktop 的强大功能来处理各种任务。

3）自定义系统指令：根据个人或团队的需求，可以对 Claude Desktop 进行进一步的自定义设置。比如，可以指定一些特定的指令或偏好，让 Claude Desktop 更好地服务于日常工作。

（3）连接 MCP 服务器扩展功能

为了增强 Claude Desktop 的功能，可以通过连接 MCP 服务器来接入其他服务。在 Runbear 平台上，无须离开当前界面就可以轻松连接超过 2500 个不同的 MCP 服务器，包括 Gmail、Google 日历等常用工具。这些额外的服务可以让你的 AI 助手变得更加全能。例如，通过连接电子邮件服务，Claude Desktop 可以帮助管理收件箱；而与日历应用相连，则能协助安排会议和提醒重要事件。

（4）集成 Slack 工作空间

最后一步是将 AI 助手集成到 Slack 工作空间中，只需按照网站上的指引即可完成连接。一旦集成成功，就能直接在 Slack 中享受 Claude Desktop 带来的便捷服务了。

通过这些简单的步骤，不仅能够快速搭建起一个高效的 AI 助手环境，还能极大地提升工作效率。无论是日常沟通、项目管理还是信息整理，Claude Desktop 都是不可或缺的好帮手。这一切都得益于 Runbear 提供的无缝集成体验，无需复杂的配置即可享受到最先进的 AI 技术带来的便利。

9.2.3　Slack 账户连接到 AI 智能体的两种授权方法

为了使你的 AI 智能体能够通过 MCP 服务器访问外部服务，有两种主要的方式来进行授权：个人授权和共享授权。这两种方式分别适用于不同的场景和个人偏好。

1. 个人授权

个人授权是指每个 Slack 用户都需要连接自己的账户。这种方法非常适合注重隐私和个性化设置的团队或个人。当用户尝试执行需要特定权限的操作时，Slack 机器人会提示该用户通过一个安全链接来连接自己的账户。例如，如果想要让 Claude Desktop 访问 Gmail 账户以发送邮件，需要按照提示进行个人账户的连接。

在使用个人授权时，所有连接的账户都是私有的，只有账户的所有者可以访问这些数据。这种方式提供了更高的隐私保护和安全性，因为每个人的账户信息和其他敏感数据都不会被共享。

2. 共享授权

共享授权是指连接一个共享账户给整个团队或多个用户使用。这种方法特别适合那些希望简化流程、减少重复工作的团队。在这种设置下，团队可以选择一个共享账户（如一个公共的 Google 日历或公司邮箱），并将其连接到 AI 智能体。一旦设置完成，AI 智能体就可以利用这个共享账户来回答问题和完成任务，而无须每个用户单独授权。

使用共享授权，团队成员不需要各自进行账户连接，AI 智能体可以直接使用共享账户处理请求。这不仅简化了操作步骤，还提高了工作效率，因为它减少了重复劳动和等待时间。

使用个人授权时，所有连接的账户都是私有的，只有账户的所有者可以访问这些数据。这种方式提供了更高的隐私保护和安全性，因为每个人的账户信息和其他敏感数据都不会被共享。使用共享授权时，团队成员不需要各自进行账户连接，AI 智能体可以直接使用共享账户处理请求。这不仅简化了操作步骤，还提高了工作效率，因为它减少了重复劳动和等待时间。

无论选择哪种方式，采取适当的安全措施来保护数据安全是非常重要的。通过合理配置授权方式，可以充分利用 AI 智能体的强大功能，同时保持高效和安全的工作环境。

9.2.4　Runbear 与 Slack 集成带来的便利

Runbear 使得强大的 AI 自动化变得触手可及，让团队中的每一个成员都可以轻松访问并利用这些先进技术。无论是提高工作效率还是简化日常任务，Runbear 与 Slack 的集成都能为你的工作流程带来革命性的变化。

如何正确配置 MCP 客户端，从而彻底改变自己和团队的工作方式？以下是几个关键点，展示了为什么 Runbear 会成为你的工作流程中不可或缺的一部分：

- 易于接入：只需简单的几步操作，就能将 Runbear 集成到现有的 Slack 工作区中。这意味着无须复杂安装或长时间的学习过程，团队成员可以快速上手。
- 提升效率：通过连接超过 2500 个不同的 MCP 服务器，如 Gmail、Google 日历等，AI 助手可以帮助处理各种任务，从安排会议到管理邮件，一切尽在掌握之中。
- 个性化服务：每个用户可以根据自己的需求自定义 AI 助手的功能。无论是分析大量数据，还是快速获取特定信息，Claude Desktop 都能提供个性化的支持。
- 增强协作：当整个团队都能访问同样的智能工具时，沟通变得更加顺畅、高效。共享授权模式允许团队使用共同的服务账户，减少了重复劳动，提升了整体协作能力。

正确配置 MCP 客户端不仅能帮助解决当前面临的挑战，还能为未来的工作方式奠定基础。随着技术的发展，Runbear 将持续更新和优化其服务，确保始终站在创新的前沿。

9.3 电子邮件的智能化管理：Gmail

本节将通过启动自己的 Gmail MCP 服务器来更好地管理和优化电子邮件的处理流程。这个过程虽然涉及几个步骤，但每一步都很直观易懂。

9.3.1 Gmail MCP 服务器的设置和启动

创建一个 Gmail MCP 服务器就像是给邮箱配备了一个智能助手。它能够帮助检索、读取、发送、查看以及删除电子邮件，这一切都依赖于 Gmail 的 Python API。下面是具体的设置步骤：

1）访问 Google Cloud 平台并创建一个新的项目。这是使用 Gmail API 的第一步。在新项目的控制台中，找到并启用 Gmail API。这一步是让应用与 Gmail 进行交互的关键。

2）配置 OAuth 认证，以便安全地访问 Gmail 账户。这涉及设置允许哪些用户访问你的应用。在 OAuth 配置界面中，选择"外部"作为应用类型，并添加你的个人电子邮件地址作为"测试用户"。请注意，这里只是为了个人使用，因此不会正式发布这个应用程序。

在 API 和服务部分，为"桌面应用"类型创建 OAuth 客户端 ID，这是因为 MCP 服务器将在本地运行。创建完成后，下载生成的 OAuth 客户端密钥文件（JSON 格式），这份文件包含访问 Gmail 所需的凭证信息。下载后，将此文件重命名并保存到本地计算机的安全位置。确保路径易于记忆，因为后续步骤中会用到。

当准备启动 Gmail MCP 服务器时，需要将之前保存的密钥文件的绝对路径作为参数传递给服务器。具体来说，就是使用 --creds-file-path 参数指定密钥文件的位置。例如：

```
python your_mcp_server_script.py --creds-file-path "/path/to/your/credentials.json"
```

确保路径准确无误，这样才能保证服务器能够正确读取认证信息并与 Gmail 顺利通信。

通过以上步骤，Gmail MCP 服务器就设置成功了，用户可以开始享受更加智能化和自动化的邮件管理体验了。无论是整理收件箱还是快速回复重要邮件，这个智能助手都能助你一臂之力。

9.3.2　用 Gmail MCP 服务器管理电子邮件

通过配置 Gmail MCP 服务器，可以让 Claude Desktop 与克隆的 Gmail 服务器连接起来，从而实现直接管理电子邮件的功能。这一步的核心在于正确设置 MCP 服务器的配置文件，确保所有参数都能准确无误地指向正确的路径和文件。

以下是配置文件的内容示例：

```
{
"mcpServers": {
    "gmail": {
        "command": "uv",
        "args": [
        "--directory",
        "[absolute-path-to-git-repo]",
        "run",
        "gmail",
        "--creds-file-path",
        "[absolute-path-to-credentials-file]",
        "--token-path",
        "[absolute-path-to-access-tokens-file]"
        ]
    }
}}
```

在配置过程中，有几个关键参数需要特别注意：

- --directory：该参数应设置为克隆的 Git 存储库所在的绝对路径。例如，如果将代码克隆到了 C:/Users/YourName/gmail-mcp，那么这里就填写这个路径。
- --creds-file-path：这是在前面步骤中保存的 OAuth 密钥文件的位置。确保这里的路径与实际保存的 JSON 文件路径完全一致。
- --token-path：该参数用于指定一个文件路径，服务器会在这里生成并保存应用程序的访问令牌，以便将来使用。可以选择一个安全且方便的位置来存储这些令牌。

完成配置后，记得保存配置文件并重新启动 Claude Desktop 应用程序。如果一切设置正确，则可以在 Claude Desktop 的聊天框中看到一个小工具图标，表示 Gmail MCP 服务器已经成功连接。

现在，可以通过 Claude Desktop 发送自然语言指令来测试功能了。例如，可以尝试让 Claude Desktop 读取最新的邮件、搜索特定主题的邮件，或者发送一封新邮件。

虽然这个 Gmail MCP 服务器只是一个简单的示例，但它展示了一个非常强大的框架。通过类似的方法，可以扩展这一框架，集成更多的服务和功能，比如日历管理、任务分配、自动化报告生成等。

无论是个人用户还是团队，这样的工具都能显著提高工作效率，并为日常工作带来更多便利。通过简单的配置和一点点技术知识，就可以为自己打造一个专属的智能助手，彻底改变你的工作方式！

9.4　通信转化：使用 mcp-proxy 完成从 SSE 到 STDIO

如果一个 MCP 服务器是基于 SSE 构建的，并且希望将其与目前只支持 STDIO 接口的 Claude Desktop 应用程序连接，则可能会遇到一些兼容性问题。不过不用担心，有一个简单的解决方案可以实现这一目标，即使用 mcp-proxy。

9.4.1　什么是 mcp-proxy

mcp-proxy 是一个开源工具，专门用于解决不同通信协议之间的兼容性问题。它就像一座桥梁，能够将使用 SSE 的 MCP 服务器与仅支持 STDIO 的客户端（如 Claude Desktop）连接起来。

首先，访问 mcp-proxy 的 GitHub 页面（https://github.com/sparfenyuk/mcp-proxy），按照说明下载或克隆仓库到本地计算机。根据文档指导，配置 mcp-proxy 以适应具体的需求。这通常涉及设置一些参数，比如指定 MCP 服务器的地址和端口，以及确定要使用的输入输出方式（在这种情况下是从 SSE 到 STDIO）。

完成配置后，运行 mcp-proxy。这个智能体会监听来自 Claude Desktop 的标准输入输出请求，并将它们转换为适合 MCP 服务器的 SSE 格式，反之亦然。

mcp-proxy 的优势如下：

1）简化集成过程：使用 mcp-proxy 可以大大简化不同协议间的集成工作，而无须修改现有的 MCP 服务器或客户端代码。

2）增强灵活性：不论是开发新的应用还是扩展现有的系统，mcp-proxy 都提供了极大的灵活性，允许根据需要选择最适合的技术栈。

3）提升兼容性：对于那些已经依赖于特定通信方式的应用程序（如仅支持 STDIO 的 Claude Desktop），mcp-proxy 提供了一个简单而有效的途径来接入新型的分布式系统架构。

通过使用 mcp-proxy，即使 MCP 服务器采用的是 SSE 技术，也能轻松地与仅支持 STDIO

接口的 Claude Desktop 进行无缝对接。这样，用户不仅可以充分利用现有资源，还能享受到新技术带来的各种便利。

9.4.2　如何使用 mcp-proxy 轻松连接 SSE 与 STDIO

mcp-proxy 是一款非常实用的工具，可以帮助将基于 SSE 的 MCP 服务器与仅支持 STDIO 接口的应用程序（如 Claude Desktop）连接起来。

它的安装和配置过程非常简单，以下是详细步骤。

1. 安装 mcp-proxy

首先，在终端中运行以下命令即可完成安装：

```
uv tool install mcp-proxy
```

以上命令会自动下载并安装 mcp-proxy，使其可以随时使用。

2. 配置 Claude Desktop

接下来，我们需要对 Claude Desktop 进行一些简单的设置，以便它能够通过 mcp-proxy 与 SSE 服务器通信。

在 Claude Desktop 的配置文件中，找到 mcpServers 部分，并输入适当的设置。如果正在使用 FastAPI-MCP 将现有的 FastAPI 应用程序转换为 MCP 服务器，那么 SSE URL 可能是这样的：http://127.0.0.1:8000/MCP。

以下是一个示例配置：

```
{
"mcpServers": {
    "my-API-mcp-proxy": {
        "command": "mcp-proxy",
        "args": ["http://path/to/mcp/sse"]
    }
}}
```

其中，command 字段指定了 mcp-proxy 的命令，args 字段则是指向 SSE 服务器的 URL 地址。确保将 http://path/to/mcp/sse 替换为实际的 SSE 端点地址。如果使用的是 macOS 系统，则需要提供 mcp-proxy 可执行文件的完整路径。通过在终端中运行以下命令可以找到它的位置：

```
which mcp-proxy
```

将返回的完整路径填写到 command 字段中，例如："command": "/user/local/bin/mcp-proxy"，完成配置后，保存文件并退出 Claude Desktop。

3. 启动 Claude Desktop 并验证工具

重新启动 Claude Desktop 应用程序。如果一切配置正确，则可在聊天框中看到一个新的工具图标，这表明 mcp-proxy 已经成功连接到 SSE 服务器。

如果在配置完成后没有看到工具图标，可以按照以下步骤逐一排查问题：

- 检查 MCP 服务器是否正在运行：确保 SSE 服务器已启动并正常运行。如果服务器未启动，mcp-proxy 将无法与其通信。
- 验证配置中的 URL：检查配置文件中的 URL 是否与 SSE 服务器的端点完全匹配。即使是拼写错误或路径差异也会导致连接失败。
- 确认 mcp-proxy 安装正确：确保 mcp-proxy 已正确安装并且可以在终端中正常运行。这可以通过直接运行 mcp-proxy 命令来测试其可用性。
- 查看 Claude Desktop 日志：如果以上步骤都没有发现问题，则可以查看 Claude Desktop 的日志文件，寻找可能的连接错误提示。这些日志信息通常会提供有关问题的更多线索。

通过使用 mcp-proxy，我们成功地将基于 SSE 的 MCP 服务器与仅支持 STDIO 的 Claude Desktop 连接起来。该解决方案不仅简单易用，还极大地提升了兼容性和灵活性。

9.4.3 使用 mcp-proxy 时的重要注意事项

当使用 mcp-proxy 将 SSE 转换为 STDIO（反之亦然）时，实际上是在构建一个桥梁，用于连接两种不同的通信协议。这种方法虽然非常实用，但在实际操作中还需要注意以下几个关键点：

（1）延迟差异和错误处理

首先，不同协议之间可能存在延迟差异。这意味着从 SSE 到 STDIO 的转换过程中，消息传递的时间可能会有所不同。此外，由于这两种协议的特性不同，它们处理错误的方式也可能不一样。因此，在集成过程中可能需要对错误处理机制进行适当调整，以确保信息能够准确无误地传递。

（2）安全性考虑

安全性是任何数据传输过程中的重中之重。如果你的应用涉及敏感信息，那么确保所有通信都通过安全连接进行至关重要。MCP 服务器应当实现适当的身份验证机制，例如 OAuth 或 API 密钥，来保护数据不被未经授权的访问。同时，在设计系统架构时，务必考虑到数据加密的需求，保证即使在网络传输过程中，数据也能保持其机密性和完整性。

（3）处理速率限制和超时

在处理大量数据或频繁请求时，了解并遵守 MCP 服务器的速率限制和超时设置非常重要。这些限制是为了防止过载和服务中断而设定的。如果不加以注意，可能会导致请求失败或服务不可用。因此，在配置 mcp-proxy 时，应该仔细检查并根据实际情况调整相关参数，确保系统的稳定性和可靠性。

尽管上述考虑可能会带来一些额外的工作量和复杂度，但使用 mcp-proxy 的优点在于它的简单性和高效性。它提供了一个直接且有效的解决方案，使得 Claude Desktop 客户端能够与现有的基于 SSE 的 MCP 基础设施无缝对接，无须对现有系统做出重大修改。

通过使用 mcp-proxy，我们成功地弥合了 SSE 与 STDIO 之间的界限，实现了两种通信协议之间的平滑过渡。这不仅简化了技术集成过程，还提高了系统的灵活性和兼容性。无论是增强现有应用的功能，还是开发新的项目，mcp-proxy 都是一个值得考虑的工具。

用 MCP 大幅提升开发效能

在软件开发的世界里，效率就是一切。每一个开发团队都在寻找能够更快、更高效地完成任务的方法。通过 MCP 引入自动化和智能技术，彻底改变了传统的开发流程，让开发者们能够专注于创造而非重复劳动。本章将探讨如何利用 MCP 来大幅提高开发效能，从简化日常操作到优化代码审查，再到改进 API 调用方式。

首先，我们将深入了解 Cursor 中的 PR（Pull Request）工作流自动化实例。使用 AI 技术，我们不仅能轻松获取代码间的差异，还能智能生成分支名称和提交信息，从而极大地节省时间。更重要的是，这一切都可以与 GitHub 无缝连接，实现自动创建 PR 的功能，使得整个过程更加流畅。此外，通过将一个 AI 助手集成到 Cursor 中，进一步提升 Git 工作流的效率，减少手动干预。

接着，转向智能代码评审的主题。我们将看到如何快速搭建项目环境，包括安装必要的工具、配置依赖以及设置凭证。然后，我们将学习如何创建模块以处理 GitHub PR 的数据检索，并构建核心 PR 分析器，该分析器能连接 Claude Desktop、GitHub 和 Notion，实现从代码更改到记录 Notion 的自动化审查流程。

最后，我们还将讨论如何使用 Spring AI 的新特性优化对 ThemeParks.wiki API 的调用，以及优化 MCP 服务器使用 API 的方式。另外，我们会探索 MCP 为传统应用带来的革新，特别是关于 API 运行时管理的内容，比如使用 Cursor 配置 APISIX-MCP 服务器的具体步骤，以及通过自然语言与 AI 交互来配置 APISIX 路由。通过这些实际案例，希望读者可以找到提升自己工作效率的新途径。

10.1　自动化开发流程实例：Cursor 中的 PR 工作流

虽然 MCP 服务器的核心功能是从不同来源收集数据，以帮助 AI 做出更明智的决策，但它在执行具体任务时同样表现出色。实际上，MCP 服务器不仅可以处理只读资源，如文档、文件和 API 响应，还能执行各种实际行动，如创建 PR、运行脚本或触发工作流等。

让我们看看如何使用 MCP 服务器在 Cursor 中自动完成一个常见的开发流程——提交代码更改并创建 PR。这个流程不仅简化了日常开发工作，还提高了团队协作效率。以下是主要步骤：

1）检查当前代码更改：需要确定哪些文件被修改了，这通常通过查看 diff 来完成，即比较本地代码库与远程仓库之间的差异。这样做可以帮助我们了解具体的变更内容，并确保所有必要的修改都已包含在内。

2）创建分支并提交更改：在本地 Git 仓库中为这些更改创建一个新的分支。这是为了将新功能或修复与其他正在进行的工作分开。一旦分支创建完成，就可以将更改提交到该分支上，确保每条提交信息清晰明了，能够描述所做的具体改动。

3）在 GitHub 上创建 PR：将本地的更改推送到 GitHub，并在此基础上创建一个 PR。这样，其他团队成员可以审查代码，提供反馈，最终合并到主分支中。整个过程可以通过 MCP 服务器自动执行，降低了手动操作的复杂性。

我们将利用本地 Git 操作结合 GitHub API 来实现上述流程，并将其作为一个单独的 MCP 服务器。这意味着，无论是创建分支、提交更改还是推送至 GitHub，都可以通过自动化脚本来完成。这种设置不仅符合大多数开发人员的实际工作方式，还极大地提升了工作效率，减少了产生人为错误的可能性。

MCP 服务器不仅是一个智能的数据收集工具，还是一个强大的行动执行平台。无论是处理复杂的项目管理任务，还是简化日常开发流程，MCP 服务器都能提供强有力的支持。随着技术的进步，我们可以期待更多类似的应用出现，从而进一步提升工作效率和个人能力。

10.1.1　获得代码间的差异

我们正在开发一个功能强大的工具，它能够帮助开发者轻松获取当前工作目录与 master 分支之间的差异，并为即将提交的代码生成清晰的描述。这个工具不仅能够理解已经提交的历史记录，还能捕捉尚未提交的实际更改，甚至包括未跟踪的文件。这样一来，它可以确保所有改动都被完整记录，从而为生成一个合适的 PR 描述提供全面的支持。

示例代码如下。

```python
from typing import List, Dict, Optional
from dataclasses import dataclass
import os
import git
from github import Github
from mcp.server.fastmcp import FastMCP
@dataclass
class DiffInfo:
    file_path: str
    changes: str
    added_lines: int
    removed_lines: int
# 创建 MCP 服务器
mcp = FastMCP("Git Commit Helper")
@mcp.tool()
def get_local_diff(repo_path: str) -> List[Dict]:
    """ 获取工作目录与 HEAD 之间的差异
    参数说明
    repo_path: Git 仓库路径
    """
    try:
        repo = git.Repo(repo_path)
        diffs = []
        # 获取已跟踪文件间的差异
        for diff_item in repo.index.diff(None):
            file_path = diff_item.a_path
            diff_text = repo.git.diff(file_path)
            added = len([line for line in diff_text.split('\n') if line.
                startswith('+')])
            removed = len([line for line in diff_text.split('\n') if line.
                startswith('-')])
            diffs.append({
                "file_path": file_path,
                "changes": diff_text,
                "added_lines": added,
                "removed_lines": removed,
                "is_new_file": False
            })
        # 获取未跟踪的文件
        untracked_files = repo.untracked_files
        for file_path in untracked_files:
            try:
                with open(os.path.join(repo.working_dir, file_path), 'r') as f:
                    content = f.read()
                    added = len(content.splitlines())
                    diffs.append({
                        "file_path": file_path,
                        "changes": content,
```

```
                        "added_lines": added,
                        "removed_lines": 0,
                        "is_new_file": True
                    })
            except Exception as e:
                print(f"Error reading untracked file {file_path}: {str(e)}")
                continue
        return diffs
    except Exception as e:
        print(f"Failed to fetch local diff: {str(e)}")
        raise
```

这一功能的主要代码逻辑如下：

（1）定义数据结构

使用 DiffInfo 类来存储每个文件的更改信息，包括文件路径、具体的修改内容、新增行数和删除行数。这种结构化的数据形式让后续处理变得更加直观和高效。

（2）创建 MCP 服务器

通过 FastMCP 框架，创建一个名为 Git Commit Helper 的 MCP 服务器。这个服务器将作为核心枢纽，负责接收请求并调用相应的工具函数。

（3）获取本地差异

核心函数 get_local_diff() 用于分析指定 Git 仓库中的更改。它首先检查已跟踪文件的差异（那些已经被 Git 管理但尚未提交的更改）。对于每个文件，它会提取具体的修改内容，并统计新增和删除的行数。接着，它还会扫描未跟踪的文件（那些新创建但尚未被 Git 管理的文件）。这些文件的内容会被读取并标记为"新增"，以确保它们不会被遗漏。

（4）错误处理

在整个过程中，加入了错误处理机制。例如，当遇到无法读取的未跟踪文件时，工具会打印一条警告信息，并继续处理其他文件。这种设计确保了即使部分文件出现问题，工具仍然可以正常运行。

通过上述工具，AI 能够直接理解刚刚编写的代码，而不是依赖过去的历史记录。这意味着，无论是修改了现有文件还是添加了全新的文件，AI 都能准确捕捉到这些变化。更重要的是，它还能根据这些信息自动生成一份简洁而准确的 PR 描述，帮助团队成员快速了解改动内容。

该工具非常适合现代软件开发流程，尤其是需要频繁提交代码的团队。通过自动化地获取代码差异并生成 PR 描述，可以节省大量时间，同时减少人为遗漏的风险。无论是日常开发任务还是复杂的项目协作，该工具都能显著提升工作效率，让开发人员专注于更重要的事情——编写高质量的代码。

10.1.2 用 AI 智能生成分支名称和提交消息

在日常开发中，创建分支并提交代码是一项非常常见的任务。然而，给分支起一个有意义的名字往往让人头疼。手动命名不仅耗时，还可能缺乏一致性。幸运的是，借助 AI，可以让这个过程变得自动化且智能化。通过分析代码的差异，AI 可以为分支生成一个与实际更改内容相关的名称，并编写出简洁而有意义的提交消息。

以下是实现这一功能的代码示例，让我们逐步解析它的运作方式。

```python
@dataclass
class CommitResult:
    branch_name: str
    commit_sha: str
    status: str
@mcp.tool()
def create_branch_and_commit(
    repo_path: str,
    branch_name: str = "",
    commit_message: str = ""
) -> Dict:
    """创建一个分支并提交当前更改
    参数说明
    repo_path: Git 仓库路径
    branch_name: 新分支的名称。如果为空，将使用当前分支或 'feature/new-changes'
    commit_message: 提交消息。如果为空，将使用 "Update files"
    """
    try:
        repo = git.Repo(repo_path)
        # 获取当前分支名称
        current_branch = repo.active_branch.name
        # 如果未提供分支名称，则根据当前分支自动设置
        if not branch_name:
            if current_branch in ['main', 'master']:
                branch_name = "feature/new-changes"   # 默认分支名称
            else:
                branch_name = current_branch
        # 如果当前分支与目标分支不同，则切换到目标分支
        if branch_name != current_branch:
        # 检查目标分支是否存在
            if branch_name in [b.name for b in repo.branches]:
                # 如果分支已存在，则直接切换到该分支
                repo.git.checkout(branch_name)
            else:
                # 如果分支不存在，则创建并切换到新分支
                repo.git.checkout('-b', branch_name)
        # 添加所有更改，包括未跟踪的文件
        repo.git.add('.')
```

```
        # 提交更改
        commit = repo.index.commit(commit_message or "Update files")
        print(f"Created commit {commit.hexsha} on branch {branch_name} in repo
            {repo.working_dir}")
        return {
            "branch_name": branch_name,
            "commit_sha": commit.hexsha,
            "status": "committed"
        }
    except Exception as e:
        print(f"Failed to create branch or commit: {str(e)}")
        raise
```

这一功能的主要代码逻辑如下：

（1）定义返回结果

使用 CommitResult 类来存储操作结果，包括分支名称、提交的 SHA 值以及状态信息。这种结构化的数据便于后续处理。

（2）获取当前分支

工具首先会检查当前所在的分支。如果用户没有指定新的分支名称，工具则会根据当前分支的情况自动设置默认值：

- 如果当前分支是 main 或 master，则创建一个名为 feature/new-changes 的新分支。
- 如果已经在其他分支上，则继续使用当前分支。

（3）分支切换与创建

如果目标分支与当前分支不同，则工具会检查目标分支是否存在：

- 如果分支已经存在，则直接切换到该分支。
- 如果分支不存在，则创建一个新的分支并切换过去。

（4）添加更改并提交

工具会将所有更改（包括新增的未跟踪文件）添加到暂存区，并使用提供的提交消息进行提交。如果没有提供提交消息，则默认使用"Update files"。

（5）错误处理

在整个过程中，加入了错误处理机制。如果出现任何问题（如路径无效或 Git 操作失败），工具则会打印错误信息并抛出异常，确保问题能够被及时发现。

AI 不仅能根据代码的实际改动生成合理的分支名称，还能撰写清晰的提交消息，这极大地提升了开发效率。此外，这段代码还考虑了许多实际场景，例如：

- 当前是否已经在特性分支上工作。
- 是否需要创建新分支或切换到已有分支。
- 如何处理未跟踪的文件。

这些细节让工具更加实用和方便，无论是新手开发人员还是经验丰富的工程师，都能从中受益。通过这种方式，可以专注于编写高质量的代码，而不必为烦琐的分支管理和提交流程分心。

10.1.3　将代码与 GitHub 连接：自动创建 PR

在完成本地的分支创建和代码提交后，要将这些更改推送到 GitHub，并创建一个 PR。这是整个流程中唯一需要使用 GitHub 令牌的部分。为了保证安全，可以将令牌存储在环境变量中，而不是直接写入代码。这样既能保护敏感信息，又能方便地在不同环境中切换配置。

以下是创建 PR 这一功能的核心代码：

```python
@dataclass
class PullRequestResult:
    url: str              # PR 的 URL 地址
    number: int           # PR 的编号
    status: str           # PR 的状态（如 "created"）
    request_id: str       # 请求 ID（可选）
# 从环境变量中获取 GitHub 令牌和仓库名称
github_token = os.environ.get("GITHUB_TOKEN")     # GitHub 个人访问令牌
github_repo = os.environ.get("GITHUB_REPO")       # GitHub 仓库名称（如 "user/repo"）
@mcp.tool()
def create_pull_request(
    repo_path: str,                                # Git 仓库路径
    branch_name: str,                              # 创建 PR 的分支名称
    base_branch: str,                              # 目标分支名称（如 main）
    title: str,                                    # PR 标题
    description: str,                              # PR 描述
    reviewers: Optional[List[str]] = None          # 需要邀请的审阅者列表（可选）
) -> Dict:
    """创建一个新的 PR
参数说明：
repo_path: Git 仓库的本地路径
branch_name: 要创建 PR 的分支名称
base_branch: 目标分支名称（通常是 main 或 master）
title: PR 的标题
description: PR 的详细描述
reviewers: 可选的审阅者用户名列表
    """
    # 检查是否配置了 GitHub 令牌和仓库名称
    if not github_token or not github_repo:
        raise ValueError("GitHub 令牌或仓库名称未正确配置")
    try:
        # 初始化 Git 仓库对象
        repo = git.Repo(repo_path)
```

```python
# 使用 GitHub API 客户端连接到 GitHub
github = Github(github_token)                    # 使用令牌初始化 GitHub 客户端
gh_repo = github.get_repo(github_repo)           # 获取指定的 GitHub 仓库
# 将分支推送到远程仓库
repo.git.push('origin', branch_name)             # 将本地分支推送到远程仓库
# 创建 PR
pr = gh_repo.create_pull(
    title=title,                                 # PR 标题
    body=description,                            # PR 描述
    head=branch_name,                            # 来源分支
    base=base_branch                             # 目标分支
    )
    # 如果指定了审阅者，则发送审阅请求
    if reviewers:
        pr.create_review_request(reviewers=reviewers) # 邀请审阅者
print(f" 成功创建 PR #{pr.number}: {pr.html_url}")       # 打印 PR 的编号和链接
# 返回 PR 的相关信息
return {
    "url": pr.html_url,                          # PR 的 URL 地址
    "number": pr.number,                         # PR 的编号
    "status": "created",                         # 状态为 "created"
    "request_id": ""                             # 请求 ID（此处为空）
    }
except Exception as e:
    # 捕获并打印错误信息
    print(f" 创建 PR 失败 : {str(e)}")
    raise
```

这一功能的主要代码逻辑如下：

（1）环境变量配置

在代码中，通过 os.environ.get 从环境变量中读取 GitHub 令牌和仓库名称。这确保了敏感信息不会直接暴露在代码中。可以在运行程序之前设置这些环境变量，例如：

```
export GITHUB_TOKEN="your_personal_access_token"
export GITHUB_REPO="username/repository"
```

（2）将分支推送到远程仓库

在创建 PR 之前，工具会将本地分支推送到 GitHub 的远程仓库。这是为了让 GitHub 知道新分支的存在。

（3）创建 PR

使用 GitHub API，工具会根据提供的参数（如标题、描述、来源分支和目标分支）创建一个 PR。如果需要，还可以指定审阅者，邀请他们对代码进行审查。

（4）返回结果

工具会返回 PR 的相关信息，包括 URL、编号和状态。这些信息可以用于后续处理或

通知团队成员。

为了让整个程序运行起来，需要在文件末尾添加以下代码：

```
if __name__ == "__main__":
    # 初始化并运行 MCP 服务器，使用 stdio 作为通信方式
    mcp.run(transport='stdio')
```

这段代码的作用是启动 MCP 服务器，并通过标准输入输出（stdio）与其他工具进行交互。它使工具能够被其他应用程序轻松调用。

通过上述代码，构建一个完整的自动化流程：从本地代码更改到 GitHub PR 的创建。整个流程不仅高效，还极大地降低了人为操作的复杂性。无论是日常开发还是团队协作，该工具都能显著提升工作效率，让开发人员更加专注于代码本身。同时，通过将敏感信息存储在环境变量中，确保了系统的安全性。

10.1.4　将 AI 助手集成到 Cursor 中，提升 Git 工作流的效率

将 Git 提交 AI 助手集成到 Cursor 应用中其实非常简单。这样做可以直接在 Cursor 内享受到自动创建分支、提交代码以及生成 PR，特别是在 macOS 上操作时，只需几个简单的步骤即可完成设置。

在 macOS 上打开 Cursor 应用，并按照以下步骤进行配置：

1）进入设置页面：单击菜单栏中的 Cursor，然后选择 Settings，接着找到并单击 Cursor Settings。

2）添加全局 MCP 服务器：在 Cursor Settings 中找到 MCP 部分，添加新的 MCP 服务器。这里将我们开发的 AI 助手作为一个全局 MCP 服务器来使用。

3）填写配置信息：根据下面提供的示例配置文件，输入相应的参数。

```
{
"mcpServers": {
    "git_commit_helper": {
        "command": "uv",                          # 使用的命令工具
        "args": [
            "--directory",                        # 指定目录路径
            "/my/directory/git_commit_helper/",   # AI 助手所在的目录
            "run","main.py"                       # 要运行的主脚本
        ],
        "env": {  # 设置环境变量
            "GITHUB_TOKEN": "xxx",                # GitHub 个人访问令牌
            "GITHUB_REPO": "xxx"                  # GitHub 仓库名称（如 "user/repo"）
        }
    }
}
}
```

其中：

- command 和 args：指定了如何启动 AI 助手，确保路径指向包含 main.py 的正确目录。
- env：填入 GitHub 令牌和仓库名称。请确保用实际值替换 ×××。

4）保存设置：完成上述配置后，保存设置，即可配置成功。Cursor 中 MCP 服务器的配置成功示例如图 10-1 所示。

图 10-1 Cursor 中 MCP 服务器的配置成功示例

这个工作流程的一个关键优势在于能够实时访问最新的数据。其他方法可能会基于过时的信息做出决策，这个工作流程可以直接与 Git 仓库互动，即时反映当前的所有更改。这意味着无论是提交新代码还是创建 PR，开发人员都在处理最新、最准确的数据。

例如，当你想要检查当前的工作目录与 master 分支之间的差异时，该工具可以立即给出结果，而不是依赖可能已经过时的历史记录。这不仅提高了工作效率，还减少了数据不一致导致的错误。

通过这种方式，MCP 服务器让开发过程变得更加智能和高效。无论是日常的小改动还是大型项目的协作，这种直接处理仓库中正在发生的变化的能力，使得整个开发流程更加流畅和可靠。现在，这样一个强大的工具成为 Cursor 的一部分，开发人员可以更加专注于编写高质量的代码，而无须担心烦琐的手动操作。

10.2 智能代码评审

通过结合 Claude Desktop、GitHub 和 Notion，可以轻松实现代码审核（Code Review）的自动化，并在 Notion 中完成对相关文档的检查。这种方法不仅能够提升开发效率，还能确保代码质量和文档记录的完整性。以下是实现这一目标的主要步骤：

1）配置环境和凭证。为 GitHub 和 Notion 设置好运行环境，并准备好相关的访问凭证。

- GitHub：生成一个个人访问令牌（Personal Access Token），用于授权工具访问代码仓库。

● Notion：获取 Notion 的 API 密钥，这样才能将分析结果自动记录到 Notion 页面中。

这些凭证可以存储在环境变量中，以确保安全性并方便后续调用。

2）初始化 MCP 服务器与 Claude Desktop 通信。初始化一个 MCP 服务器，将其作为 Claude Desktop 与其他工具之间的桥梁。MCP 服务器的作用是接收来自 Claude Desktop 的请求，并将其转发给 GitHub 或 Notion 等外部服务。

在配置文件中，需要指定 MCP 服务器的命令、参数以及环境变量，例如 GitHub 的令牌和 Notion 的 API 密钥。

通过这种方式，Claude Desktop 就能够与 GitHub 和 Notion 无缝协作，完成从代码审核到文档记录的整个流程。

3）从 GitHub 获取 PR 变更内容和元数据。当一个新的 PR 被创建时，该工具会自动从 GitHub 获取相关的变更内容和元数据。

● 变更内容：包括新增、修改或删除的代码行以及文件的具体改动。

● 元数据：包括 PR 的标题、描述、作者信息以及关联的分支名称。

这些信息会被整理成结构化的数据，以供下一步分析使用。

4）使用 Claude Desktop 分析代码更改。在获取到 PR 的变更内容后，Claude Desktop 会对其进行智能分析。它可以根据代码的上下文判断是否存在潜在的问题，例如逻辑错误、性能瓶颈或不符合编码规范。同时，它还可以为代码改进提供建议，帮助开发人员优化代码质量。

这一步的核心优势在于，Claude Desktop 能够理解复杂的代码逻辑，并结合自然语言处理技术生成易于理解的反馈。

5）在 Notion 中记录分析结果。将 Claude Desktop 生成的分析结果记录到 Notion 中，以便于团队成员查看和讨论。在 Notion 中创建一个专门的页面，用于跟踪每个 PR 的审核状态。分析结果包括代码问题的详细描述、改进建议以及相关的代码片段。

通过这种方式，团队成员可以随时查阅审核记录，确保所有问题都能得到妥善解决。此外，这种文档化的流程也为未来的项目回顾提供了宝贵的资料。

现在，我们成功地实现了代码审核和文档检查的自动化流程。这不仅大幅减少了手动操作的工作量，还提高了团队协作的效率。无论是开发人员还是项目经理，都可以从中受益。更重要的是，这种智能化的工具组合让代码审核更加精准，文档记录更加系统化，从而为整个项目的成功奠定了坚实的基础。

现在，让我们来实现它！

10.2.1　快速搭建项目环境：安装工具、配置依赖和设置凭证

在开始之前，我们需要完成一些基础的准备工作。这些步骤包括安装一个快速且轻量

化的软件包管理器、创建项目目录、设置虚拟环境、安装依赖项以及配置必要的环境变量。
下面将详细说明。

1. 安装 uv 软件包管理器

使用 uv 作为软件包管理器，因为它比 Conda 更轻便，速度也更快。无论是在 macOS、
Linux 还是 Windows 系统上，安装都非常简单。

对于 macOS 或 Linux 系统，只需运行以下命令即可完成安装：curl -LsSf https://astral.
sh/uv/install.sh | sh。这条命令会自动下载并安装 uv，整个过程无须额外配置。

对于 Windows 系统，可以通过 PowerShell 运行以下命令：powershell -ExecutionPolicy
ByPass -c "irm https://astral.sh/uv/install.ps1 | iex"。这条命令会从官方服务器下载 uv 安装文
件并完成安装。

2. 创建并初始化项目目录

为项目创建一个专门的目录并初始化。

```
uv init pr_reviewered pr_reviewer
```

这里，使用 uv init 命令创建一个名为 pr_reviewer 的项目目录，并进入该目录。这个目
录将成为项目的根目录，存放所有的代码和配置文件。

3. 创建并激活虚拟环境

为了确保项目的依赖项不会与其他项目冲突，建议使用虚拟环境。以下是创建和激活
虚拟环境的方法。

对于 macOS 或 Linux 系统，可以运行以下命令：

```
uv venv
source .venv/bin/activate
```

对于 Windows 系统，可以运行以下命令：

```
uv venv
.venv\Scripts\activate
```

激活虚拟环境后，终端提示符前多了一个 .venv 标志，这表明当前已经进入了虚拟
环境。

4. 安装依赖项

为了让项目能够正常运行，需要安装一些必要的依赖项，例如用于 GitHub API 调用的
requests 库、读取环境变量的 python-dotenv 库，以及用于 MCP 服务器和 Notion 集成的相关
工具。

首先，创建一个 requirements.txt 文件，内容如下。

```
requests>=2.31.0
python-dotenv>=1.0.0
mcp[cli]>=1.4.0
notion-client>=2.3.0
```

接着，运行以下命令来安装这些依赖项。

```
uv pip install -r requirements.txt
```

最后，这条命令会根据 requirements.txt 中的列表，自动下载并安装所有需要的库。

5. 设置环境变量

为了确保项目能够安全地访问 GitHub 和 Notion 的 API 服务，需要将相关的凭证存储在环境变量中。具体来说，创建一个 .env 文件，并在其中填写以下内容。

```
GITHUB_TOKEN=your_github_token
NOTION_API_KEY=your_notion_API_key
NOTION_PAGE_ID=your_notion_page_id
```

如何获取这些凭证呢？

（1）GitHub Token

登录 GitHub，依次单击"Settings → Developer settings → Personal Access Tokens → Generate New Token (classic)"。在生成令牌时，请确保启用以下权限：

- read:org：读取组织信息。
- read:repo_hook：读取仓库钩子。
- repo：访问仓库内容。

（2）Notion API Key

登录 Notion 后，访问集成工具页面（https://www.notion.so/my-integrations），单击 Create New Integration 创建一个新的内部集成方式。完成后，复制生成的集成密钥（notion_API_key）。

（3）Notion Page ID

打开记录分析结果的 Notion 页面，查看其 URL 地址。URL 地址中的一串 UUID 就是页面的 ID。例如在 https://www.notion.so/MyPage-123e4567-e89b-12d3-a456-426614174000 中，123e4567-e89b-12d3-a456-426614174000 就是页面的 ID。

通过以上步骤，我们已经成功完成了项目的初始配置工作。从安装 uv 软件包管理器到创建虚拟环境，再到安装依赖项和设置环境变量，每个步骤都至关重要。这些准备工作不仅确保了项目的稳定性和安全性，还为后续的开发奠定了坚实的基础。

利用 Claude Desktop 自动审核代码，并在 Notion 中记录分析结果，这套流程能够帮助开发人员高效地完成任务，并保持代码和文档的高质量标准。

10.2.2　创建一个模块来处理 GitHub PR 的数据检索

为了从 GitHub 的 PR 中获取详细信息，编写一个名为 github_integration.py 的 Python 文件。这个模块的核心功能是通过 GitHub API 发送的经过身份验证的 HTTP 请求，获取 PR 的元数据和文件级更改信息。

github_integration.py 的核心代码如下。

```python
import os
import requests
import traceback
from dotenv import load_dotenv
# 加载环境变量文件中的配置
load_dotenv()
GITHUB_TOKEN = os.getenv('GITHUB_TOKEN')              # 从环境变量中读取 GitHub 令牌
def fetch_pr_changes(repo_owner: str, repo_name: str, pr_number: int) -> list:
    """ 从 GitHub PR 中获取更改
    参数说明：
    repo_owner: GitHub 仓库的所有者名称
    repo_name: GitHub 仓库的名称
    pr_number: 要分析的 PR 编号
    Returns:
    包含文件更改详细信息的列表，以及 PR 的元数据
    """
    print(f" 正在获取 {repo_owner}/{repo_name}#{pr_number} 的 PR 更改信息…")
    # 构造 API 请求的 URL
    pr_url = f"https://API.github.com/repos/{repo_owner}/{repo_name}/pulls/
        {pr_number}"  # 获取 PR 的基本信息
    files_url = f"{pr_url}/files"                      # 获取 PR 中文件更改的详细信息
    headers = {'Authorization': f'token {GITHUB_TOKEN}'}  # 添加身份验证头
    try:
        # 发送请求获取 PR 的元数据
        pr_response = requests.get(pr_url, headers=headers)
        pr_response.raise_for_status()                # 检查请求是否成功
        pr_data = pr_response.json()                  # 解析返回的 JSON 数据
        # 发送请求获取 PR 中文件的更改信息
        files_response = requests.get(files_url, headers=headers)
        files_response.raise_for_status()
        files_data = files_response.json()            # 解析返回的 JSON 数据
        # 提取并整理每个文件的更改信息
        changes = []
        for file in files_data:
            change = {
                'filename': file['filename'],         # 文件名
```

```
                    'status': file['status'],                    # 文件状态（新增、修改或删除）
                    'additions': file['additions'],               # 新增行数
                    'deletions': file['deletions'],               # 删除行数
                    'changes': file['changes'],                   # 总改动行数
                    'patch': file.get('patch', ''),               # 文件的具体差异内容
                    'raw_url': file.get('raw_url', ''),           # 文件的原始内容链接
                    'contents_url': file.get('contents_url', '')  # 文件的内容 API 链接
                }
                changes.append(change)
            # 整理 PR 的元数据
            pr_info = {
                'title': pr_data['title'],                        # PR 标题
                'description': pr_data['body'],                    # PR 描述
                'author': pr_data['user']['login'],               # PR 作者
                'created_at': pr_data['created_at'],              # PR 创建时间
                'updated_at': pr_data['updated_at'],              # PR 最后更新时间
                'state': pr_data['state'],    # PR 状态
                'total_changes': len(changes),                    # 文件更改总数
                'changes': changes                                # 文件更改的详细信息
            }
            print(f" 成功获取了 {len(changes)} 个文件的更改信息 ")
            return pr_info
    except Exception as e:
        # 捕获并打印错误信息
        print(f" 获取 PR 更改时出错：{str(e)}")
        traceback.print_exc()
        return None
# 示例用法（用于调试）
# pr_data = fetch_pr_changes('owner', 'repo', 1)
# print(pr_data)
```

github_integration.py 的代码解读如下：

1）加载环境变量：使用 dotenv 库从 .env 文件中加载环境变量，并从中读取 GitHub 的个人访问令牌（GITHUB_TOKEN），这确保了敏感信息不会直接暴露在代码中。

2）构造 API 请求 URL：

- pr_url：指向特定 PR 的基本信息。

- files_url：获取该 PR 中所有文件的更改详情。

3）发送 HTTP 请求：使用 requests 库向 GitHub API 发送 GET 请求，分别获取 PR 的元数据和文件更改信息。每次请求都附带身份验证头，以确保权限足够。

4）提取和整理数据：

- 对于每个文件的更改，提取其文件名、状态（新增、修改或删除）、新增行数、删除行数、总改动行数以及具体的差异内容（patch）。

- 整理 PR 的元数据，例如标题、描述、作者、创建时间等。

5）错误处理：如果在请求过程中发生任何错误（如网络问题或权限不足），则捕获异常并打印详细的错误信息，以方便排查问题。

通过上述模块和步骤，可以轻松地从 GitHub 中获取 PR 的详细信息，并将其整合到自动化的工作流程中。

10.2.3 创建核心 PR 分析器：连接 Claude Desktop、GitHub 和 Notion

创建一个名为 PRAnalyzer 的核心模块（pr_analyzer.py 文件），它将 Claude Desktop 与 GitHub 和 Notion 无缝连接起来。这个模块的主要任务是从 GitHub 中获取 PR 的详细信息，并将分析结果记录到 Notion 中。通过这种方式，不仅能够实现自动化的代码审核流程，还可以在团队协作中实时共享审核结果。

pr_analyzer.py 的核心代码如下。

```python
import sys
import os
import traceback
from typing import Any, List, Dict
from mcp.server.fastmcp import FastMCP              # MCP 服务器框架
from github_integration import fetch_pr_changes     # 用于从 GitHub 获取 PR 数据
from notion_client import Client                     # Notion 客户端库
from dotenv import load_dotenv                       # 加载环境变量
class PRAnalyzer:
    def __init__(self):
        # 加载环境变量文件中的配置
        load_dotenv()
        # 初始化 MCP 服务器
        self.mcp = FastMCP("github_pr_analysis")
        print("MCP 服务器已初始化 ", file=sys.stderr)
        # 初始化 Notion 客户端
        self._init_notion()
        # 注册 MCP 工具
            self._register_tools()
    def _init_notion(self):
        # 初始化 Notion 客户端，并验证 API 密钥和页面 ID 是否正确
        try:
            # 从环境变量中读取 Notion API 密钥和页面 ID
            self.notion_API_key = os.getenv("NOTION_API_KEY")
            self.notion_page_id = os.getenv("NOTION_PAGE_ID")
            # 检查是否缺少必要的环境变量
            if not self.notion_API_key or not self.notion_page_id:
                raise ValueError(" 环境变量中缺少 Notion API 密钥或页面 ID")
            # 使用 API 密钥初始化 Notion 客户端
            self.notion = Client(auth=self.notion_API_key)
            print(f"Notion 客户端初始化成功 ", file=sys.stderr)
```

```python
            print(f" 使用的 Notion 页面 ID: {self.notion_page_id}", file=sys.stderr)
        except Exception as e:
            # 捕获并打印错误信息
            print(f"Notion 客户端初始化失败：{str(e)}", file=sys.stderr)
            traceback.print_exc(file=sys.stderr)
            sys.exit(1)
    def _register_tools(self):
        # 注册 MCP 工具，包括从 GitHub 中获取 PR 信息和创建 Notion 文档
        @self.mcp.tool()
        async def fetch_pr(repo_owner: str, repo_name: str, pr_number: int) ->
            Dict[str, Any]:
            # 从 GitHub 中获取指定 PR 的详细信息
            print(f" 正在获取 PR #{pr_number} 来自 {repo_owner}/{repo_name}",
                file=sys.stderr)
            try:
                # 调用 fetch_pr_changes() 函数获取 PR 数据
                pr_info = fetch_pr_changes(repo_owner, repo_name, pr_number)
                # 如果没有返回数据，则说明请求失败
                if pr_info is None:
                    print(" 未从 `fetch_pr_changes` 获取到任何更改信息 ", file=sys.stderr)
                    return {}
                print(f" 成功获取 PR 信息 ", file=sys.stderr)
                return pr_info   # 返回 PR 的详细信息
            except Exception as e:
                # 捕获并打印错误信息
                print(f" 获取 PR 时出错：{str(e)}", file=sys.stderr)
                traceback.print_exc(file=sys.stderr)
                return {}
        @self.mcp.tool()
        async def create_notion_page(title: str, content: str) -> str:
            # 在 Notion 中创建一个新页面，用于记录 PR 分析结果
            print(f" 正在创建 Notion 页面：{title}", file=sys.stderr)
            try:
                # 使用 Notion API 创建页面
                self.notion.pages.create(
                parent={"type": "page_id", "page_id": self.notion_page_id},
                    # 设置父页面 ID
                properties={
                "title": {"title": [{"text": {"content": title}}]}   # 设置页面标题
                },
                children=[{
                    "object": "block",
                    "type": "paragraph",
                    "paragraph": {
                        "rich_text": [{
                        "type": "text",
                        "text": {"content": content}   # 设置页面内容
                        }]
```

```
                    }
                }]
            )
            print(f"Notion 页面 '{title}' 创建成功！", file=sys.stderr)
            return f"Notion 页面 '{title}' 创建成功！"
        except Exception as e:
        # 捕获并打印错误信息
            error_msg = f" 创建 Notion 页面时出错：{str(e)}"
            print(error_msg, file=sys.stderr)
            traceback.print_exc(file=sys.stderr)
        return error_msg
    def run(self):
    # 启动 MCP 服务器
    try:
        print(" 正在运行 MCP 服务器以进行 GitHub PR 分析…", file=sys.stderr)
        self.mcp.run(transport="stdio")  # 使用 stdio 作为通信协议启动服务器
    except Exception as e:
        # 捕获并打印致命错误
        print(f"MCP 服务器发生严重错误：{str(e)}", file=sys.stderr)
        traceback.print_exc(file=sys.stderr)
        sys.exit(1)
if __name__ == "__main__":
    # 创建并运行 PR 分析器
        analyzer = PRAnalyzer()
        analyzer.run()
```

pr_analyzer.py 的代码解读如下：

1）加载环境变量。使用 dotenv 库从 .env 文件中加载环境变量，例如 GitHub Token、Notion API 密钥和页面 ID。这些变量是整个系统运行的基础。

2）初始化 MCP 服务器。

FastMCP 是一个轻量级的多通道处理器框架，用于处理来自 Claude Desktop 的请求。将其命名为 github_pr_analysis，以便在日志中轻松识别。

3）初始化 Notion 客户端。

在 _init_notion() 方法中，检查环境变量是否完整，并使用 API 密钥初始化 Notion 客户端。如果缺少必要的变量，则程序会抛出错误并终止运行。

4）注册 MCP 工具。

- fetch_pr 工具：调用 fetch_pr_changes() 函数，从 GitHub 中获取 PR 的详细信息，包括文件更改和元数据。
- create_notion_page 工具：将分析结果写入 Notion 页面，生成易于查看的文档。

5）启动 MCP 服务器。在 run() 方法中，使用 stdio 作为通信协议并启动 MCP 服务器。这样，工具可以与其他应用程序无缝交互。

完成上述代码后，按照以下步骤运行服务器：

1）确保环境变量已配置。确保 .env 文件中包含以下内容。

```
GITHUB_TOKEN=your_github_token
NOTION_API_KEY=your_notion_API_key
NOTION_PAGE_ID=your_notion_page_id
```

2）运行脚本。在终端中运行以下命令。

```
python pr_analyzer.py
```

3）观察日志输出。在运行过程中，在终端中可以看到详细的日志信息，例如"MCP 服务器已初始化""Notion 客户端初始化成功"等。

通过上述模块和代码，成功地将 GitHub、Notion 和 Claude Desktop 整合到了一个自动化的工作流程中。这套系统不仅能够实时获取 PR 的详细信息，还能将分析结果记录到 Notion 中，以供团队成员查看和讨论。

10.2.4 自动化 PR 审查流程：从代码更改到 Notion 记录

当服务器处于运行状态时，打开 Claude Desktop 应用，会在文本框中看到一个插头图标，这表示 MCP 服务器已经成功连接。通过这个简单的界面，可以轻松地将 PR 链接粘贴进去。一旦输入了 PR 链接，Claude Desktop 会利用 MCP 服务器自动获取该 PR 的所有详细信息，并对代码进行深入分析。之后，Claude Desktop 不仅会提供一份详细的总结和回顾报告，还会根据指示将这些分析结果直接上传至 Notion 工作区。

整个 PR 审查过程的自动化涵盖了从获取代码更改到在 Notion 中记录分析结果的每一个步骤。这种自动化带来了以下几个显著的好处：

- 节省时间：自动化初始代码审查过程极大地减少了手动检查所需的时间。开发人员无须再花费大量时间逐一查看每个文件的变化，而可以快速获得一个全面的概览。
- 一致性：对于每一个 PR，系统都会应用相同的分析模式，确保评估标准的一致性。这样做的好处是可以避免人员审查不同导致的标准不一致问题。
- 文档维护：所有的评论历史都被保存在 Notion 中，形成一套可搜索的文档库。这对于后续查阅或作为未来项目的参考材料来说是非常有价值的资源。
- 可扩展性：这个框架设计得非常灵活，可以根据需要支持其他工具和服务。这意味着随着项目的发展或者团队需求的变化，能够轻松添加新的功能或集成额外的服务。

MCP 代表了一个重要的进步方向，它致力于创建标准化且互操作性强的 AI 系统，使这些系统可以方便地融入现有的工作流和工具链中。随着越来越多的企业和组织开始采用这样的开放标准，我们可以预见，在多个领域内将会出现 AI 应用的爆发式增长。

这种趋势带来的不仅仅是技术上的革新，更重要的是，它促进了跨行业的创新合作。例如，一家专注于软件开发的公司可能会发现，借助 MCP 及其相关工具，能够更快捷地引入最新的机器学习模型来优化自己的产品和服务；教育机构也可能利用这些技术改进在线学习平台的功能，提高用户体验。

总之，通过实现 PR 审查过程的自动化，并将其与强大的文档管理工具（如 Notion）相结合，不仅提高了工作效率，还为未来的扩展和发展奠定了坚实的基础。这不仅是技术上的突破，也是推动行业向前发展的重要一步。

10.3　优化 API 调用

作为一名开发人员，检查 API 并编写代码来提取所需的信息并不算特别困难。然而，要完成这项任务，需要明确地编写一系列操作链，以便从 API 中获取数据。此外，为了提高效率，还需要缓存一些不会频繁变化的数据（如实体 ID），以避免重复访问 API。这种设计不仅能减少 API 的请求次数，还能显著提升程序的运行速度。

接下来，以 ThemeParks.wiki API（https://themeparks.wiki/API）为例，看看如何通过 MCP 服务器来优化这个 API 的使用。这个 API 为开发人员提供了世界各地主题公园的详细信息，包括营业时间、景点等待时间、演出时间等内容。它可以帮助用户更好地规划其主题公园之旅。

ThemeParks.wiki API 提供的一些关键端点及其功能如下：

1. /destinations

这个端点返回一个 JSON 列表，包含 API 覆盖的所有度假区。每个度假区可能包含一个或多个主题公园。例如：迪士尼世界度假区是一个度假区，而迪士尼的魔法王国、迪士尼的好莱坞工作室和迪士尼的动物王国则是该度假区内的主题公园。

2. /entity/{entityId}

这个端点返回某个特定实体的高级详细信息。这里的"实体"可以是度假区、主题公园、演出、景点、餐厅等。例如，查询某个主题公园的基本信息。

3. /entity/{entityId}/children

这个端点返回某个实体的子元素列表。当实体是度假区或主题公园时，这个端点尤其有用。例如，对于一个主题公园来说，它可以列出公园中的所有景点、演出和餐厅。

4. /entity/{entityId}/live

这个端点返回某个实体的实时信息（近实时）。例如：

- 对于演出，它可能会返回当天的演出时间表。
- 对于景点，它可能会显示当前的等待时间。
- 对于餐厅，它可能会根据聚会规模估算等待时间。

5. /entity/{entityId}/schedule

这个端点返回某个实体的操作时间表。例如，对于主题公园来说，它会列出一个月内的营业时间，并可能包含额外信息。

6. /entity/{entityId}/schedule/{year}/{month}

与上一个端点类似，但专注于特定的月份（从该月的第一天开始）。

假设需要查询某个主题公园的具体景点信息，通常需要按照以下步骤进行：

- 获取度假区信息：通过 /destinations 端点获取所有度假区的列表，并找到目标度假区的实体 ID。
- 获取主题公园信息：通过 /entity/{entityId} 端点获取该度假区内的主题公园列表，并找到目标主题公园的实体 ID。
- 获取景点信息：通过 /entity/{entityId}/children 端点获取该主题公园内的景点列表，并找到目标景点的实体 ID。
- 获取详细信息或实时数据：使用 /entity/{entityId}/live 或 /entity/{entityId}/schedule 等端点，获取该景点的实时等待时间、演出时间或其他相关信息。

为了简化这些复杂的操作链，可以利用 MCP 服务器将 ThemeParks.wiki API 的每个端点封装成一个独立的工具。这种一对一的映射方式非常直观：只需在 MCP 服务器中为每个端点定义一个工具，然后通过 HTTP GET 请求调用对应的 API。

例如，可以使用 Spring 框架的 RestClient 来实现这一目标。具体步骤如下：

1. 定义工具上下文

在 MCP 中为每个 API 端点创建一个工具定义。例如：

- 工具 1：对应 /destinations 端点，用于获取度假区列表。
- 工具 2：对应 /entity/{entityId} 端点，用于获取实体详细信息。
- 工具 3：对应 /entity/{entityId}/live 端点，用于获取实时数据。

2. 发出 HTTP 请求

使用 RestClient 向 API 发送 GET 请求，并将结果解析为可用的数据格式（如 JSON）。

3. 缓存不变数据

对于那些不经常变化的数据（如实体 ID），可以将其缓存起来，避免重复调用 API。这样既能节省资源，又能加快响应速度。

通过 MCP，将 API 的复杂操作链简化为一系列易于调用的工具。这种方式不仅提高了开发效率，还降低了出错的可能性。更重要的是，MCP 的设计非常灵活，可以根据需要扩展支持其他 API 或服务。

例如，如果我们想集成其他主题公园相关的 API，只需按照相同的模式添加新的工具即可。这种标准化的方式使得整个系统更模块化和可维护。

10.3.1 使用 Spring AI 的新特性优化 ThemeParks.wiki API 的使用

为了简化与 ThemeParks.wiki API 的交互，可以利用即将到来的 Spring AI Milestone 6 版本中的新 @Tool 注解。通过创建一个服务类，为每个 API 端点定义相应的工具方法，更高效地获取所需信息。下面是实现这一目标的具体步骤和代码示例。

1. 创建服务类

创建一个服务类 ThemeParkService，它将包含所有用于与 ThemeParks.wiki API 交互的方法。每个方法都会被标记为一个 @Tool，以便它们可以作为独立的功能在 MCP 服务器中被调用。

```
@Servicepublic class ThemeParkService {
    # 定义 API 的基础 URL
    public static final String THEME_PARKS_API_URL = "https://API.themeparks.
        wiki/v1";
    private final RestClient restClient;
    # 构造函数初始化 RestClient
    public SimpleThemeParkService(RestClient.Builder restClientBuilder) {
        this.restClient = restClientBuilder.baseUrl(THEME_PARKS_API_URL).build();
    }
    # 获取度假区列表
    @Tool(name = "getDestinations", description = " 获取包括实体 ID、名称及其主题公
        园子列表在内的度假区列表 ")
    public String getDestinations() {
        return sendRequestTo("/destinations");
    }
    # 根据实体 ID 获取公园、景点或演出的数据
    @Tool(name = "getEntity", description = " 根据实体 ID 获取公园、景点或演出的数据 ")
    public String getEntity(String entityId) {
        return sendRequestTo("/entity/{entityId}", entityId);
    }
    # 根据公园实体 ID 获取其内的景点和演出列表
    @Tool(name = "getEntityChildren", description = " 根据公园实体 ID 获取其内的景点
        和演出列表 ")
    public String getEntityChildren(String entityId) {
        return sendRequestTo("/entity/{entityId}/children", entityId);
    }
    # 根据公园实体 ID 获取其营业时间
```

```
@Tool(name = "getEntitySchedule", description = "根据公园实体 ID 获取其营业时间")
public String getEntitySchedule(String entityId) {
    return sendRequestTo("/entity/{entityId}/schedule", entityId);
}
# 根据公园实体 ID 及特定年月获取其营业时间
@Tool(name = "getEntityScheduleForDate", description = "根据公园实体 ID 及特定
    年月获取其营业时间")
public String getEntitySchedule(String entityId, String year, String month) {
    return sendRequestTo("/entity/{entityId}/schedule/{year}/{month}",
        entityId, year, month);
}
# 根据景点或演出实体 ID 获取实时信息
@Tool(name = "getEntityLive", description = "根据景点或演出实体 ID 获取实时信息
    (如等待时间或演出时间)")
public String getEntityLive(String entityId) {
    return sendRequestTo("/entity/{entityId}/live", entityId);
}
# 发送请求到指定路径
private String sendRequestTo(String path, Object... pathVariables) {
    return restClient.get().uri(path, pathVariables).retrieve().
        body(String.class);
}
}
```

2. 配置 MCP 服务器

将这些方法公开为 MCP 服务器中的工具，并进行必要的配置。

```
@Configurationpublic class McpServerConfig {
private final SimpleThemeParkService themeParkService;
public McpServerConfig(SimpleThemeParkService themeParkService) {
    this.themeParkService = themeParkService;
}
# 配置标准输入输出传输
@Bean
public StdioServerTransport stdioTransport() {
    return new StdioServerTransport();
}
# 配置 MCP 服务器
@Bean
public McpSyncServer mcpServer(ServerMcpTransport transport) {
    var capabilities = McpSchema.ServerCapabilities.builder().tools(true).build();
    ToolCallback[] toolCallbacks = MethodToolCallbackProvider.builder()
        .toolObjects(themeParkService)   # 设置服务中的工具
        .build()
        .getToolCallbacks();
    return McpServer.sync(transport)
        .serverInfo("Theme Park MCP Server", "1.0.0")
```

```
            .capabilities(capabilities)
            .tools(ToolHelper.toSyncToolRegistration(toolCallbacks))
            .build();
    }
}
```

3. 考虑到的问题与挑战

尽管上述方案能够工作，但在实际操作中会遇到一些问题：

- 速度与速率限制：由于 OpenAI 的每分钟代币速率限制，频繁的 API 调用可能导致失败。
- 数据冗余：例如，从 /destinations 和 /schedule 端点返回的数据量庞大，但实际需要的信息可能只占一小部分，浪费了大量的 token，容易超出 TPM 限制。
- LLM 寻找实体 ID 的效率低下：语言模型（LLM）在尝试找到特定条目的实体 ID 时，往往会反复调用相关工具，增加了交互次数和成本。

总的来说，虽然直接将现有 API 集成进 MCP 服务器面临一定挑战，但通过合理的优化措施，仍然可以在很大程度上改善用户体验并提高系统效率。

10.3.2　优化 MCP 服务器使用 API 的方式

虽然我们对 ThemeParks.wiki API 的设计没有太多的控制权，无法直接优化 API 本身，但是可以通过调整 MCP 服务器使用 API 的方式来显著提升效率。这种优化不仅能够减少不必要的重复请求，还能降低大模型在处理数据时的复杂度和 token 消耗。

一个显而易见的优化是缓存目标端点的结果。例如，从 /destinations 端点返回的数据通常不会频繁变化。通过缓存这些数据，可以避免重复访问 API，从而节省网络资源和时间。然而，这种方法并不能减少大模型处理数据时的 token 消耗。

为了进一步优化，可以重新组织从 /destinations 端点返回的数据结构。原始的 JSON 数据是以度假区为顶层项，主题公园作为其子项。如果将其反转，使主题公园成为顶层项，并包含度假区的实体 ID 和名称属性，那么大模型将更容易筛选出特定主题公园的实体 ID。

基于这一思路，设计一个新的方法 getParksByName()，它取代了原有的 getDestinations() 方法。新的方法将一个主题公园名称或度假区名称作为参数，并返回匹配的公园列表。

```
@Tool(name = "getParksByName",
description = "根据主题公园名称或度假区名称，获取包括名称和实体 ID 在内的公园列表 ")public
    List<Park> getParksByName(String parkName) throws JsonProcessingException {
# 使用过滤条件筛选符合条件的公园
    return getParkStream(
        park -> park.name().toLowerCase().contains(parkName.toLowerCase())
```

```
         || park.resortName().toLowerCase().contains(parkName.toLowerCase()))
            .collect(Collectors.toList());
}
private Stream<Park> getParkStream(Predicate<Park> filter) {
# 从 /destinations 端点获取所有度假区及其主题公园信息
    DestinationList destinationList = restClient.get()
        .uri("/destinations")
        .retrieve()
        .body(DestinationList.class);
    # 将度假区中的主题公园转换为独立的 Park 对象，并应用过滤条件
    return Objects.requireNonNull(destinationList).destinations.stream()
        .flatMap(destination -> destination.parks().stream()
        .map(park ->
        new Park(park.id(), park.name(), destination.id(), destination.name())
            .filter(filter));
}
```

解释说明如下：

- getParksByName()：根据用户输入的主题公园名称或度假区名称，快速定位相关的公园信息。
- getParkStream()：一个辅助方法，将从 API 获取的嵌套数据结构展平为更易于处理的流式数据，并支持动态过滤。

另一个重要的优化是对日程安排数据的处理。原始的 /entity/{entityId}/schedule 端点返回的是整个月的计划信息，但实际需求可能只需要某一天的数据。如果每次都返回整个月的数据，则会导致大量无用信息被加载到提示上下文中，浪费 token。

因此，删除只接受实体 ID 作为参数的 getEntitySchedule() 方法，改为仅保留接受年份和月份作为参数的端点，并进一步优化其逻辑，使其能够精确过滤到指定日期的日程安排。

新的 getEntityScheduleForDate() 方法如下：

```
@Tool(name = "getEntityScheduleForDate",
description = " 根据主题公园的实体 ID 和特定日期（格式为 yyyy-MM-dd），获取当天的营业时间 ")
public List<ScheduleEntry> getEntitySchedule(String entityId, String date) {
    # 将日期字符串拆分为年份和月份
    String[] dateSplit = date.split("-");
    String year = dateSplit[0];
    String month = dateSplit[1];
    # 调用 API 获取整个月的日程安排
    Schedule schedule = restClient.get()
        .uri("/entity/{entityId}/schedule/{year}/{month}",
        entityId, year, month)
        .retrieve()
        .body(Schedule.class);
```

```
# 精确过滤到指定日期的日程安排
return schedule.schedule().stream()
    .filter(scheduleEntry -> scheduleEntry.date().equals(date))
    .toList();
}
```

解释说明如下：

- getEntityScheduleForDate()：该方法的核心作用是根据用户提供的日期，从 API 返回的整个月的日程安排中筛选出特定日期的信息。
- 这种优化减少了传递给 LLM 的数据量，显著降低了 token 的使用。

在优化过程中，原有的 getEntitySchedule() 方法（仅接受实体 ID 作为参数）不仅显得多余，而且 LLM 偶尔仍会调用它。这导致大量未经筛选的 JSON 数据被加载到提示上下文中，增加了 token 的消耗。因此，果断删除这个方法。

通过对 API 结果的调整，使数据更加聚焦典型用例，并减少提示上下文中传递的 JSON 数量，最终的提示词 token 数量减少了 90%。这不仅提高了系统的响应速度，还显著降低了 GenAI API 的使用成本。

虽然使用 OpenAPI 规范并通过 OpenAPI MCP Server 将 API 端点公开为工具是一种简单且高效的做法，但是在实际操作中，需要特别关注 API 返回的数据对 token 使用的影响。以下是一些实用的建议：

- 缓存不变数据：对于不经常变化的数据（如实体 ID、度假区列表等），应尽量使用缓存机制，以减少 API 调用次数。
- 精简返回数据：通过重新组织 API 返回的数据结构或筛选关键信息，避免传递过多无用数据。
- 聚焦典型用例：优化工具设计，使其更贴合用户的实际需求，而不是盲目暴露所有 API 功能。
- 评估成本影响：如果不考虑 token 的使用情况，则可能会导致 GenAI API 账单飙升，并影响用户体验。

总而言之，在构建自定义 MCP 服务器时，优化 API 的使用方式是非常重要的一步。只有通过合理的设计和调整，才能真正实现高效、低成本的解决方案。

10.4　MCP 为传统应用带来革新：API 的运行时管理

随着 MCP 的兴起，它为传统应用程序开辟了一条新的技术路径。MCP 以其标准化的集成功能而著称，能够简化不同系统之间的交互过程，提供更加高效和灵活的解决方案。APISIX-MCP 项目就是一个典型的例子，它利用 MCP 的强大功能，通过自然语言处理技术将大模型与 Apache APISIX 的管理 API 无缝连接起来。

Apache APISIX 是一个动态、实时、高性能的 API 网关，提供了丰富的插件支持，可以满足各种定制化需求。而 APISIX-MCP 则进一步增强了它的灵活性和易用性，使得用户可以通过简单的自然语言指令来管理和配置 APISIX 的各项功能，极大地降低了使用门槛和技术要求。

值得一提的是，APISIX-MCP 是一个开源项目，这意味着任何人都可以自由地使用、修改和分发它。你可以在 https://github.com/API7/APIsix-mcp 上找到这个包，并将其集成到你的项目中。此外，GitHub 也是获取该项目的一个重要渠道，你可以查看源代码、贡献自己的代码或报告遇到的问题。

为了便于配置和使用，APISIX-MCP 兼容任何遵循 MCP 标准的 AI 客户端。例如，Claude Desktop、Cursor 或是 VSCode 中的 Cline 插件等，都可以与 APISIX-MCP 进行交互。这些工具不仅提高了开发效率，还让开发人员能够以更加直观的方式操作复杂的 API 网关设置。

通过采用 MCP 和开源的 APISIX-MCP 项目，开发人员现在拥有了一个强大的新工具，可以更方便地管理 Apache APISIX 网关，同时享受到了开放社区带来的便利和支持。这是一项非常有价值的技术进步。

10.4.1 使用 Cursor 配置 APISIX-MCP 服务器的详细步骤

接下来，以 Cursor 为例，说明如何通过简单的操作将 APISIX-MCP 集成到开发环境中。以下是具体的操作步骤和注意事项。

1. 打开 Cursor 并进入设置页面

打开 Cursor 应用程序。这是一个支持 MCP 的强大工具，可以通过自然语言与 APISIX 等系统进行交互。在主界面中，找到并点击"设置"选项，进入设置页面。

 如果是第一次使用 Cursor，那么建议先熟悉一下它的基本功能和界面布局，这样能更轻松地完成后续的配置。

在设置页面中，找到 Add new global MCP server（添加新的全局 MCP 服务器）选项，并点击它。然后，编辑 MCP.json 配置文件，它用于定义如何连接和运行 APISIX-MCP 服务。

以下是一个示例配置文件的内容。

```
{
"mcpServers": {
    "APIsix-mcp": {
```

```
    "command": "npx",
    "args": ["-y", "APIsix-mcp"],
    "env": {
        "APISIX_SERVER_HOST": "your-APIsix-server-host",
        "APISIX_ADMIN_API_PORT": "your-APIsix-admin-API-port",
        "APISIX_ADMIN_API_PREFIX": "your-APIsix-admin-API-prefix",
        "APISIX_ADMIN_KEY": "your-APIsix-API-key"
    }
  }
}}
```

让我们逐一解析这个配置文件的内容：

（1）mcpServers 字段

在 mcpServers 字段中，添加一个名为 APIsix-mcp 的服务项。这是将要使用的 MCP 服务器名称，可以根据需要自定义这个名称。

（2）command 字段

指定运行 MCP 服务的命令为 npx。npx 是 Node.js 的包执行器，能够帮助我们直接运行安装好的 npm 包。通过这种方式，无须手动安装 APISIX-MCP，而是让系统自动完成依赖的下载和启动。

（3）args 字段

包含两个参数：

- -y：表示自动安装所需的依赖包，避免手动确认。
- APIsix-mcp：表示要运行的 npm 包名称。

（4）env 字段

指定与 APISIX 相关的环境变量。这些变量决定了 MCP 服务器如何连接到 APISIX 实例。具体内容如下：

- APISIX_SERVER_HOST：APISIX 服务的访问地址（例如 http://localhost）。
- APISIX_ADMIN_API_PORT：APISIX 管理 API 的端口号（默认通常是 9180）。
- APISIX_ADMIN_API_PREFIX：管理 API 的路径前缀（例如 /APIsix/admin）。
- APISIX_ADMIN_KEY：用于身份验证的密钥（确保安全访问）。

注
意　如果 APISIX 实例使用了默认配置，那么可以省略 env 字段，因为这些变量都有默认值。不过，为了确保连接正常，建议根据实际情况填写正确的信息。

2. 默认配置值

如果没有对 env 字段进行任何自定义配置，那么系统会自动使用以下默认值。

- APISIX_SERVER_HOST：http://localhost。
- APISIX_ADMIN_API_PORT：9180。
- APISIX_ADMIN_API_PREFIX：/APIsix/admin。
- APISIX_ADMIN_KEY：无（默认不需要密钥）。

这些默认值适用于大多数本地开发场景。但如果在生产环境中使用 APISIX，或者修改了 APISIX 的默认配置，请务必更新这些变量以匹配实际的设置。

3. 验证配置是否成功

完成配置后，返回 Cursor 的主界面。如果一切顺利，将在 MCP 服务器列表中看到 APIsix-mcp 的绿色指示器，这表示该服务已成功启动并可用。此外，还会看到所有可用的工具列表，这些工具可以直接用来管理 APISIX 网关。

4. 手动构建 APISIX-MCP

如果想要通过源代码自行构建 APISIX-MCP，那么可以参考项目的 GitHub 仓库：https://github.com/API7/APIsix-mcp。按照文档中的说明，可以克隆代码库、安装依赖并运行自己的版本。这种方式适合那些希望深入了解 APISIX-MCP 内部实现或进行二次开发的用户。

通过上述步骤，可以轻松地将 APISIX-MCP 集成到 Cursor 中，并利用其强大的功能管理和配置 Apache APISIX 网关。无论是通过默认配置快速上手，还是根据需求进行自定义调整，整个过程都非常直观且易于操作。

10.4.2 通过自然语言与 AI 交互来配置 APISIX 路由

在现代开发环境中，利用 AI 助手简化复杂任务已成为一种趋势。接下来，将以 Cursor 为例，演示如何通过简单的对话指令来配置 Apache APISIX 的路由，并验证 MCP 服务是否正常工作。

在 Cursor 的聊天窗口中切换到 Agent mode，然后从可用的 AI 模型中选择一个，比如 Claude Sonnet 3.5/3.7 或 GPT-4o。这些模型都具有强大的自然语言处理能力，能够理解需求并执行相应的操作。

按照 APISIX 的入门文档的指导，在对话框中输入以下内容并发送消息：

"帮我用 path/API 创建一个路由，用 CORS 和速率限制插件访问上游 https://httpbin.org。配置后打印路线详细信息。"

这条消息清晰地描述了需求：创建一条路径为 /API 的路由，该路由将使用 CORS 和速率限制插件来访问位于 https://httpbin.org 的上游服务，并在配置完成后显示路由详情。

收到指令后，AI 会按照以下步骤执行操作：

1. 分析所需插件

AI 会分析需要配置的插件（如 CORS 和速率限制），然后调用 get_plugins_list() 方法检索所有可用插件名称。

2. 检查插件配置信息

AI 使用 get_plugin_schema() 方法来获取每个插件的详细配置信息，确保了解如何正确设置这些插件。

3. 创建路由

AI 使用 create_route() 方法来创建新的路由。

4. 更新路由配置

AI 使用 update_route() 方法将之前查询到的插件配置添加到新创建的路由中。

5. 验证配置结果

AI 使用 get_route() 方法来检查路由是否已成功配置且配置无误。

完成上述步骤后，生成的路由配置如下所示：

- 路由 ID: httpbin。
- 路径：/API/*。
- 支持的方法：GET、POST、PUT、DELETE、PATCH、HEAD、OPTIONS。
- CORS 插件配置：json { "allow_origins": "*", "allow_methods": "*", "allow_headers": "*", "expose_headers": "X-Custom-Header", "max_age": 3600, "allow_credential": false }。
- 速率限制插件配置：json { "count": 100, "time_window": 60, "key": "remote_addr", "rejected_code": 429, "policy": "local" }。
- 上游节点配置：json { "type": "roundrobin", // 使用轮询策略进行负载均衡 "upstream node": "httpbin.org:443" // 后端服务地址 }。

通过这种方式，仅需一轮自然语言交互即可完成包含 CORS 和速率限制功能的路由配置。相比于手动配置，这种方法有几个显著优势：

- 减少认知负荷：无须查阅大量文档或记住各种参数。
- 自动化工作流：自动分解任务并依次执行（例如，先设置插件再创建路由）。
- 闭环验证：自动验证，确保配置准确无误。
- 迭代优化：持续对话，以优化配置过程。

这种交互模式不仅简化了复杂的配置过程，还保持了高精度和可验证性。这一切都是通过 MCP 的需求语义解析、智能工具调用以及 Admin API 的最终执行来实现的。

值得注意的是，APISIX-MCP 的设计初衷并不是要完全取代手动配置，而是为了提高高频操作的效率。特别是在配置调试和快速验证的场景下，它提供了一种有效的辅助手段，与传统的管理方法形成了良好的互补。

随着 MCP 生态系统的不断进化，我们可以期待更多深入集成这些工具的应用出现，它们为 API 管理带来更加复杂而强大的功能。这不仅是技术进步的表现，也是提升工作效率和服务质量的重要途径。

第 11 章 *Chapter 11*

用 MCP 简化数据库操作

在快速发展的技术世界里，数据库作为信息存储和管理的核心工具，其重要性不言而喻。无论是开发一款简单的手机应用，还是构建复杂的企业级解决方案，正确选择并高效利用数据库是项目成功的关键之一。然而，对于许多开发者来说，尤其是那些非专业数据库管理员或数据科学家，直接与数据库交互往往充满了挑战。传统的 SQL 语句编写不仅耗时，而且容易出错，特别是在面对复杂的查询需求时。

为了解决这些问题，MCP 应运而生，它提供了一种全新的方式，让用户能够通过自然语言轻松访问数据库。只需用日常对话的方式提出问题，就能从庞大的数据集中获取所需信息，这无疑将大大降低技术门槛，使得更多人能够充分利用数据的力量。

本章将探讨如何使用 MCP 服务器来简化数据库操作。首先，介绍如何使用关系数据库 SQLite 构建一个基础的应用原型。接着，讨论在集成环境中无缝访问 NoSQL 数据库 Redis 的方法。然后，深入解析 Milvus MCP 服务器如何开启智能数据管理的新篇章。最后，探索 Apache Ignite 与 MCP 服务器的集成，揭示分布式数据库带来的无限可能。通过这些内容，为读者展示一条通向更加智能、便捷的数据处理之路，读者能从中获得启发，并找到适合自己项目的解决方案。让我们一起走进这个由自然语言驱动的数据新时代吧！

11.1 使用关系数据库构建应用原型

在开发一个新的信息系统原型时，常常需要启动一个全新的项目，并且可能会用到一些之前未曾接触过的新技术或外部系统。整个过程可能看起来有些复杂，但遵循一定的步骤可以帮助我们更加有序地推进项目。

在常规开发流程中，需要掌握构建系统所需的技术知识，比如 SQL（包括 T-SQL、PL/SQL 等）、Python、.NET 等。这一步骤至关重要，因为这些技术是实现功能的基础。深入理解目标系统的 API 接口和数据模式（Schema）也是必不可少的。这通常涉及阅读大量的文档资料，如 Confluence 页面上的系统说明以及直接探索系统的用户界面。

除了技术层面的学习之外，还需要与实际使用系统的用户进行沟通，了解他们的具体需求和期望。用户的反馈能够帮助我们更好地设计系统，确保其功能符合实际应用场景。找到相关的示例代码是一个不错的起点。通过模仿现有的例子，并根据自己的需求进行修改，可以加速学习过程。这个阶段往往需要多次尝试和调整，直到找到合适的解决方案为止。

然而，随着技术的进步，现在有了更高效的工具来帮助开发者简化上述循环——这就是 AI 赋能的集成开发环境（IDE）。这类 IDE 不仅能理解代码库的整体上下文，还能识别特定系统 API 和模式，从而大大加快了原型开发的速度。

- 智能理解上下文：AI 赋能的 IDE 可以根据项目中已有的代码智能推断出需要的功能或解决方案，提供相应的建议和自动补全功能，极大地减少了查找资料的时间。
- 快速理解系统 API 和模式：AI 赋能的 IDE 可以迅速解析复杂的 API 文档和数据库模式，为开发者提供清晰的操作指南和最佳实践案例，避免了手动查阅文档的烦琐过程。
- 加速原型开发：利用 AI 的能力，开发人员可以从零开始快速搭建系统的原型。无论是生成基础架构代码还是实现业务逻辑，AI 都能提供有力的支持，使得原本耗时的任务变得简单快捷。

借助 AI 赋能的 IDE，可以显著缩短从概念阶段到实现阶段的时间周期，同时降低学习新技术和适应新系统的难度。对于任何希望高效完成信息系统原型开发的团队来说，这无疑是一项非常有价值的技术进步。它不仅提高了工作效率，也降低了项目的成本和风险。随着 AI 技术的不断发展，这样的工具将会变得更加智能和强大，进一步推动软件开发领域的发展。

下面以 SQLite 数据库为例来了解这个过程。

11.1.1 在本地运行 SQLite MCP 服务器

目前，MCP 服务器主要支持在桌面主机上运行。为了帮助大家更好地理解和使用 SQLite MCP 服务器，使用一个操作指南来手把手教你如何设置和测试这个服务器。

如图 11-1 所示，在 Cline 工具中，进入 MCP 服务器市场，这是一个专门用于管理和安装各种 MCP 服务器的地方。在这里，可以找到并选择要安装的 SQLite MCP 服务器。通过市场进行安装的方式非常直观，但如果希望对代码有更多的控制权，则可以选择手动克隆代码。

如果更倾向于手动操作，则可以通过 Git 命令克隆 SQLite MCP 服务器的源代码到本地（https://github.com/modelcontextprotocol/servers/tree/main/src/sqlite）。这样，就拥有了一个本地版本的 SQLite MCP 服务器代码，可以随时对其进行修改和扩展。

接下来，为 SQLite MCP 服务器添加配置信息，并指定数据库路径。以下是具体的操作步骤：

1）打开 claude_desktop_config.json 文件。

2）在 mcpServers 字段中，添加以下内容。

图 11-1　在 Cline 中选择 SQLite

```
"mcpServers": {
"sqlite": {
    "command": "uv",
    "args": [
        "--directory",
        "parent_of_servers_repo/servers/src/sqlite",
        "run",
        "mcp-server-sqlite",
        "--db-path",
        "~/chinook.db"
    ]
}}
```

解释配置内容：

● command：指定运行服务器的命令，这里是 uv（一个通用的工具链）。

● args：提供运行所需的参数，包括：--directory 表示 SQLite MCP 服务器代码所在的目录；run 表示运行服务器；mcp-server-sqlite 表示启动 SQLite MCP 服务器的具体命令；--db-path 表示 SQLite 数据库的路径，这里使用 ~/chinook.db 作为示例。

3）保存配置文件。

为了测试 SQLite MCP 服务器的功能，可以使用一个现成的示例数据库。推荐使用 SQLite 教程网站（https://www.sqlitetutorial.net/sqlite-sample-database/）提供的 chinook.db 数据库。这是一个经典的 SQLite 示例数据库，包含了与音乐商店的相关数据，非常适合用来进行功能验证。

将下载的 chinook.db 文件放置在配置中指定的路径（例如 ~/chinook.db）。

完成上述配置后，重新启动 VSCode 以使更改生效。如果一切正常，则可以在 Cline 的 MCP 服务器列表中看到 SQLite MCP 服务器的绿色指示器，这表示该服务器已成功启动并运行。

通过以上步骤，成功地在本地搭建了一个 SQLite MCP 服务器，并完成了基本的配置和测试。这种方法不仅简单易行，而且灵活性很高，适合开发人员快速上手并进行功能验证。

如果需要进一步扩展功能，比如自定义查询逻辑或优化数据库性能，则可以直接修改本地代码并重新运行服务器。这种基于开源代码的工作方式，既方便又高效，同时也为开发人员提供了更多的自由。

11.1.2　通过对话探索 SQLite 数据库

现在，已经成功启动了 SQLite MCP 服务器，并且可以通过自然语言与它进行交互，轻松了解数据库的内容。接下来，将演示如何通过简单的对话查询 SQLite 数据库中的表信息。

在 Cline 工具中，只需输入以下指令即可查看 SQLite 数据库中的所有表。

```
show me tables in sqlite database
```

这条指令的作用是让 Cline 列出 SQLite 数据库中的所有表。Cline 会自动解析请求，并调用相应的工具米完成任务。

当发送上述指令后，Cline 会返回类似以下的结果。

```
Cline wants to use a tool on the sqlite MCP server:
list_tables
List all tables in the SQLite database
Response
[{'name': 'albums'}, {'name': 'sqlite_sequence'}, {'name': 'artists'}, {'name':
    'customers'}, {'name': 'employees'}, {'name': 'genres'}, {'name': 'invoices'},
    {'name': 'invoice_items'}, {'name': 'media_types'}, {'name': 'playlists'},
    {'name': 'playlist_track'}, {'name': 'tracks'}, {'name': 'sqlite_stat1'}]
Checkpoint
Compare
Restore
The following tables are present in the SQLite database:
albums
sqlite_sequence
artists
customers
employees
genres
invoices
invoice_items
media_types
playlists
playlist_track
tracks
sqlite_stat1
The list of tables has been successfully retrieved.
```

解释说明如下：

- list_tables 工具：这是 Cline 调用的一个内置工具，用于列出 SQLite 数据库中的所有表。
- Response 部分：这是工具返回的实际数据，以 JSON 格式呈现，列出了数据库中的每个表及其名称。
- Checkpoint、Compare、Restore：这些是 Cline 提供的额外功能，用于保存当前状态、比较不同状态或恢复到之前的检查点。
- 最终结果：Cline 将 JSON 格式的数据转换为更易读的形式，列出了所有表的名称，方便快速浏览。

从返回的结果中，可以看到 SQLite 数据库中包含以下表：

- albums：存储专辑信息。
- sqlite_sequence：管理自增列的内部表。
- artists：存储艺术家信息。
- customers：存储客户信息。
- employees：存储员工信息。
- genres：存储音乐流派信息。
- invoices：存储发票信息。
- invoice_items：存储发票明细信息。
- media_types：存储媒体类型信息。
- playlists：存储播放列表信息。
- playlist_track：存储播放列表与音轨的关联信息。
- tracks：存储音轨信息。
- sqlite_stat1：存储优化查询统计信息的内部表。

这些表共同构成了一个典型的音乐商店数据库（如 chinook.db），包含了从音乐专辑到客户订单的完整数据模型。

通过这种方式，无须手动编写 SQL 查询语句，也无须深入了解数据库的具体结构，就可以轻松获取所需的信息。这种基于自然语言的交互方式不仅降低了学习成本，还显著提高了开发效率。

此外，Cline 还会自动解析并格式化返回的数据，使得结果更加直观和易于理解。

11.1.3　使用对话快速构建原型

在这个示例中，将通过简单的对话指令来了解 SQLite 数据库中的表结构，并基于这些信息开发一个 Python 程序，该程序可以列出拥有最多专辑的前五名艺术家及其对应的专辑。

以下是详细的步骤和代码。

首先，需要了解 albums 和 artists 表的具体结构。可以通过向 Cline 发送以下指令来获取。

```
show me table schemas for albums and artists tables
```

Cline 会返回类似如下的结果。

```
Cline wants to use a tool on the sqlite MCP server:
describe_table
Get the schema information for a specific table
Arguments
{
"table_name": "albums"
}
Response
[{'cid': 0, 'name': 'AlbumId', 'type': 'INTEGER', 'notnull': 1, 'dflt_value':
    None, 'pk': 1}, {'cid': 1, 'name': 'Title', 'type': 'NVARCHAR(160)',
    'notnull': 1, 'dflt_value': None, 'pk': 0}, {'cid': 2, 'name': 'ArtistId',
    'type': 'INTEGER', 'notnull': 1, 'dflt_value': None, 'pk': 0}]
...
The schemas for the requested tables are as follows:
Albums Table Schema
AlbumId: INTEGER, Not Null, Primary Key
Title: NVARCHAR(160), Not Null
ArtistId: INTEGER, Not Null
Artists Table Schema
ArtistId: INTEGER, Not Null, Primary Key
Name: NVARCHAR(120), Nullable
The schemas have been successfully retrieved.
```

解释说明如下：

- describe_table 工具用于获取指定表的结构信息。
- 返回的结果展示了每个字段的详细信息，包括字段名、类型、是否允许为空以及是否为主键等。

接下来，根据上述表结构对话形式编写一个 Python 脚本，用来列出拥有最多专辑的前五名艺术家及其专辑。对话示例如下。

```
create python file that list top 5 artists and also the albums for those top 5
    artists
```

以下是具体的 Python 代码实现。

```python
import sqlite3
def get_top_artists_with_albums(db_path):
    # 连接到 SQLite 数据库
    conn = sqlite3.connect(db_path)
```

```python
    cursor = conn.cursor()
    # 查询语句：获取基于专辑数量排序的前五名艺术家
    query = '''
    SELECT artists.ArtistId, artists.Name, COUNT(albums.AlbumId) AS AlbumCount
    FROM artists
    LEFT JOIN albums ON artists.ArtistId = albums.ArtistId
    GROUP BY artists.ArtistId
    ORDER BY AlbumCount DESC
    LIMIT 5;
    '''
    cursor.execute(query)
    top_artists = cursor.fetchall()
    # 打印前五名艺术家及其专辑
    for artist in top_artists:
        artist_id, artist_name, _ = artist
        print(f'Artist: {artist_name} (ID: {artist_id})')
        # 查询当前艺术家的所有专辑
        album_query = '''
        SELECT Title FROM albums WHERE ArtistId = ?;
        '''
        cursor.execute(album_query, (artist_id,))
        albums = cursor.fetchall()
        if albums:
            print('  Albums:')
            for album in albums:
                print(f'    - {album[0]}')
            else:
                print('  No albums found.')
    # 关闭数据库连接
    conn.close()
if __name__ == "__main__":
    db_path = 'rag_azure_search/data/chinook.db'  # 根据实际情况更新路径
    get_top_artists_with_albums(db_path)
```

解释说明如下：

- 连接数据库：使用 sqlite3.connect() 方法连接到指定路径的 SQLite 数据库。
- 查询顶级艺术家：SQL 查询语句计算每位艺术家拥有的专辑数量，按降序排列并取前五名。
- 打印艺术家及其专辑：对于每一名顶级艺术家，进一步查询其所有专辑，并打印出来。
- 关闭数据库连接：操作完成后，关闭与数据库的连接以释放资源。

最后，运行上述 Python 脚本，将看到如下输出结果。

```
Artist: Iron Maiden (ID: 90)
Albums:
- A Matter of Life and Death
- A Real Dead One
```

```
...
Artist: Led Zeppelin (ID: 22)
Albums:
- BBC Sessions [Disc 1] [Live]
- Physical Graffiti [Disc 1]
...
```

这表明我们成功地列出了拥有最多专辑的前五名艺术家及其对应的专辑列表。

通过这种基于对话的方式，可以非常方便地探索数据库结构并迅速构建出满足需求的应用程序。这种方式不仅降低了技术门槛，还显著提高了开发效率，非常适合快速原型开发和小规模项目。随着 MCP 技术的发展，未来的开发体验将会更加智能化和高效化。

11.2　非关系数据库 Redis 的访问

在现代软件开发过程中，频繁地在不同工具之间切换已经成为影响效率的一个重要因素。尤其是在处理数据库操作时，开发人员往往需要离开当前的工作环境（如 IDE），转而使用专门的数据库管理工具来执行查询或更新数据。然而，通过 MCP 技术和 AI 助手，可以大大简化这一流程，使得开发人员能够在不离开 IDE 的情况下完成所有必要的数据库操作。

想象这样一个场景：您正在一个集成开发环境中编写代码，需要与 Redis 数据库进行数据交互。传统的方式可能要求切换到终端或者打开 Redis 命令行界面（Redis CLI），这不仅打断了工作流，还可能降低效率。但如果有一种方法可以让 AI 助手直接在 IDE 中处理这些请求呢？

11.2.1　Redis MCP 服务器

Redis 是一个高性能的键值存储系统，常被用作数据库、缓存和消息中间件。为了在 Cursor IDE 中直接与 Redis 数据库进行交互，需要设置一个 Redis MCP 服务器。这个服务器充当了 IDE 与 Redis 数据库之间的桥梁，允许开发人员通过简单的自然语言指令或是特定的 API 调用来执行数据库操作，不需要手动打开终端或 Redis CLI。

主要的实现步骤如下：

1. 准备环境

确保开发环境中已经安装了 Redis，并且 Cursor IDE 也已配置好支持 MCP。如果尚未准备好，则可以查阅相关文档，完成初步设置。

2. 创建 Redis MCP 服务器

根据项目需求创建一个新的 Redis MCP 服务器。这通常涉及编写一些脚本或配置文件、如何连接到 Redis 实例以及如何响应来自 Cursor IDE 的请求。

3. 集成到 Cursor IDE

将新创建的 Redis MCP 服务器集成到 Cursor IDE 中。这一步骤可能包括修改配置文件以添加服务器地址、端口等信息，确保 Cursor 能够正确识别并连接到该服务器。

4. 测试与验证

完成集成后，可以通过发送几个测试命令来验证 Redis MCP 服务器是否按预期工作。例如，可以尝试获取某个键的值，或者设置一个新的键值对。

假设已经在 Cursor IDE 中完成了上述设置，现在想要查询 Redis 数据库中某个键的值，不再需要离开 IDE，只需简单地输入类似以下的指令：

```
get value for key "user:1000"
```

AI 助手接收到这条指令后，会自动将其转发给 Redis MCP 服务器。服务器执行相应的 Redis 命令（在这个例子中是 GET user:1000），然后将结果返回给 Cursor IDE 并显示出来。整个过程既快速又直观，极大地提升了工作效率。

为了简化问题，将构建一个支持三个基本操作的 Redis MCP 服务器：SET、GET 和 DELETE。

11.2.2　构建 Redis MCP 服务器的开发环境：搭建项目基础

在开始构建一个与 Redis 数据库交互的 MCP 服务器之前，需要先准备好开发环境，并完成项目的初始化。以下是详细的步骤和说明，帮助快速搭建项目的基础架构。

首先，确保系统中已经安装了 Node.js 和 npm（Node 包管理器）。如果没有安装，则可以通过以下命令完成安装。

```
sudo apt update
sudo apt install nodejs npm
# 验证安装是否成功
node --version   # 输出 Node.js 版本号
npm --version    # 输出 npm 版本号
```

解释说明如下：

- sudo apt update：更新系统的软件包索引，确保安装的是最新版本。
- sudo apt install nodejs npm：安装 Node.js 和 npm。
- node --version 和 npm --version：验证 Node.js 和 npm 是否正确安装，并查看其版本号。

通过这些命令，可以确认开发环境已具备运行 Node.js 应用程序所需的基本工具。

接下来，需要为项目创建一个新的目录，并将其初始化为 npm 项目。

```
# 创建项目目录
mkdir redis-mcp-server
cd redis-mcp-server
# 初始化 npm 项目
npm init -y
```

解释说明如下：

- mkdir redis-mcp-server：创建一个名为 redis-mcp-server 的文件夹，用于存放项目代码。
- cd redis-mcp-server：进入刚刚创建的项目目录。
- npm init -y：使用默认配置快速初始化 npm 项目，生成一个 package.json 文件，该文件记录了项目的元信息和依赖项。

这一步是任何 Node.js 项目的起点，它为后续的工作奠定了基础。

为了实现 Redis MCP 服务器的功能，需要安装一些必要的依赖库。

```
# 安装 MCP SDK、Redis 客户端和其他依赖
npm install @modelcontextprotocol/sdk redis zod
# 可选：安装 nodemon 以提高开发效率
npm install --save-dev nodemon
```

解释说明如下：

- @modelcontextprotocol/sdk：MCP 的核心 SDK，提供与 MCP 服务器交互的能力。
- redis：用于连接和操作 Redis 数据库的 Node.js 客户端库。
- zod：一个强大的模式验证库，用于验证数据结构的合法性。
- nodemon（可选）：一个开发工具，可以监听代码的变化并自动重启服务器，以方便调试。

安装完成后，所有依赖项都会被记录在 package.json 文件中，可以随时通过 npm install 重新安装它们。

另外，需要创建一些必要的文件来构建项目的工程架构。

```
# 创建核心文件
touch redis.js        # 主程序文件，用于实现 Redis 逻辑
touch .env            # 环境变量文件，存储敏感信息
touch .gitignore      # 忽略文件，防止敏感信息上传到代码仓库
```

解释说明如下：

- redis.js：项目的入口文件，编写与 Redis 交互的核心逻辑。
- .env：存储环境变量（如 Redis 连接信息），避免将敏感信息硬编码到代码中。

- .gitignore：指定哪些文件或文件夹不应被 Git 版本控制系统跟踪。

为了避免将不必要的文件（如 node_modules 文件夹）或敏感信息（如 .env 文件）上传到代码仓库，需要编辑 .gitignore 文件，添加以下内容。

```
node_modules/
.env
```

解释说明如下：

- node_modules/：忽略 Node.js 依赖模块文件夹，因为它可以通过 npm install 重新生成。
- .env：忽略环境变量文件，防止敏感信息泄露。

最后，需要创建一个 .env 文件，并在其中存储 Redis 的连接详细信息。这样可以确保敏感凭证不会直接暴露在代码中。

```
REDIS_URL=your_redis_url_here
```

其中，REDIS_URL 是 Redis 数据库的链接地址，通常是一个 URL 格式的字符串，例如 redis://localhost:6379。请根据实际情况替换为 Redis 实例地址。

通过这种方式，可以在代码中安全地引用环境变量，而无须担心敏感信息被泄露。

现在，已经完成了 Redis MCP 服务器项目的初始环境搭建工作。从安装 Node.js 和 npm，到创建项目目录、安装依赖、配置文件，再到设置环境变量，每一步都为后续开发打下了坚实的基础。这种规范化的流程不仅有助于提高开发效率，还能确保项目的安全性和可维护性。

接下来，可以开始编写核心代码，实现 Redis MCP 服务器的具体功能了！

11.2.3　创建 Redis MCP 服务器的核心实现：从代码到功能

在这里，将详细介绍如何编写 Redis MCP 服务器的核心代码。这段代码是整个项目的核心部分，负责处理与 Redis 数据库的交互，并通过 MCP 为开发人员提供简洁易用的接口。让我们逐步拆分并理解这段代码的功能。

1. 引入必要的依赖库

导入一些关键的依赖库，这些库将帮助我们完成 Redis 客户端的初始化、MCP 服务器的搭建以及数据验证等功能。

```
# 导入所需的依赖库
import { McpServer } from "@modelcontextprotocol/sdk/server/mcp.js";
    # MCP 服务器核心类
import { StdioServerTransport } from "@modelcontextprotocol/sdk/server/stdio.js";
    # 传输层工具
```

```
import { z } from "zod";                    # 数据验证库
import { createClient } from 'redis';       # Redis 客户端库
import fs from 'fs';                         # 文件系统模块，用于日志记录
import dotenv from 'dotenv';                 # 加载环境变量
# 加载环境变量
dotenv.config();
```

解释说明如下：

- @modelcontextprotocol/sdk：MCP 的核心 SDK，提供构建 MCP 服务器所需的基础工具。
- zod：一个强大的模式验证库，用于确保传入的数据符合预期格式。
- redis：用于与 Redis 数据库进行交互的 Node.js 客户端库。
- fs：Node.js 内置模块，用于操作文件（如写入日志）。
- dotenv：加载 .env 文件中的环境变量，以方便配置敏感信息。

2. 配置日志记录功能

为了便于调试和排查问题，设置一个简单的日志记录功能，将所有重要的操作和错误信息保存到指定的日志文件中。

```
# 配置日志记录
const logFile = '/tmp/redis-mcp.log';
function log(message) {
    const timestamp = new Date().toISOString();      # 获取当前时间戳
    const logMessage = `${timestamp}: ${message}\n`;  # 格式化日志消息
    console.error(logMessage);                        # 输出到控制台（用于调试）
    fs.appendFileSync(logFile, logMessage);           # 将日志写入文件 }
    log("Starting Redis MCP Server...");
}
```

解释说明如下：

- 每条日志消息都会包含时间戳，以方便后续查看操作的时间顺序。
- 日志内容既会输出到控制台，也会写入到 /tmp/redis-mcp.log 文件中，确保不会丢失任何重要信息。

3. 初始化 Redis 客户端

创建一个 Redis 客户端实例，并为其添加错误处理逻辑。这个客户端将负责与 Redis 数据库进行通信。

```
# 初始化 Redis 客户端 const client = createClient({
url: process.env.REDIS_URL || 'redis://localhost:6379' });# 使用环境变量或默认地址
# Redis 错误处理
client.on('error', err => log('Redis Client Error: ' + err));
```

解释说明如下：

- process.env.REDIS_URL：从环境变量中读取 Redis 链接地址。如果没有设置，则默认使用 redis://localhost:6379。
- client.on('error')：监听 Redis 客户端的错误事件，并将错误信息记录到日志中。

4. 初始化 MCP 服务器

搭建 MCP 服务器的核心部分。通过 McpServer 类，定义服务器的基本信息和功能。

```
# 初始化 MCP 服务器
const server = new McpServer({
name: "redis",    # 服务器名称
version: "1.0.0" # 版本号 });
log("Server created");
```

解释说明如下：

- name：服务器的名称，设置为 redis。
- version：服务器的版本号，便于后续管理和升级。

5. 实现核心命令功能

在 MCP 服务器中，通过 server.tool() 方法注册具体的功能。以下实现了三个常用的 Redis 命令：SET、GET 和 DEL。

（1）SET 命令实现

```
# 注册 SET 命令
server.tool("set",
    { key: z.string(), value: z.string() },    # 参数验证规则
    async ({ key, value }) => {
        log(`Executing SET with params: key=${key}, value=${value}`);
        try {
            await client.connect();              # 连接到 Redis
            await client.set(key, value);        # 设置键值对
            await client.disconnect();           # 断开连接
            return {
                content: [{
                    type: "text",
                    text: `Successfully set ${key} = ${value}`
                }]
            };
        } catch (error) {
            log(`Error in SET: ${error}`);
            return {
            content: [{
            type: "text",
            text: `Error: ${error.message}`
```

```
            }],
            isError: true
            };
        }
});
```

解释说明如下：

- z.string()：验证参数是否为字符串类型。
- client.set()：将指定的键值对存储到 Redis 中。
- 如果发生错误，则返回具体的错误信息，并标记为 isError: true。

（2）GET 命令实现

```
# 注册 GET 命令
server.tool("get",
    { key: z.string() }, # 参数验证规则
    async ({ key }) => {
        log(`Executing GET with params: key=${key}`);
        try {
            await client.connect();                    # 连接到 Redis
            const value = await client.get(key);    # 获取键对应的值
            await client.disconnect();                  # 断开连接
            return {
                content: [{
                    type: "text",
                    text: value === null ? `Key "${key}" not found` : value
                }]
            };
        } catch (error) {
            log(`Error in GET: ${error}`);
            return {
                content: [{
                type: "text",
                text: `Error: ${error.message}`
            }],
            isError: true
        };
    }
});
```

解释说明如下：

如果指定的键不存在，则返回 Key not found 提示。否则，返回键对应的值。

（3）DEL 命令实现

```
# 注册 DEL 命令
server.tool("del",
    { key: z.string() }, # 参数验证规则
```

```
async ({ key }) => {
    log(`Executing DEL with params: key=${key}`);
    try {
        await client.connect();                 # 连接到 Redis
        const result = await client.del(key);   # 删除指定的键
        await client.disconnect();              # 断开连接
        return {
            content: [{
            type: "text",
            text: result === 1 ? `Successfully deleted key "${key}"` :
                `Key "${key}" not found`
            }]
        };
    } catch (error) {
        log(`Error in DEL: ${error}`);
        return {
            content: [{
            type: "text",
            text: `Error: ${error.message}`
            }],
            isError: true
        };
    }
});
```

解释说明如下：

client.del()：删除指定的键。如果删除成功，则返回 1；否则返回 0。根据返回值判断操作是否成功，并返回相应的提示信息。

6. 初始化传输层并启动服务器

初始化传输层，并启动 MCP 服务器以接收外部请求。

```
# 初始化传输层
const transport = new StdioServerTransport();log("Transport created");
# 全局错误处理器
process.on('uncaughtException', (error) => {
log(`Uncaught Exception: ${error}`);});
process.on('unhandledRejection', (reason) => {
    log(`Unhandled Rejection: ${reason}`);});
# 启动服务器
server.connect(transport).then(() => {
    log("Server connected to transport");
    log("Redis MCP Server ready to receive requests");}).catch(error => {
    log(`Failed to start server: ${error}`);
    process.exit(1); # 如果启动失败，则退出进程 });
```

解释说明如下：

- StdioServerTransport：通过标准输入输出实现通信的传输层。
- 全局错误处理器：捕获未处理的异常和拒绝，确保服务器稳定性。
- server.connect()：启动服务器并绑定到传输层。

通过以上步骤，成功实现了 Redis MCP 服务器的核心功能。它支持 SET、GET 和 DEL 等基本命令，并通过日志记录和错误处理机制保证了系统的可靠性和可维护性。这种基于 MCP 的设计不仅简化了 Redis 的操作流程，还为开发人员提供了一种高效、安全的交互方式。未来，可以根据需求扩展更多功能，例如支持复杂的查询或批量操作，进一步提升开发体验。

11.2.4　将 Redis MCP 服务器与 Cursor IDE 集成：简易步骤指南

为了让开发体验更加流畅，可以将自定义的 Redis MCP 服务器无缝集成到 Cursor IDE 中。这样做不仅能直接在 IDE 内执行 Redis 命令，还能利用 MCP 的强大功能来提高工作效率。下面是具体的集成步骤以及一些扩展可能性的介绍。

按照以下步骤操作，即可轻松完成 Redis MCP 服务器与 Cursor IDE 的集成。

- 打开 Cursor IDE：启动 Cursor IDE，确保已经正确安装并配置好环境。
- 进入设置 (Settings)：在 Cursor IDE 的主界面中找到并点击"设置"选项。通常，设置图标位于窗口右上角或通过菜单栏访问。
- 搜索 MCP：在设置页面中，使用搜索框输入"MCP"，快速定位到相关的配置项。
- 单击 Add New MCP Server 选项：找到 MCP 服务器的相关配置后，选择 Add New MCP Server（添加新的 MCP 服务器）选项，开始进行新服务器的配置。
- 填写配置信息：根据实际情况填写如下配置信息。

```
名称：Redis MCP
命令：node /path/to/your/redis.js
工作目录：/path/to/your/project
```

解释说明如下：
- 名称：给 MCP 服务器起个名字，建议命名为 Redis MCP，以便识别。
- 命令：指定启动 Redis MCP 服务器的命令。请根据实际路径替换脚本位置。
- 工作目录：设置项目的根目录，即包含 package.json 等文件的文件夹路径。

完成以上步骤后，Redis MCP 服务器就已经成功与 Cursor IDE 集成了！现在，可以在不离开 Cursor 的情况下直接发送命令到 Redis 数据库了。

MCP 的魅力在于它的高度可扩展性和灵活性。一旦基础设置完成，就可以进一步定制和扩展 Redis MCP 服务器的功能，以更好地满足特定需求。以下是几个可以考虑的方向：

- 添加更多 Redis 命令：除了基本的 SET、GET 和 DEL 命令外，还可以实现诸如 INCR

（递增）、LPUSH（列表左侧插入元素）等高级命令，以丰富服务器的功能。

- 实现身份验证和访问控制：为了保证数据的安全性，可以通过添加身份验证机制限制对 Redis 资源的访问，例如要求用户提供密码或者 API 密钥才能执行某些敏感操作。
- 支持 Redis 数据结构：Redis 不仅是一个简单的键值存储系统，还支持复杂的数据结构，如哈希表、集合和有序集合等。通过扩展 MCP 服务器的功能，可以让用户更方便地操作这些数据类型。
- 创建自定义命令：针对特定应用场景，比如数据分析、缓存管理等，可以设计专门的命令，让 MCP 服务器成为解决具体问题的得力助手。

通过构建自己的 Redis MCP 服务器，不仅简化了任务自动化的过程，还借助 AI 技术的力量显著提升了开发工作的效率。随着技术的发展，这种基于智能助手的开发模式或许将成为软件开发的新常态，为我们带来前所未有的便捷和创新空间，开启更加高效和智能的工作方式。

11.3　Milvus 与 MCP 的集成：开启智能数据管理

Milvus 是一个专为处理海量数据设计的平台，以其超快的最近邻搜索能力和可扩展的向量存储功能脱颖而出。这些特性使得 Milvus 成为支持 AI 智能体的理想选择之一。与此同时，MCP 作为一个中间桥梁，确保可以无缝且标准化地访问这些数据，而无须担心额外的工程复杂性。两者结合开启了前所未有的新机遇。

1. 无缝集成：轻松连接 AI 工作流

通过利用 MCP 提供的客户端 – 服务器架构，可以将 Milvus 轻松整合进 AI 工作流程。这意味着可以立即让智能体直接访问所需的数据，无须复杂的设置或配置过程。这种快速接入方式极大地简化了数据访问的过程，使得整个工作流更加高效和流畅。

2. 快速创新：加速 AI 用例的开发与部署

Milvus 和 MCP 的强强联合使开发人员可以迅速测试、迭代并部署各种复杂的人工智能驱动的应用场景。由于不需要构建复杂的定制集成或 API，因此这不仅节省了时间，也降低了技术门槛。无论是尝试新的算法还是优化现有模型，都可以在这个框架内更加快捷地实现。

3. 模型和供应商的灵活性：摆脱限制，自由选择

MCP 的另一大优势在于能够使我们免受特定 AI 模型或服务提供商的束缚。只需一次性连接到 Milvus，便可以自信地切换或使用多个大语言模型或其他类型的模型，同时保持数

据访问层的一致性和稳定性。这种方式给予用户更大的灵活性，可以根据项目需求随时调整策略而不必担心底层数据结构的变化。

4. 增强的人工智能推理：提供更深入的洞察力

Milvus 不仅允许存储大量数据，还能有效地检索嵌入式数据，这对于提高智能体的表现至关重要。相比于传统的数据存储方案，Milvus 赋予智能体更强的精确度、更深的理解以及更好的上下文感知能力。这意味着智能体不仅能更快地找到相关信息，而且能基于更加丰富的背景知识做出更为精准的判断和决策。

Milvus 与 MCP 的合作不仅简化了数据管理和访问的方式，还促进了快速创新，提供了灵活的模型选择空间。更重要的是，它们共同提升了人工智能推理的能力，为未来的发展奠定了坚实的基础。这一组合无疑是推动 AI 领域前进的强大动力。

11.3.1　运行 Milvus MCP 服务器

在开始使用 Milvus MCP 服务器之前，确保开发环境满足以下要求是非常重要的。这些准备工作可以帮助顺利地启动并运行 MCP 服务器，从而充分利用其强大的功能。

为了确保 Milvus MCP 服务器能够正常工作，请确认环境已经具备了以下条件。

- Python 版本：需要安装 Python 3.10 或更新的版本。Python 是编写和运行这个 MCP 服务器的基础。
- Milvus 实例：无论是本地部署还是远程访问，都需要有一个正在运行的 Milvus 实例（可以从 Milvus 官网获取更多信息）。Milvus 是一个向量数据库，特别适合处理与 AI 相关的数据查询任务。
- uv 工具：直接运行 MCP 服务器的工具，不需要额外安装其他依赖项。确保系统已经安装了 uv。

有了上述准备后，就可以按照以下步骤来运行 Milvus MCP 服务器了。

如果是在本地运行，则需要克隆存储库到本地。

```
# 克隆存储库
git clone https://github.com/zilliztech/mcp-server-milvus.git  # 进入项目目录
cd mcp-server-milvus
```

接着，可以直接运行服务器。

```
# 直接运行服务器，并指定 Milvus 的 URI
uv run src/mcp_server_milvus/server.py --milvus-uri http://localhost:19530
```

其中，--milvus-uri 参数用于指定 Milvus 实例地址。默认情况下，它指向本地运行的 Milvus 服务。

如果希望避免每次都通过命令行输入参数，或者想要为服务器提供更多的配置选项，则可以编辑 src/mcp_server_milvus/ 目录下的 .env 文件。与命令行参数相比，.env 文件具有更高的优先级，这意味着它覆盖了命令行设置的值。

完成 .env 文件的修改后，只需要简单地运行。

```
# 使用 .env 文件中的配置运行服务器
uv run src/mcp_server_milvus/server.py
```

这种方式不仅简化了启动流程，还使得管理配置更加方便。通过上述步骤准备好环境，并正确配置和启动 Milvus MCP 服务器，就能轻松将高效的数据处理能力融入自己的项目中，开启更智能的工作方式。

Milvus MCP 服务器可以广泛应用于支持 MCP 的各种大模型应用程序中，例如 Claude Desktop、Cursor 等，甚至还可以用于自定义客户端。通过这种集成方式，开发人员能够更加便捷地利用 Milvus 的强大能力来增强他们的 AI 应用，无论是在数据分析、智能检索还是其他领域，都能获得显著的效果提升。

11.3.2　在 Claude Desktop 中配置并使用 Milvus MCP 服务器

为了让 Claude Desktop 与 Milvus 数据库无缝协作，需要对 Claude Desktop 进行一些简单的配置。通过这些配置，可以轻松查询和管理存储在 Milvus 中的向量数据，甚至可以执行复杂的搜索操作。以下是详细的步骤和示例。

在 Claude Desktop 中添加 Milvus MCP 服务器的配置。这一步非常简单，只需要编辑配置文件即可。以下是一个典型的配置示例。

```
{
"mcpServers": {
    "milvus": {
        "command": "/PATH/TO/uv",            # 指定运行 MCP 服务器的工具路径
        "args": [
            "--directory",
            "/path/to/mcp-server-milvus/src/mcp_server_milvus",  # MCP 服务器代码目录
            "run",
            "server.py",                    # 启动服务器的主程序文件
            "--milvus-uri",
            "http://localhost:19530"        # Milvus 实例的链接地址
        ]
    }
}}
```

解释说明如下：

● command：指定运行 MCP 服务器所需的工具路径，这里是 uv。

- args：传递给 uv 的参数列表，用于启动 MCP 服务器。
  - --directory：指定 MCP 服务器代码所在的目录。
  - run server.py：运行 MCP 服务器的入口文件。
  - --milvus-uri：指定 Milvus 实例的链接地址（本地或远程）。

完成配置后，保存文件并重启 Claude Desktop。此时，Milvus MCP 服务器已经成功集成到 Claude Desktop 中，可以开始使用它来查询和管理 Milvus 数据库中的信息了。

通过 Claude Desktop，可以轻松查询 Milvus 数据库中的集合（Collections）信息。例如，可以输入以下问题来查看当前数据库中有哪些集合。

```
What are the collections I have in my Milvus DB?
```

Claude Desktop 会通过 MCP 与 Milvus 数据库通信，并返回结果。以下是一个可能的响应。

```
I'll check what collections are available in your Milvus database.
Here are the collections in your Milvus database:
1. rag_demo
2. test
3. chat_messages
4. text_collection
5. image_collection
6. customized_setup
7. streaming_rag_demo
```

解释说明如下：

Claude Desktop 会自动解析问题，并调用 Milvus API 获取集合列表。返回的结果清晰列出了当前数据库中存在的所有集合名称，以便进一步操作。

除了查看集合信息外，还可以利用 Claude Desktop 执行更复杂的搜索操作。例如，如果想查找某个集合中包含特定关键词的文档，可以输入如下指令。

```
Find documents in my text_collection that mention "machine learning"
```

Claude Desktop 会利用 Milvus 的全文搜索功能，快速定位符合条件的文档，并返回搜索结果。

```
I'll search for documents about machine learning in your text_collection.
> View result from milvus-text-search from milvus (local)
Here are the documents I found that mention machine learning:
[Results will appear here based on your actual data]
```

解释说明如下：

- text_collection：要搜索的目标集合。
- machine learning：希望匹配的关键词。

- 返回的结果会根据实际存储的数据动态生成，展示所有包含 machine learning 的相关文档。

通过以上配置和示例，我们可以看到，Claude Desktop 与 Milvus MCP 服务器的结合为开发人员提供了一个高效且直观的操作方式。无论是查看集合信息还是执行复杂的全文搜索，整个过程都非常流畅且易于理解。这种集成不仅简化了开发流程，还可以专注于挖掘数据的价值，而无须担心底层技术的复杂性。

11.3.3　在 Cursor 中配置并使用 Milvus MCP 服务器

在 Cursor 中，可以通过简单的配置将 Milvus MCP 服务器集成到项目中。这种集成不仅简化了 AI 智能体与 Milvus 数据库的交互，还让开发人员能够专注数据操作本身，而无须担心底层技术细节。以下是详细的步骤和一些常见问题的解决方法。

配置 Milvus MCP 服务器的具体步骤如下：

1. 创建 .cursor 目录

在项目的根目录下，创建一个名为 .cursor 的隐藏目录。这个目录用于存放 Cursor 的相关配置文件。如果该目录不存在，则可以通过以下命令创建。

```
mkdir -p /path/to/your/project/.cursor
```

解释说明如下：

- mkdir -p：递归创建目录，确保即使父目录不存在也能正确创建。
- /path/to/your/project：替换为实际项目路径。

2. 创建 mcp.json 配置文件

在 .cursor 目录中，创建一个名为 mcp.json 的文件，并填入以下内容。

```
{
"mcpServers": {
"milvus": {
"command": "/PATH/TO/uv",                    #指定运行 MCP 服务器的工具路径
"args": [
"--directory",
"/path/to/mcp-server-milvus/src/mcp_server_milvus",  #MCP 服务器代码目录
"run",
"server.py",                                 #启动服务器的主程序文件
"--milvus-uri",
"http://127.0.0.1:19530"                     #Milvus 实例的链接地址
]
}
}}
```

解释说明如下：

- command：指定运行 MCP 服务器所需的工具路径，这里是 uv。
- args：传递给 uv 的参数列表，用于启动 MCP 服务器。

3. 重新加载 Cursor

完成上述配置后，重新启动 Cursor 或重新加载当前窗口即可使配置生效。

通过 Cursor，可以轻松创建新的数据集（集合）。例如，如果希望在 Milvus 中创建一个名为 articles 的新集合，并为其定义字段，可以输入如下指令。

```
Create a new collection called 'articles' in Milvus with fields for title (string),
    content (string), and a vector field (128 dimensions)
```

Cursor 会通过 MCP 与 Milvus 通信，并执行创建操作。以下是可能的响应。

```
I'll create a new collection called 'articles' with the specified fields.
Collection 'articles' has been created successfully with the following schema:
- title: string
- content: string
- vector: float vector[128]
```

解释说明如下：

- title 和 content：集合中的普通字段，分别存储文章标题和内容。
- vector ：一个 128 维的浮点向量字段，通常用于存储嵌入式数据（如文本或图像的向量化表示）。

11.3.4　常见问题及解决方法

在使用过程中，可能会遇到一些常见的错误提示。以下是这些问题的原因及其解决方法。

1. Failed to connect to Milvus server 错误

这种错误通常表明无法连接到 Milvus 实例。解决方法包括：

- 确保 Milvus 实例正在运行。
- 检查 mcp.json 文件中的 --milvus-uri 是否正确（建议使用 127.0.0.1 而非 localhost）。
- 检查防火墙规则，确保没有阻止与 Milvus 实例的连接。

2. Authentication errors 错误

这种错误通常表明缺少正确的权限或认证信息。解决方法包括：

- 验证环境变量 MILVUS_TOKEN 是否正确设置。
- 检查 Milvus 实例是否启用了身份验证功能。
- 确保对要执行的操作具有足够的权限。

3. Tool Not Found 错误

这种错误通常表明 MCP 服务器未正确运行或未被识别。解决方法包括：

- 尝试重新启动 Cursor 应用程序。
- 检查 MCP 服务器的日志文件，查看是否有任何错误信息。
- 确保 MCP 服务器正在正常运行。
- 在 Cursor 的 MCP 设置中点击刷新按钮，以重新加载配置。

通过 Milvus 与 MCP 的集成，可以更轻松地让 AI 智能体应对各种新兴用例。这种简化的架构设计消除了传统上需要手动进行的自定义集成工作，所有复杂问题都由 MCP 负责处理。无论是在开发阶段连接本地 Milvus 实例，还是在生产环境中连接远程云实例，这种无缝切换的能力极大地降低了大规模部署 AI 智能体时的基础设施复杂性。

此外，这种集成还带来了以下好处：

- 开发效率提升：开发人员无须编写复杂的 API 调用代码，只需通过简单的指令即可完成数据操作。
- 灵活性增强：支持多种数据结构和模型，满足不同场景的需求。
- 可扩展性强：无论是处理小规模测试数据，还是处理海量生产数据，都能游刃有余。

总之，Milvus-MCP 的结合不仅简化了开发流程，还为未来的创新提供了坚实的基础。通过这种方式，可以更加专注数据的价值挖掘，而不是被烦琐的技术细节所束缚。

11.4　Apache Ignite 与 MCP 的集成：探索分布式数据库的新可能

Apache Ignite 是一个强大的分布式 NoSQL 数据库，它能够在内存和磁盘之间无缝扩展，具有极高的性能和灵活性。尽管其功能强大，但相比于其他流行的数据库，如 Cassandra 和 Redis，Apache Ignite 似乎没有得到应有的关注。然而，随着 3.0 版本的重大架构更新，Apache Ignite 不仅增强了自身的竞争力，还提高了与其他数据库的兼容性。

尽管目前存在为多种数据库设计的 MCP 服务器，但尚未见到专门针对像 Apache Ignite 或 Cassandra 这样的分布式数据库的解决方案。特别是 Cassandra，由于缺乏本地 JDBC（Java Database Connectivity）支持，使得它的集成过程相对复杂。相比之下，作为一款内存分布式数据库，Apache Ignite 支持 JDBC 连接，这为构建一个专用的 MCP 服务器提供了可能性，该服务器可以连接到 Apache Ignite 并执行查询操作。

接下来，将详细介绍如何构建一个 Apache Ignite MCP 服务器，并探讨这一集成带来的优势。

将 Apache Ignite 与 MCP 成功集成需要遵循以下关键步骤：

- 启动本地 Apache Ignite 服务器：确保环境中已经安装并配置好了 Apache Ignite，并且 Ignite 服务正在运行。这是所有后续步骤的基础。
- 创建表或实体：在 Ignite 中创建所需的表结构或者实体对象，这一步类似于传统关系数据库中的表创建过程。根据业务需求定义相应的字段和数据类型。
- 插入示例数据：向刚刚创建的表中添加一些测试数据。这有助于验证后续步骤中构建的 MCP 服务器是否能正确地读取和处理数据。
- 修改现有的 MCP 服务器以连接 Ignite 数据库：需要对现有的 MCP 服务器进行必要的调整，以便它可以与 Apache Ignite 建立连接。这通常涉及设置正确的 JDBC URL、用户名和密码等连接参数。
- 利用 MCP_CLI 使用自然语言运行 SQL 查询：利用 MCP_CLI，可以直接用自然语言的形式输入 SQL 查询语句来检索或操作存储在 Ignite 中的数据。这种方式极大地简化了数据访问流程，即使是非技术人员也能轻松上手。图 11-2 展示了 MCP 与 Apache Ignite 的交互原理。

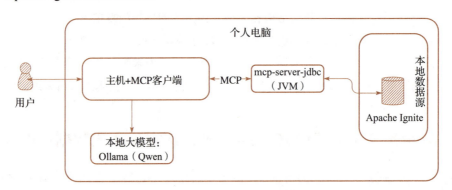

图 11-2　MCP 与 Apache Ignite 的交互原理

在整个开发过程中，还可以借助 MCP 检查器工具来测试和调试新构建的 MCP 服务器。这个工具可以帮助快速定位问题，优化性能，确保 MCP 服务器能够稳定高效地工作。

通过将 MCP 与 Apache Ignite 集成，可以充分利用 Ignite 提供的无缝数据库交互功能，实现更高效的数据管理和分析。无论是实时数据处理还是大规模数据集操作，这种组合都能提供强有力的支持。

11.4.1　启动 Apache Ignite 并初始化数据库：从零开始的详细指南

在使用 Apache Ignite 之前，需要先下载并启动 Ignite 服务，并通过 Ignite CLI（命令行工具）与数据库进行交互。以下是详细的步骤说明，帮助轻松完成 Ignite 服务器的配置和数据库表的创建。

1. 下载并启动 Apache Ignite 服务器

（1）下载并解压 Apache Ignite 发行版

访问 Apache Ignite 官方网站，下载最新版本的 Ignite 发行版。下载完成后，将压缩包解压到安装目录中。

（2）导航到安装目录并启动 Ignite 服务器

解压后，进入 ignite3-db-3.0.0 目录（假设下载的是 3.0.0 版本），然后运行以下脚本来启动 Ignite 服务器。

```
bin/ignite3db
```

bin/ignite3db 是用于启动 Ignite 服务器的脚本文件。执行该命令后，Ignite 服务器会开始运行，等待客户端连接并处理请求，Ignite 启动后的控制台显示如图 11-3 所示。

图 11-3　Ignite 启动后的控制台显示

2. 启动 Ignite CLI 并初始化集群

（1）启动 Ignite CLI 工具

在另一个终端窗口中，进入 ignite3-CLI-3.0.0 目录（CLI 工具所在目录），然后运行以下命令来启动 Ignite CLI。

```
bin/ignite3
```

Ignite CLI 是一个命令行工具，用于与 Ignite 数据库进行交互。启动后，可以直接在 CLI 中输入命令来管理数据库。

（2）初始化 Apache Ignite 集群

在 Ignite CLI 中运行以下命令，创建一个新的集群（Cluster）。

```
cluster init --name=sampleCluster
```

cluster init 命令用于初始化一个新的集群，--name=sampleCluster 指定了集群的名称为 sampleCluster。

完成这一步后，Apache Ignite 集群就已经成功创建了。

3. 创建表并插入样本数据

（1）进入 SQL 交互模式（REPL 模式）

在 Ignite CLI 中，运行“sql”命令以进入 SQL 交互模式。该命令会启动一个交互式 SQL 环境，允许直接执行 SQL 语句。

（2）创建新表

在 SQL 交互模式下，运行以下 SQL 语句来创建一个名为 DEPARTMENT 的新表。

```
CREATE TABLE IF NOT EXISTS DEPARTMENT (
DEPARTMENT_NO int primary key,
DEPARTMENT_NAME varchar,
DEPARTMENT_LOC varchar);
```

解释说明如下：

- CREATE TABLE IF NOT EXISTS：如果表已经存在，则不会重复创建。
- 表 DEPARTMENT 包含三个字段：DEPARTMENT_NO 表示部门编号，作为主键；DEPARTMENT_NAME 表示部门名称；DEPARTMENT_LOC 表示部门所在地。

（3）插入样本数据

向刚刚创建的 DEPARTMENT 表中插入一些测试数据。

```
insert into DEPARTMENT (DEPARTMENT_NO, DEPARTMENT_NAME, DEPARTMENT_LOC) values(1,
    'Marketing', 'Berlin');insert into DEPARTMENT (DEPARTMENT_NO, DEPARTMENT_
    NAME, DEPARTMENT_LOC) values(2, 'Warehouse', 'Bon');insert into DEPARTMENT
    (DEPARTMENT_NO, DEPARTMENT_NAME, DEPARTMENT_LOC) values(3, 'Sales',
    'Amsterdam');insert into DEPARTMENT (DEPARTMENT_NO, DEPARTMENT_NAME,
    DEPARTMENT_LOC) values(4, 'Headquater', 'Afina');insert into DEPARTMENT
    (DEPARTMENT_NO, DEPARTMENT_NAME, DEPARTMENT_LOC) values(5, 'Sales', 'Lisbone');
```

每条 insert 语句会向表中插入一行数据，分别表示不同的部门信息。这些数据可以用来测试后续的查询和操作。

4. 验证数据库配置

此时，Apache Ignite 数据库已经配置完成，并且包含了基本的表结构和样本数据。通过运行简单的 SQL 查询来验证数据库是否正常工作。例如：

```
SELECT * FROM DEPARTMENT;
```

这条查询将返回所有部门的信息，确保数据已正确插入，数据准备的查询示例如图 11-4 所示。

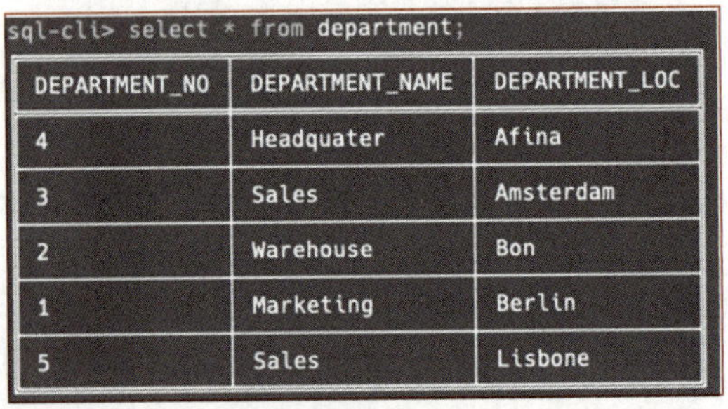
sql-cli> select * from department;

DEPARTMENT_NO	DEPARTMENT_NAME	DEPARTMENT_LOC
4	Headquater	Afina
3	Sales	Amsterdam
2	Warehouse	Bon
1	Marketing	Berlin
5	Sales	Lisbone

图 11-4　数据准备的查询示例

通过以上步骤，成功地下载并启动了 Apache Ignite 服务器，并使用 Ignite CLI 初始化了一个新的集群。然后，创建了一个名为 DEPARTMENT 的表，并插入了一些样本数据，验证了数据库的配置和数据完整性。这种基于命令行的操作方式虽然简单，但功能强大，能够满足大多数开发和测试需求。

11.4.2　构建 Apache Ignite MCP 服务器

在现有的 MCP 服务器中，可以通过 JDBC 协议轻松连接到支持 JDBC 的数据库。由于 Apache Ignite 支持 JDBC 连接，因此可以选择一个通用的 JDBC MCP 服务器来完成这一任务。这里选择了 mcp-server-jdbc，它是一个基于 Quarkus 框架构建的 MCP 服务器，能够连接到任何兼容 JDBC 的数据库，例如 PostgreSQL、Oracle 等。接下来，将详细介绍如何配置和修改这个项目，使其支持 Apache Ignite。

1. 克隆项目代码

从 GitHub 仓库克隆 mcp-server-jdbc 项目的源代码。运行以下命令，将项目下载到本地。

```
git clone https://github.com/quarkiverse/quarkus-mcp-servers.git
```

git clone 命令用于从远程仓库克隆项目代码。克隆完成后，会在本地得到一个名为 quarkus-mcp-servers 的目录，其中包含了所有相关的文件。

2. 添加 Apache Ignite 依赖项

克隆完成后，进入项目的 JDBC 目录，并打开 pom.xml 文件。需要为项目添加 Apache Ignite 的相关依赖项，以启用对 Ignite 的支持。在 pom.xml 文件中添加以下内容。

```
<dependency>
<groupId>org.apache.ignite</groupId>
<artifactId>ignite-jdbc</artifactId>
<version>3.0.0</version></dependency><dependency>
<groupId>org.apache.ignite</groupId>
<artifactId>ignite-core</artifactId>
<version>3.0.0</version></dependency><dependency>
<groupId>org.apache.ignite</groupId>
<artifactId>ignite-client</artifactId>
<version>3.0.0</version></dependency>
```

解释说明如下：

- ignite-jdbc：提供 JDBC 驱动程序，用于与 Apache Ignite 交互。
- ignite-core：包含 Ignite 的核心功能模块。
- ignite-client：允许客户端与 Ignite 集群通信。
- 版本号为 3.0.0，请根据实际需求调整版本。

3. 修改驱动程序配置

为了让 MCP 服务器识别并使用 Apache Ignite 的 JDBC 驱动程序，需要对相关代码进行一些小的修改。

打开 JDBC/.scripts/mcpjdbc.java 文件，找到 setupDrivers() 函数，并添加以下代码。

```
drivers.put("ignite", List.of("org.apache.ignite:ignite-jdbc:3.0.0"));
```

这行代码使 MCP 服务器加载 Apache Ignite 的 JDBC 驱动程序。ignite 是驱动程序的标识符，可以用来指定连接类型。

在同一个文件中，找到 setDriverClasses() 函数，并添加以下代码。

```
drivers.put("ignite", "org.apache.ignite.jdbc.IgniteJdbcDriver");
```

这行代码指定了 Apache Ignite JDBC 驱动程序的类名，确保 MCP 服务器能够正确加载该驱动。

4. 构建项目

完成上述修改后，需要重新构建项目以生成可执行的 JAR 文件。运行以下命令完成构建过程。

```
mvn clean install
```

mvn clean install 是 Maven 工具的命令，用于清理旧的构建文件并重新编译项目。构建完成后，生成的可执行 JAR 文件（如 MCP-server-jdbc-xxx-snapshot.jar）会出现在 target 目录中。

5. 验证构建结果

成功构建后，可以在 target 目录中找到生成的 JAR 文件。这个文件就是 MCP 服务器，它可以连接到 Apache Ignite 并执行查询操作。

通过以上步骤，完成了以下关键任务：

- 克隆了 mcp-server-jdbc 项目代码。
- 添加了 Apache Ignite 的 JDBC 依赖项。
- 修改了代码以支持 Ignite 的 JDBC 驱动程序。
- 构建了 MCP 服务器的可执行文件。

现在，MCP 服务器已经具备了连接 Apache Ignite 的能力，可以用来执行各种 SQL 查询操作。

11.4.3　使用 MCP Inspector 测试 Apache Ignite MCP 服务器

为了验证构建的 MCP 服务器是否正常工作，可以通过运行 MCP Inspector 来测试。MCP

Inspector 是一个用户友好的工具，它会启动一个本地 Web 服务，以便与 MCP 服务器进行交互和调试。以下是详细的步骤说明。

1. 运行 MCP Inspector

运行 MCP Inspector 只需使用以下命令。

```
npx @modelcontextprotocol/inspector
```

npx 是 Node.js 的包运行工具，用于直接执行已安装的 npm 包。运行上述命令后，MCP Inspector 会在本地启动一个 Web 服务，默认地址为 http://localhost:5173/#tools。

打开浏览器并访问 http://localhost:5173/#tools，会看到一个简洁直观的界面，可以用来测试和配置 MCP 服务器。

2. 配置 MCP 服务器运行方式

在 MCP Inspector 页面中，可以选择如何运行 MCP 服务器。这里推荐使用 Jbang 工具来运行 MCP 服务器，而不是直接使用 Java 命令行。Jbang 是一个轻量级的 Java 脚本运行工具，能够简化复杂的依赖管理。

在 MCP Inspector 的配置页面中，按照以下格式填写相关信息。

```
Command: jbang
Argument: /YOUR_PATH/quarkus-mcp-servers/jdbc/target/mcp-server-jdbc-999-
    SNAPSHOT.jar
```

Command 指定运行工具的命令，这里的参数为 jbang。Argument 指定要运行的 MCP 服务器 JAR 文件路径，请将 /YOUR_PATH/ 替换为实际的项目路径。通过这种方式，MCP 服务器会被 Jbang 加载并启动。

如果一切配置正确，那么 MCP 服务器会成功启动，并在终端输出类似以下的日志信息。

```
... ...
2025-04-11 21:59:47,735 INFO [io.quarkus] (main) mcp-server-jdbc 999-SNAPSHOT
    on JVM (powered by Quarkus 3.19.2) started in 0.313s. Listening on:
2025-04-11 21:59:47,737 INFO [io.quarkus] (main) Profile prod activated.
2025-04-11 21:59:47,737 INFO [io.quarkus] (main) Installed features: [cdi,
    mcp-server-sse, mcp-server-stdio, qute, smallrye-context-propagation, vertx]
```

日志显示 MCP 服务器已成功启动，并列出了当前激活的功能模块。Listening on 表示服务器正在监听特定端口，并等待客户端连接。

3. 基于 MCP Inspector 的功能测试

通过 MCP Inspector 的图形界面来测试 MCP 服务器的功能。具体操作如下：

（1）导航到 Tools 菜单

在 MCP Inspector 页面中，单击顶部的 Tools 菜单，可以看到所有可用的工具列表。

（2）选择一个工具并运行

例如，选择 database_info 工具（用于获取数据库的基本信息），然后点击运行工具按钮，会看到类似以下的结果，使用 Inspector 测试 Apache Ignite MCP 服务器如图 11-5 所示。

```
{
"database_product_name": "Apache Ignite",
"driver_name": "Apache Ignite JDBC Driver",
"max_connections": "0",
"database_product_version": "ProtocolVersion [major=3, minor=0, patch=0]",
"sql_keywords": "",
"read_only": "false",
"driver_version": "ProtocolVersion [major=3, minor=0, patch=0]",
"supports_transactions": "false"}
```

database_product_name 和 driver_name 分别表示数据库名称和驱动程序名称。其他字段提供了关于数据库版本、连接限制、只读模式等详细信息。如果返回了这些结果，则说明 MCP 服务器与 Apache Ignite 的连接已经成功建立。

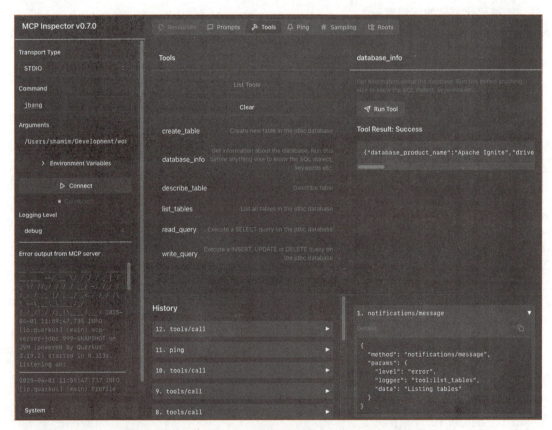

图 11-5　使用 Inspector 测试 Apache Ignite MCP 服务器

4. 验证成功消息

如果工具返回了成功消息或正确的数据库信息，则表明 MCP 服务器已经准备就绪，可以与其他工具（如 MCP CLI 或 LLM）配合使用，执行自然语言处理（NLP）查询。

MCP Inspector 的图形界面非常直观且易于使用，即使是初学者也能快速上手。通过以上步骤，启动 MCP Inspector，并通过其 Web 界面测试 MCP 服务器。通过配置 MCP 服务器的运行方式，使用 Jbang 工具代替传统的 Java 命令行，测试 database_info 工具，验证 MCP 服务器与 Apache Ignite 的连接状态。在确认了 MCP 服务器的正常运行之后，准备好支持更高级的查询功能。

11.4.4　Apache Ignite MCP 服务器与大模型协作实现推理

这里将展示如何使用千问大模型（Qwen）和 Ollama 框架来实现推理功能。同时，将 JDBC MCP 服务器集成到 MCP_CLI 中，实现与 Apache Ignite 数据库的交互。以下是详细的步骤说明。

1. 启动 Ollama 并运行千问大模型

通过 Ollama 框架运行千问大模型只需执行以下命令。

```
ollama run qwen2.5:7b
```

ollama run 是 Ollama 框架的命令，用于加载和运行指定的大模型。qwen2.5:7b 表示使用的千问大模型版本为 2.5，参数规模为 70 亿（7B）。执行上述命令后，Ollama 会启动千问大模型，等待接收输入并生成响应。

2. 配置 JDBC MCP 服务器

将 JDBC MCP 服务器的配置添加到 MCP_CLI 应用程序中。具体操作如下：

（1）打开配置文件

在文本编辑器中打开 MCP_CLI 的 server_config.json 文件。这个文件用于定义 MCP_CLI 支持的各种 MCP 服务器及其连接方式。

（2）添加 JDBC MCP 服务器配置

在 server_config.json 文件中添加以下内容。

```
"jdbc": {
"command": "jbang",
"args": [
    "/YOUR_PATH/quarkus-mcp-servers/jdbc/target/mcp-server-jdbc-999-SNAPSHOT.jar",
    "jdbc:ignite:thin://localhost:10800"
]}
```

解释说明如下：

- command: jbang 指定使用 Jbang 工具运行 MCP 服务器。
- args 是传递给 Jbang 的参数列表：第一个参数是 MCP 服务器的 JAR 文件路径，请将 /YOUR_PATH/ 替换为实际的项目路径；第二个参数是 JDBC 连接字符串，jdbc:ignite:thin://localhost:10800 表示连接到本地运行的 Apache Ignite 实例，端口号为 10800。

通过这段配置，MCP_CLI 能够识别并加载 JDBC MCP 服务器。

3. 启动 MCP_CLI 并进入聊天模式

完成配置后，通过以下命令启动 MCP_CLI，并进入聊天模式。

```
uv run mcp-cli chat --server filesystem --provider ollama --model qwen2.5:7b
```

解释说明如下：

- uv run：运行 MCP_CLI 的命令。
- chat：进入聊天模式，允许用户与 AI 模型进行交互。
- --server filesystem：使用文件系统作为数据存储后端。
- --provider ollama 和 --model qwen2.5:7b：分别指定使用 Ollama 框架和千问大模型。

启动成功后，将进入一个交互式的聊天界面，可以输入命令与系统交互。

4. 查看可用工具列表

在聊天模式下，输入以下命令查看当前 MCP 服务器提供的可用工具列表。

```
/tools
```

执行该命令后，系统会列出所有来自 JDBC MCP 服务器的可用工具，例如查询数据库信息、描述表结构等，JDBC MCP 服务器的可用工具如图 11-6 所示。

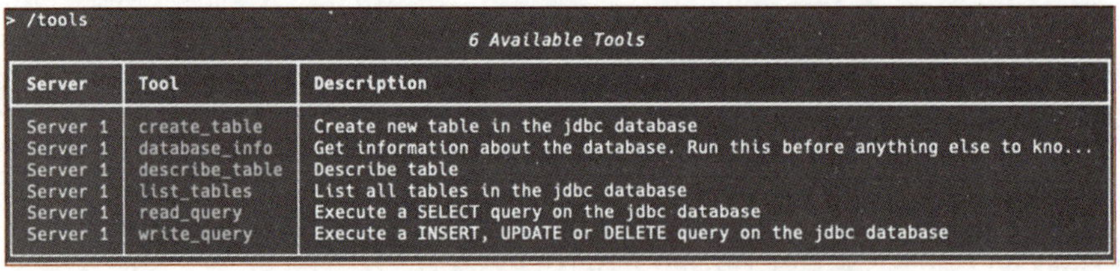
> /tools
6 Available Tools

Server	Tool	Description
Server 1	create_table	Create new table in the jdbc database
Server 1	database_info	Get information about the database. Run this before anything else to kno...
Server 1	describe_table	Describe table
Server 1	list_tables	List all tables in the jdbc database
Server 1	read_query	Execute a SELECT query on the jdbc database
Server 1	write_query	Execute a INSERT, UPDATE or DELETE query on the jdbc database

图 11-6 JDBC MCP 服务器的可用工具

其中，工具列表展示了 MCP 服务器支持的功能，以便用户选择合适的工具进行操作。

5. 执行自然语言查询

尝试用自然语言与系统交互。例如，输入以下问题。

```
describe the table DEPARTMENT
```

这将返回关于 DEPARTMENT 表的详细结构信息，例如字段名称、数据类型等，通过自然语言执行数据库操作如图 11-7 所示。

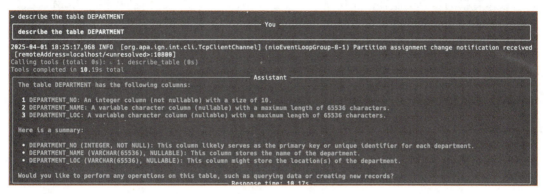

图 11-7　通过自然语言执行数据库操作

此外，还可以提出更复杂的自然语言问题。例如：

```
where is the sales departments located?
```

系统会自动将自然语言转换为 SQL 查询语句，并从数据库中检索结果。最终返回的结果可能类似于以下内容，通过自然语言进行数据库查询如图 11-8 所示。

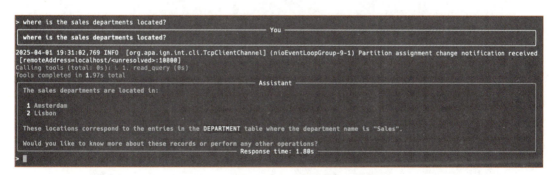

图 11-8　通过自然语言进行数据库查询

系统能够正确理解问题的含义，并快速返回结果。示例中的响应时间为 1.8s，这表明整个过程非常高效。

通过以上步骤，启动 Ollama 框架并运行千问大模型，为推理提供强大的语言处理能力。同时，将 JDBC MCP 服务器集成到 MCP_CLI 中，使其能够与 Apache Ignite 数据库交互。另外，使用自然语言查询数据库，并验证系统的准确性和响应速度。

这种集成不仅简化了开发流程，还让非技术人员也能轻松地通过自然语言与复杂的数据系统进行交互。

大模型能够将用户的自然语言请求转化为精确的 SQL 查询语句，并通过 MCP 服务器发送到 Apache Ignite 数据库中并执行。这种方式提供了一种高效且直观的方法，使得即使没有技术背景的用户也能轻松操作复杂的数据库结构。一旦数据库返回结果，LLM 就会将这些数据翻译成易于理解的语言并呈现给用户。这意味着无论是查询特定部门的位置，还是检索某段时间内的销售记录，用户只需用日常语言表达需求即可。

随着技术的进步和系统的不断优化，这些智能助手将变得更加擅长解析复杂查询，进而生成更加准确高效的 SQL 代码，极大地提升了数据访问和分析的便捷性与效率。

用 MCP 助力大模型

在人工智能技术快速发展的今天，大模型的潜力巨大，但其部署与协作的复杂性也让许多开发人员望而却步。MCP 作为连接技术与场景的桥梁，正成为降低使用门槛、释放大模型价值的关键工具。

本章将从本地调试到生产部署，再到多云扩展，系统地解析如何通过 MCP 服务器高效驾驭大模型。首先，借助 MCP，用户可轻松在本地运行 DeepSeek R1 等模型，从环境配置到交互优化均实现开箱即用；其次，在生产环境中，MCP 支持模型与业务系统的深度整合，突破传统聊天机器人的功能边界；最后，通过分层架构设计和多云协同方案，MCP 能够帮助构建灵活、可扩展的 AI 服务生态，实现资源利用效率与协作能力的双重提升。

无论是个人开发者探索 AI 应用，还是企业构建智能化服务，MCP 都能以更低成本、更高灵活性，让大模型真正落地于现实场景。接下来，我们将逐步拆解这一技术路径，为不同需求提供实践指南。

12.1　通过 MCP 服务器在本地运行 DeepSeek R1 模型

运行如 DeepSeek R1 这样的高级模型在本地设备上不仅能给用户提供更好的控制和隐私保护，还能提升性能体验。本节专为非技术背景的读者编写，旨在帮助大家轻松下载、设置并集成 DeepSeek R1 模型的简化版本。在这里，将使用来自 Hugging Face 或 Ollama 的量化模型，并将其与 MCP 服务器连接，无须接触复杂的命令行界面就能增强模型的功能。

要在本地顺利运行这些大模型，计算机至少需要具备 8GB 的可用内存，而为了达到最佳性能，推荐使用配置为 16GB 内存的计算机。此外，应确保网络连接稳定，以便顺利完成模型和相关软件的下载。安装好必要的 MCP 服务器后，通过简单的图形用户界面操作，即可开始享受增强功能带来的便利。无论是刚开始接触 AI 还是希望将这项技术应用到实际工作中，本节都将提供清晰易懂的步骤指导，使整个过程变得简单直接。这样，即使是技术小白也能自信地完成从设置到使用的每一步。

12.1.1 轻松获取并设置 DeepSeek R1 模型

DeepSeek R1 模型提供了多种经过蒸馏和量化的版本，这些版本针对本地使用进行了特别优化。它们的体积更小，所需的计算资源也较少，非常适合那些没有高端硬件设备的用户。

我们可以从 Hugging Face 和 Ollama 这两个可信来源下载精炼版的 DeepSeek R1 模型。

1. 从 Hugging Face 获取模型

Hugging Face 拥有一个庞大的人工智能模型库，其中包含了多个量化版本的 DeepSeek R1 模型。下面是获取模型的具体步骤：

- 访问 Hugging Face 模型库（https://huggingface.co/models?search=r1+abliterated）。
- 在搜索结果中寻找标记有 distilled（蒸馏）或 quantized（量化）的模型。
- 根据参数大小（例如 7B、8B 等）和性能指标挑选最适合当下需求的模型版本。
- 在模型详情页面找到 Download 按钮。
- 点击该按钮启动下载，文件格式通常是 .bin 或 .pt，文件会自动保存到默认下载位置。
- 将下载好的文件移动到一个专门用于存放模型的文件夹中，比如命名为 Models 的文件夹或者直接放在桌面上以便访问。

2. 从 Ollama 获取模型

Ollama 同样提供了适合本地部署的 DeepSeek R1 量化模型。下面是获取模型的具体步骤：

- 访问 Ollama 模型库（https://ollama.com/）。
- 搜索 DeepSeek R1 或相关关键词。
- 选择如 DeepSeek R1 Distill (Qwen 7B) 或 DeepSeek R1 8B Quantized 这样的蒸馏或量化版本。
- 遵循页面上的指示完成模型下载。无论是通过 Hugging Face 还是 Ollama 下载模型，整个过程都非常简单，无须任何命令行操作。
- 在选定想要的 DeepSeek R1 模型后，点击 Download 或 Pull 选项。
- 可以在 Ollama 界面中监控下载进度。

● 下载完成后，请确保模型文件存放在系统中的指定目录内。

12.1.2 使用 LM Studio 简化本地运行 AI 模型

LM Studio 是一个图形用户界面工具，可极大地简化在本地计算机上运行 AI 模型的操作流程。它不仅支持 OpenAI API 协议，还能与 MCP 无缝集成。要开始使用 LM Studio，请按照以下步骤操作：

● 访问 LM Studio 官网（https://lmstudio.ai/docs），根据操作系统（Windows、macOS 或 Linux）下载合适的版本。
● 完成安装程序，并按照网站上的指导进行安装。
● 启动 LM Studio 后，进入 Models 选项卡，点击 Add New Model，然后找到之前保存的 DeepSeek R1 模型文件所在的位置。
● 选择模型文件并按提示完成配置，包括调整温度和最大 token 数量等设置，以满足具体需求。

通过以上步骤，即使是技术新手也能够轻松地将强大的 AI 模型集成到自己的项目中，享受其带来的便捷与高效。

12.1.3 通过 MCP 与本地 DeepSeek R1 模型无缝交互

将 MCP 与本地运行的 DeepSeek R1 模型集成，可以让用户在无须接触复杂命令行操作的情况下，轻松实现高级功能。为了完成这一目标，可以选择两种常见的 MCP 服务器：MCP-Bridge 和 ollama-mcp-bridge。下面将详细介绍如何使用这两种工具，并展示如何通过用户友好的界面与 DeepSeek R1 模型进行交互。

1. 使用 MCP-Bridge 连接 DeepSeek R1 模型

可以通过 MCP-Bridge 来实现 MCP 与 DeepSeek R1 模型的通信，以下是具体步骤：

（1）下载并安装 MCP-Bridge

访问 MCP-Bridge 的 GitHub 仓库（https://github.com/SecretiveShell/MCP-Bridge），按照仓库中的说明完成安装。通常包括克隆存储库到本地，并安装所需的依赖项。

（2）运行 MCP-Bridge 并配置端点

启动 MCP-Bridge 后，需要为其配置指向 LM Studio 服务器的端点地址。默认情况下，这个地址通常是 http://localhost:8000/v1。完成配置后，MCP-Bridge 就可以作为桥梁，让 MCP 与本地运行的 DeepSeek R1 模型无缝通信。

2. 使用 ollama-mcp-bridge 连接 DeepSeek R1 模型

也可以使用 ollama-mcp-bridge 与 DeepSeek R1 模型通信。访问 ollama-mcp-bridge 的

GitHub 仓库（https://github.com/patruff/ollama-mcp-bridge），按照仓库中的说明完成安装。通常包括安装必要的 Python 库以及对配置文件进行调整。

```
python main.py --model deepseek-r1 --port 11434
```

以上命令会使 ollama-mcp-bridge 使用 DeepSeek R1 模型，并监听指定的端口（如 11434）。应确保 MCP 客户端能够正确识别这个端点，以便实现顺畅的通信。

无论是使用 MCP-Bridge 还是 ollama-mcp-bridge，都需要确保 MCP 客户端能够正确识别新的端点。例如，在 MCP 客户端的配置文件中，添加对应的服务器地址和端口号，这样可以保证 MCP 与 AI 模型之间的通信流畅无阻。

3. 使用 LM Studio 与 DeepSeek R1 模型交互

当 LM Studio 和 MCP 设置完成后，通过一个简单易用的界面运行 DeepSeek R1 模型并与之交互。具体步骤如下：

（1）打开 MCP 客户端界面

MCP 客户端可以是 LM Studio 的内置界面，也可以是其他支持 MCP 的应用程序。启动客户端后，会看到一个清晰直观的操作界面。

（2）加载 DeepSeek R1 模型

在 LM Studio 中，确保 DeepSeek R1 模型已成功加载，并启动基于 OpenAI API 的服务器。这个服务器负责处理用户的请求和响应，使得大模型能够通过 MCP 被轻松访问。

（3）测试模型功能

在 MCP 客户端界面的可用模型列表中找到 DeepSeek R1 模型，然后在聊天框中输入测试提示词或查询。例如，可以输入"请总结这篇文章的主要内容"或"帮我生成一段代码"。发送请求后，观察模型的响应，确保一切正常运行。

如果模型能够快速返回准确的结果，则说明 MCP 与 DeepSeek R1 模型的集成已经成功完成。可以尝试通过更多复杂的查询来进一步测试系统的性能和稳定性。这种用户友好的方式能让开发人员轻松享受 AI 模型的强大功能。

通过以上步骤，不仅了解了如何将 MCP 与本地 DeepSeek R1 模型集成，还掌握了如何通过简单的图形界面与其交互。这种方式极大地降低了技术门槛，让更多人能够轻松利用 AI 技术解决实际问题。

12.1.4 利用 MCP 释放 DeepSeek R1 模型的潜力

MCP 让 DeepSeek R1 模型不仅是一个独立的人工智能模型，还可以通过连接到外部数据源和服务来执行各种实用操作。这意味着可以利用 DeepSeek R1 模型完成更多任务，而不仅仅是生成文本或回答问题。以下是几种基本能力的例子：

- 访问和管理本地文件：直接从计算机上读取、编辑和管理文件，就像使用智能助手一样简单。
- 执行网络搜索：实时获取最新的信息和数据，帮助做出更加明智的决策。
- 与 GitHub 等平台互动：实现版本控制功能，以便开发人员管理和同步代码库。
- 管理电子邮件和生成图像：不仅可以处理邮件，还能根据描述生成图片，极大地拓展了应用范围。

尽管在本地设置 DeepSeek R1 模型可能看起来有些复杂，但只要有了正确的工具和指导，就能轻松搞定。

一旦模型被设置完成并与 MCP 集成，就可以开始探索本地人工智能模型带来的诸多好处。本地部署不仅提高了灵活性（可以完全掌控模型的工作方式），同时也增强了隐私保护（所有数据都存储在设备上而不是云端）。此外，本地运行通常意味着更短的响应时间和更好的性能体验。

探索人工智能模型的无限可能，无论是用于个人项目还是专业工作，DeepSeek R1 模型都能提供前所未有的便捷性和效率。只需简单的几步，任何人都能开启自己的 AI 之旅，享受科技带来的便利。通过这种方式，即使是没有深厚技术背景的人也能充分利用 AI 的强大功能，实现更多的创新和突破。

12.2　生产环境中的 DeepSeek MCP 服务器部署

在生产环境中使用 DeepSeek 等大模型时，通常会选择它们的云服务来获得便捷和高效的体验。然而，有时会遇到"服务器繁忙"的提示，这种情况确实让人感到无奈。实际上，不只是 DeepSeek，其他提供大模型服务的云平台也常常面临类似的问题。从技术角度来看，这是因为这些服务需要处理大量的并发请求，尽管服务商已经尽力优化，但有时候其速度还是会受到影响。不过，虽然可能会慢一些，但是这类服务通常在可靠性方面表现得相当不错，确保了数据的安全性和服务的稳定性。

为了改善这种状况，DeepSeek MCP 服务器引入了一些特别的设计，比如回退机制和 API 调用过程中的优化措施。这些改进旨在显著缓解上述问题，为用户提供更加流畅的体验。

- 回退机制：当主要服务器负载过高或出现故障时，系统可以自动切换到备用服务器。这样不仅减少了用户遇到"服务器繁忙"错误的概率，还能保证服务的连续性。
- API 调用优化：通过优化 API 调用的过程，例如减少不必要的请求、压缩数据传输量以及提高响应速度等手段，使得每次交互都尽可能高效。这有助于缩短等待时间，提升整体性能。

因此，即使在网络条件不佳或者服务器负载较高的情况下，DeepSeek MCP 服务器也能保持相对稳定的服务质量。这意味着用户可以更少地受到延迟或中断的影响，享受到更加可靠的大模型服务。无论是进行数据分析还是开发智能应用，DeepSeek MCP 服务器的新特性都将帮助克服常见的障碍，实现更高效的工作流程。这样一来，即使面对复杂的任务需求，也能依靠 DeepSeek MCP 服务器获得满意的解决方案。

12.2.1 安装并配置 DeepSeek MCP 服务器

为了在系统中安装 DeepSeek MCP 服务器，需要执行以下命令。这个过程会将 DeepSeek MCP 服务器作为全局 npm 包并安装到计算机上：

```
npm install -g deepseek-mcp-server
```

解释说明如下：

- npm 是 Node.js 的包管理工具，用于安装和管理 JavaScript 库。
- -g 参数表示全局安装，意味着 DeepSeek MCP 服务器可以在任何地方使用，而不仅限于特定项目。

如果正在使用 Claude Desktop 应用程序，并希望配置 DeepSeek MCP 服务器，那么配置文件应该如下所示。

```
{
"mcpServers": {
    "deepseek": {
        "command": "npx",
        "args": [
            "-y",
            "deepseek-mcp-sever"
        ],
        "env": {
            "DEEPSEEK_API_KEY": "your-API-key"
        }
    }
}}
```

解释说明如下：

- command 指定使用 npx 来运行命令。npx 是 npm 附带的一个工具，它允许运行本地或全局安装的 npm 包。
- args 列表中的参数用于启动 DeepSeek MCP 服务器。-y 可能是一个同意所有提示的标志，确保在自动安装过程中不需要人工干预。
- env 部分定义了环境变量。在这里，设置 DEEPSEEK_API_KEY 为 API 密钥，这是访问 DeepSeek 服务所需的认证信息。请记得用自己的 API 密钥替换 your-API-key。

DeepSeek MCP 服务器设计得非常智能，它可以理解自然语言请求并将它们转换成相应的配置。此外，还可以查询有关当前设置和可用模型的信息。下面是一些示例对话及其预期响应。

用户询问："有哪些可用的模型？"

AI 回复显示了通过 models 资源可获得的所有可用模型及其功能列表。

当询问可用模型时，系统会列出所有可以使用的模型以及每个模型的功能。

用户询问："有哪些配置选项？"

AI 回复显示了通过 model-config 资源可获得的所有可用的配置选项。

系统会告诉用户有哪些配置选项可供调整以优化模型的表现。

用户询问："当前模型的温度设置是什么？"

AI 回复显示了当前模型的温度设置。

温度设置影响生成文本的随机性，较低的值使输出更加确定，较高的值则增加多样性。

用户请求："开始一个多轮对话。设置如下：模型选择 'deepseek-chat'，不要过于创造性的输出，并允许 8000 个 token。"

AI 回复显示了使用指定设置启动多轮对话。

在这种情况下，系统会根据要求启动一个基于 deepseek-chat 模型的对话，限制其创造性，并最多允许 8000 个 token 的对话长度。

通过这种方式，DeepSeek MCP 服务器使得开发人员能轻松管理和定制他们的 AI 体验。无论是查询可用资源还是调整配置，这一切都变得简单直观。

12.2.2　深度整合 DeepSeek 与 MCP：超越简单的聊天机器人

将 DeepSeek 和 MCP 结合使用，不仅仅是创建了一个普通的聊天机器人。这种集成允许用户匿名地使用 DeepSeek API，这意味着当发送请求时，接收方只能看到一个来自 Anthropic 的通用请求，这在一定程度上保障了身份隐私。对于那些关心数据安全和个人隐私的人来说，这是一个重要的特性。

为了更好地调试 API 调用，可以利用 Claude Desktop 提供的开发工具。这些工具可以帮助我们检查每一个 API 调用的头部信息、响应内容、参数设置以及有效载荷。这样，可以更方便地进行故障排查和技术调整，确保运行顺畅。

此外，如果 DeepSeek R1 模型服务（也称为 deepseek-reasoner）出现离线情况，那么系统会自动切换到 v3 版本（即 deepseek-chat）。即使主要的服务不可用，依然可以继续享受不间断的服务。而且，可以根据需要随时手动切换回 deepseek-reasoner，只需简单地指定"使用 deepseek-reasoner"或"使用 deepseek-chat"。

DeepSeek MCP 服务器还负责维护所有消息的历史记录和上下文，并在整个交互过程中保持配置设置不变。这一特性使得多步骤推理变得更加高效，因为它能够记住之前的对话内容和设置，从而为用户提供更加连贯的服务体验。

这些功能不仅保证了会话数据格式的正确性，支持高质量对话模型的进一步训练，还能管理那些对上下文非常关键的长时间交互。无论是进行深入的一问一答式交流，还是执行复杂的调试任务，基于 MCP 的系统都能够无缝处理各种需求。这样一来，任何人都可以从这种智能且灵活的交互方式中受益，实现更加丰富和高效的沟通体验。

12.3　构建可扩展的多云大模型服务

在使用基于 MCP 的系统时，我们关注的不仅是简单的对话功能，还有背后一系列关键能力的整合。这些能力让 AI 系统能够更智能、更高效地处理复杂任务，以下是其中最重要的 5 个方面：

- 上下文管理（记住对话的"记忆"）：基于 MCP 的系统能够像人类一样记住对话历史和系统提示。例如，当用户连续提问时，它会自动整理之前的对话内容，确保模型不会重复回答或遗漏关键信息，就像一位细心的助手，它会把对话的"记忆"结构化存储，避免信息混乱。
- 协议标准化（统一语言让模型"听懂彼此"）：基于 MCP 的系统为不同 AI 模型（如 Llama、DeepSeek 等）制定了统一的交互规则。这意味着，即使这些模型来自不同公司或团队，它们也能像用同一种语言交流一样协作。例如，当用户同时使用多个模型时，MCP 能确保它们的输入输出格式一致。
- 上下文窗口优化（最大化"大脑容量"）：每个 AI 模型都有一定的"记忆容量"（上下文窗口），比如能记住最多 8000 个单词。基于 MCP 的系统通过智能优化，确保模型在有限的容量内高效利用空间。例如，它会自动筛选出重要的信息并保留，同时删除冗余内容，避免"记满就停"的问题。
- 语义保持（对话不"跑题"）：基于 MCP 的系统会确保对话的连贯性。例如，当用户问"天气怎么样？"，然后接着问"明天呢？"，它能理解"明天"指的是天气的延续，而不是突然切换到其他话题。这种语义保持让对话更自然流畅，避免答非所问。
- 跨模型兼容性（让不同模型"合作无间"）：基于 MCP 的系统解决了不同大模型之间无法协作的问题。例如，可以让 Llama 3.3 负责分析数据，DeepSeek 负责生成回答，而 MCP 像翻译官一样协调两者的工作，让它们像一个团队一样完成任务。

通过上述能力，基于 MCP 的系统实现了三个核心目标。

- 无缝协作：不同大模型（如 Llama 3.3、DeepSeek 等）可以像搭积木一样灵活组合，共同完成复杂任务。
- 高效利用资源：优化上下文空间，减少冗余计算，降低硬件负担，提升处理速度。

- 稳定可靠：即使某个模型暂时不可用（比如服务器故障），基于 MCP 的系统也能自动切换备用方案（如从 DeepSeek R1 切换到 v3 版本），确保服务不中断。

在实际部署中，基于 MCP 的系统尤其适合多云环境（例如同时使用 AWS、阿里云等）。例如，根据任务需求动态分配不同云服务商的模型资源，避免出现某个模型太忙而另一个模型闲置的情况。让不同云平台的模型协同工作，例如，用阿里云的 Llama 处理中文文本，用 AWS 的 DeepSeek 生成报告，MCP 服务器负责协调。另外，自适应处理内存，根据对话长度自动调整存储策略，例如，分段保存长时间的调试对话的关键信息，避免内存溢出。

12.3.1　多云大模型服务的 MCP 系统架构：分层设计与工作原理

在云计算时代，企业需要灵活调用不同云服务商的 AI 模型（如 AWS、GCP、Azure 等），而 MCP 提供了一种标准化的解决方案。多云大模型服务的 MCP 系统架构如图 12-1 所示，每一层都承担着关键功能，共同确保服务的高效、安全和可扩展性。

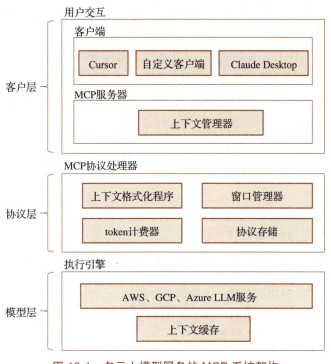

图 12-1　多云大模型服务的 MCP 系统架构

1. 客户层：用户需求的第一站

（1）客户端

这是用户与系统的直接交互点。例如，用户可能通过手机 App 提问："帮我分析最近三个月的销售数据"，或通过 API 调用请求生成一份报告。所有输入都会以标准化格式传递到下一层。

（2）上下文管理器

可以将其想象成一个智能管家，负责整理用户的对话历史、系统预设的提示词（如"请用简洁的语言回答"）以及实时交互数据。它确保了每次请求都携带完整的上下文信息，避免重复提问或遗漏关键细节。例如，如果用户之前提到"只看华东地区数据"，那么上下文管理器会记住这个条件，并在后续请求中自动关联。

2. 协议层：数据的中转站与优化器

这一层是架构的核心——MCP 协议处理器，负责将原始请求转化为 LLM 能理解的格式，并进行资源优化。

（1）上下文格式化程序

将用户输入和历史记录转化为 MCP 的标准化格式。例如，把自然语言问题转化为结构化的 JSON 数据，明确标注"时间范围：最近三个月""地区：华东"等关键参数。

（2）窗口管理器

每个 LLM 模型都有上下文容量限制（比如最多处理 8000 个单词）。窗口管理器会像智能剪辑师一样，优先保留重要信息，删除冗余内容。例如，若用户连续三次提问关于销售数据的问题，它会自动筛选出最新的查询条件，避免因超出容量而丢失关键数据。

（3）token 计费器

监控每个请求的计算成本。token 是 LLM 处理信息的最小单位，类似字数。如果用户的问题超过模型允许的 token 数，它会发出预警，并建议拆分任务或简化描述，从而节省费用。

（4）协议存储

作为中央仓库，存储所有格式化后的上下文、结构化提示词和交互历史。它确保不同组件（如窗口管理器、token 计费器）的信息一致，避免出现"数据打架"的情况。

3. 模型层：大模型的执行引擎

这一层负责与云服务商的模型对接，并管理计算资源。

（1）AWS、GCP、Azure LLM 服务

不同云服务商的模型虽然性能各异，但 MCP 让它们能"说同一种语言"。例如，用户可以选择用 AWS 的模型处理中文文本，用 GCP 的模型生成图表，而协议层会自动适配接口，确保无缝协作。

（2）上下文缓存

存储已处理过的请求结果，避免重复计算。例如，如果用户连续两次询问"华东地区

销售数据"，那么系统会优先调用缓存结果，而不是重新调用 LLM，从而节省时间和成本。

整个业务流程的运作示例如下：

- 用户提问：通过手机 App 发送请求："分析华东地区近三个月的销售额，并与去年同期对比。"
- 客户层处理：上下文管理器记录用户历史提问，发现用户之前关注过"华东地区"，因此自动关联条件。
- 协议层优化：格式化程序将问题转化为结构化数据：{region: " 华东 ", time_range: " 最近三个月 ", comparison: " 同比去年 "}。窗口管理器删除无关历史记录，确保数据在 LLM 的容量内。token 计费器检查计算量，确认在预算范围内。
- 模型层执行：协议选择 AWS 的 LLM 进行数据分析，同时调用 GCP 的模型生成可视化图表。结果返回后，缓存系统记录关键数据，以供后续快速调用。

为什么这种架构适合多云环境？原因如下：

- 可伸缩性：新增云服务商（如阿里云）只需开发对应的 MCP 适配器，无须重构整个系统。
- 成本优化：通过窗口管理和缓存，减少 LLM 调用次数和计算资源浪费。
- 跨云兼容性：统一协议，让不同服务商的模型像拼积木一样灵活组合，企业无须绑定单一云平台。

这种分层设计就像一座智能桥梁，既让开发人员专注业务逻辑，又让用户享受无缝的 AI 服务体验。无论是中小企业的简单需求，还是跨国公司的复杂分析，MCP 架构都能提供高效、灵活的解决方案。

12.3.2　面向多云大模型服务的 MCP 系统的参考实现

下面简要介绍一下面向多云大模型服务的 MCP 系统的参考实现。

1. MCP 的核心数据结构

MCP 通过以下数据结构组织上下文信息。

```python
from dataclasses import dataclass
from typing import List, Dict, Optional
# 定义单条消息的结构
@dataclass
class Message:
    role: str                        # 消息角色（如用户、系统、模型）
    content: str                     # 消息内容
    metadata: Optional[Dict] = None  # 可选的元数据（如时间戳）
# 定义整个上下文的结构
@dataclass
```

```
class Context:
    messages: List[Message]              # 所有消息的列表
    max_tokens: int                      # 上下文最大长度限制
    temperature: float                   # 模型输出的随机性参数（0.0~1.0）
    protocol_version: str = "1.0"        # 协议版本号
# 主协议处理类
class ModelContextProtocol:
    def __init__(self, max_context_length: int = 4096):
        self.max_length = max_context_length      # 最大上下文长度
        self.token_counter = TokenCounter()       # 用于统计 token 数量的工具
    def format_context(
        self,
        system_prompt: str,                     # 系统提示（如规则说明）
        conversation_history: List[Message],    # 历史对话记录
        user_input: str  # 用户最新输入
    ) -> Context:
        # 将输入格式化为符合 MCP 规范的上下文对象
        context = Context(
            messages=[
                Message(role="system", content=system_prompt),  # 添加系统提示
                *conversation_history,                           # 追加历史对话
                Message(role="user", content=user_input)         # 添加用户最新输入
            ],
            max_tokens=self.max_length,
            temperature=0.7  # 默认随机性参数
        )
        return self._ensure_context_fits(context)      # 确保上下文不超过长度限制
    def _ensure_context_fits(self, context: Context) -> Context:
        # 自动修剪消息以适应 token 限制
        total_tokens = self.token_counter.count_tokens(context)    # 统计当前 token 总数
        while total_tokens > self.max_length:
            # 优先删除最旧的非系统消息（保留系统提示和最新消息）
            for i in range(1, len(context.messages)-1):
                context.messages.pop(i)                 # 删除第 i 条消息
                break                                   # 只删除一条消息后重新统计
            total_tokens = self.token_counter.count_tokens(context)  # 重新计算
        return context
```

2. 上下文窗口管理

确保上下文不超出模型容量。

```
class ContextWindowManager:
    def __init__(self, max_window_size: int):
        self.max_size = max_window_size  # 最大窗口大小
        self.current_size = 0  # 当前占用的 token 数
    def calculate_token_count(self, text: str) -> int:
        # 简单计算 token 数量（实际可能更复杂）
```

```
        return len(text.split())   # 按空格分割估算
    def can_add_to_context(self, new_text: str) -> bool:
        # 检查新消息是否能加入窗口
        new_tokens = self.calculate_token_count(new_text)
        return self.current_size + new_tokens <= self.max_size
    def optimize_context(
        self,
        messages: List[Message],
        new_message: Message
    ) -> List[Message]:
        # 优化消息列表以容纳新消息
        new_tokens = self.calculate_token_count(new_message.content)
    while (self.current_size + new_tokens > self.max_size and len(messages) > 2):
            # 至少保留系统提示和最新消息
            removed_msg = messages.pop(1)   # 删除最旧的非系统消息
            self.current_size -= self.calculate_token_count(removed_msg.content)
        messages.append(new_message)   # 添加新消息
        self.current_size += new_tokens
        return messages
```

3. 语义保持机制

确保关键信息不被删除。

```
class SemanticPreserver:
def __init__(self):
    self.importance_scorer = ImportanceScorer()   # 语义重要性评分器
def preserve_context(
    self,
    messages: List[Message],
    max_tokens: int
) -> List[Message]:
    # 保留语义重要的消息
    if self.total_tokens(messages) <= max_tokens:
        return messages
    # 为每条消息评分 (除系统提示和最新消息)
    scores = [
        (i, self.importance_scorer.score(msg))for i, msg in enumerate(messages)
    ]
# 按重要性排序 (保留系统提示和最新消息)
    sorted_indices = sorted(
        scores[1:-1],
        key=lambda x: x[1],
        reverse=True
    )
    preserved = [messages[0]]   # 保留系统提示
    remaining_tokens = max_tokens - self.total_tokens([messages[0], messages[-1]])
    for idx, score in sorted_indices:
```

```
        msg = messages[idx]
        if self.total_tokens([msg]) <= remaining_tokens:
            preserved.append(msg)
            remaining_tokens -= self.total_tokens([msg])
    preserved.append(messages[-1])    # 保留最新消息
    return preserved
```

4. 协议验证

确保上下文符合规范。

```python
class ProtocolValidator:
def validate_context(self, context: Context) -> bool:
        # 验证上下文是否符合 MCP 规范
        try:
            # 检查协议版本
            if not context.protocol_version.startswith("1."):
                raise ValidationError("不支持的协议版本")
            # 检查消息列表不能为空
            if not context.messages:
                raise ValidationError("消息列表为空")
        # 检查系统提示是否有效
            if (context.messages[0].role != "system" or
                not context.messages[0].content):
                raise ValidationError("缺少或无效的系统提示")
            # 检查消息角色是否合法 (只能是 user 或 assistant)
            for msg in context.messages[1:]:
                if msg.role not in ["user", "assistant"]:
                    raise ValidationError(f"无效角色: {msg.role}")
            # 检查消息顺序是否交替 (用户→模型→用户 ...)
            for i in range(1, len(context.messages) - 1):
                if context.messages[i].role == context.messages[i + 1].role:
                raise ValidationError("消息角色未交替")
            return True
        except ValidationError as e:
            logger.error(f"协议验证失败: {e}")
            return False
```

5. 跨模型兼容性适配

适配不同模型的限制。

```python
class ModelAdapter:
    def __init__(self):
        self.model_configs = {                    # 各模型配置
            "gpt-4": {
                "max_context": 8192,
                "supports_system_prompt": True    # 支持系统提示
            },
```

```
        "claude-2": {
            "max_context": 100000,
            "supports_system_prompt": True
        },
        "llama-2": {
            "max_context": 4096,
            "supports_system_prompt": False        # 不支持系统提示
        }
    }
def adapt_context(
    self,
    context: Context,
    target_model: str
) -> Context:
    # 将上下文适配为目标模型
    config = self.model_configs[target_model]
    # 调整上下文长度
    if len(context.messages) > config["max_context"]:
        context = self._truncate_to_length(context, config["max_context"])
    # 处理系统提示（如果模型不支持）
    if not config["supports_system_prompt"]:
        context = self._convert_system_prompt(context)
    return context
def _convert_system_prompt(self, context: Context) -> Context:
    # 将系统提示转换为用户消息（例如适配 Llama-2）
    if context.messages[0].role == "system":
        system_content = context.messages[0].content
        context.messages = [                        # 替换为用户消息
            Message(
                role="user",
                content=f"指令: {system_content}"
            ),
            *context.messages[1:]                    # 保留其他消息
        ]
    return context
```

6. 示例用法

```
# 初始化协议处理对象
protocol = ModelContextProtocol(max_context_length=4096)
validator = ProtocolValidator()
adapter = ModelAdapter()
# 创建上下文
context = protocol.format_context(
    system_prompt="您是一个有帮助的 AI 助手。",
    conversation_history=[
        Message(role="user", content="你好！"),
        Message(role="assistant", content="你好！有什么需要帮助的吗？")
```

```
    ],
user_input=" 你能帮我做什么？ ")
# 验证上下文格式
if validator.validate_context(context):
    # 适配目标模型（例如 GPT-4）
    adapted_context = adapter.adapt_context(context, "gpt-4")
    # 使用适配后的上下文调用模型
    response = model.generate(adapted_context)
```

关键功能说明：

（1）数据结构

● Message：每条消息包含角色（用户、系统、模型）、内容和元数据。

● Context：整合所有消息，并设置最大长度和随机性参数。

（2）上下文管理

● 当消息过多时，优先删除最旧的非系统消息，确保保留最新对话和系统规则。

● 通过 SemanticPreserver 保留关键信息，避免删除重要历史记录。

（3）跨模型适配

● 自动调整上下文长度（如 Llama-2 最多仅支持 4096 个 token）。

● 将系统提示转换为用户消息（适配不支持系统提示的模型）。

（4）验证与安全

● 检查消息顺序是否交替（用户→模型→用户）。

● 确保系统提示内容有效，避免空值或格式错误。

通过这些设计，MCP 实现了高效、安全且兼容多模型的上下文管理，适用于复杂对话场景。

12.3.3　多云大模型服务的 MCP 的最佳实践指南

在多云环境下使用 MCP 时，遵循以下最佳实践能显著提升 AI 服务的稳定性和效率。以下是关键要点的详细说明：

1. 上下文管理：对话的"记忆"与"容量"

上下文管理的核心目标是让 AI 记住对话内容，同时避免"超载"。这要求始终包含一个清晰的系统提示词。系统提示词是 AI 的行为指南，例如："你是一个专业客服，回答问题时要礼貌且简洁。"，模糊提示词（如"你是一个 AI 助手"）可能导致回答不专业，需要明确角色和规则（如"你是一个法律咨询师，回答需引用《民法典》相关条款"）。

AI 需要理解对话历史才能避免重复或矛盾。例如，用户问："推荐一部科幻电影。"，AI 回答后，用户说："再推荐一部类似风格的。"，如果 AI 忘记之前的推荐，则会显得不专业。可通过 MCP 的上下文管理器自动关联历史记录。

每个模型有容量限制（如最多记住 8000 个字）。当对话过长时，需要分段处理，优先保留最近的对话和关键信息，并具有智能截断的能力。例如，当用户连续三次提问后，系统自动删除最早的提问，保留最新需求。

2. 遵守协议规范：避免对话混乱

遵守协议规范的核心目标是确保不同模型"说同一种语言"。要在使用前验证所有上下文，协议验证器能检查格式是否正确。例如，系统提示是否放在第一条？消息角色是否交替（用户→ AI →用户）？如果验证失败，那么系统会提示错误（如"缺少系统提示"），避免模型输出无效内容。

AI 需要明确"谁在说话"。例如，对于两条连续的 AI 回答，模型可能会混淆上下文，正确的方式是采用一问一答，严格交替（用户提问→ AI 回答→用户反馈→ AI 回应）。

不同版本的 MCP 可能有格式差异。例如，v1.0 要求系统提示必须放在第一条，而 v2.0 新增了元数据字段。开发人员需确保所有组件使用相同版本，避免兼容性问题。

3. 语义保持：不让关键信息丢失

语义保持的核心目标是对话逻辑清晰，重点不被误删。我们要区分重要信息的优先次序，为消息标注重要性标签。例如：

- 用户说："我需要取消订单 #12345。"（高优先级）
- 用户说："天气怎么样？"（低优先级）

当需要截断上下文时，系统会保留订单信息，删除天气提问。

AI 回答需与用户需求直接相关。例如，用户问："如何重置密码？"，如果 AI 回答："您提到过喜欢咖啡，推荐附近咖啡店。"，这说明上下文管理失效，需检查语义保持机制是否正常。

当 token 容量不足时，需要保留结论。例如，如果用户从步骤 1 提问到步骤 3，则优先保留最终结论。我们还需要标记删除的内容，系统自动记录被删除的信息，以供开发人员调试。

4. 跨模型兼容性：让不同模型合作无间

跨模型兼容性的核心目标是无缝切换不同云服务商的大模型（如 AWS、阿里云等）。不同模型有不同限制，例如，GPT-4 支持系统提示，容量为 8000 个 token；Llama-2 不支持系统提示，容量为 4096 个 token。通过 MCP 的适配器自动调整格式，例如将系统提示转换为用户消息。对不支持系统提示的模型（如 Llama-2），原系统提示是"你是一个医生，回答需引用《药典》。"，我们需要将其转换为用户消息："指令：请以医生身份回答，引用《药典》条款。"

我们还要重视特定模型的局限性，尤其是 token 的容量差异。例如，Claude-2 支持 10 万个 token，但成本更高，需权衡使用场景。某些模型不支持多轮对话，需提前测试。

假设一家电商公司使用 AWS 的 GPT-4 处理复杂订单问题，同时用阿里云的 Llama-2 处理简单咨询。

- 上下文管理：系统提示词明确角色（如"您是客服，回答需引用退换货政策"）。
- 遵守协议规范：验证器确保消息交替（用户提问→ AI 回答→用户确认）。
- 语义保持：优先保留订单号和用户需求，删除无关信息。
- 跨模型兼容性：对 AWS 模型，直接使用系统提示；对阿里云模型，将系统提示转为用户消息（如"请按退换货政策回答"）。

通过这些实践，系统能高效处理日均百万级的咨询，响应速度提升，错误率降低。

MCP 的成功应用依赖三个关键原则，它们如同 AI 系统的规则，确保不同模型在复杂环境中高效协作。

1. 清晰的规则：让 AI 有章可循

MCP 通过明确的规则定义 AI 的行为边界。例如：

- 系统提示是 AI 的行为指南，如"你是一个医生，回答需引用《药典》条款"。
- 消息角色（用户、系统、模型）确保对话顺序不混乱，避免 AI"自说自话"。
- 协议版本统一标准，防止不同组件因格式差异"互相不认"。

就像红绿灯，让 AI 在不同场景下始终按规矩办事。

2. 智能的优化：在容量限制中取舍

大模型的记忆力有限（如最多记住 8000 个字），MCP 通过智能策略平衡信息保留与效率。

- 优先保留关键信息，例如用户订单号比闲聊内容更重要。
- 自动截断旧消息，但会标记删除内容以供开发人员回溯。
- 智能排序，确保 AI 回答与用户最新需求直接相关。

就像整理行李箱时，既要装下必需品，又不超重。

3. 灵活的适配：让不同模型像积木一样拼接

MCP 的适配器能兼容不同模型的特性。

- 参数调整：如为容量小的模型（如 Llama-2）缩短提示词。
- 格式转换：将系统提示转为用户消息，适配不支持该功能的模型。
- 跨云协作：AWS 的 GPT-4 与阿里云的模型可通过 MCP 统一调度，避免各自为战。

就像用不同形状的积木搭出复杂建筑，无须担心零件不兼容。

通过这三个关键原则，MCP 让 AI 系统像精密的机器般运转：规则避免混乱，优化提升效率，适配打破壁垒。无论是开发人员部署模型，还是企业整合多云服务，都能大幅降低门槛，让 AI 真正成为即插即用的生产力工具。